Excel
高效手册
——办公应用与数据分析
（微课视频版）

侯翔宇
编著

中国水利水电出版社
www.waterpub.com.cn
·北京·

内 容 提 要

《Excel高效手册》以实用案例的形式系统全面地讲解了 Microsoft Excel 软件在商务办公中常用的功能命令和操作技巧。本书重点从办公应用和数据分析两个层面对知识点进行结构化梳理，并辅以实际应用的经验和注意事项，让读者不但可以掌握操作和命令的基础知识，而且还能借鉴实际操作的经验，规避问题，深化理解。

《Excel高效手册》共 10 章，内容涵盖：文件打印设置、表格格式、条件格式、快捷键、查找定位和批量操作、数据保护、视图切换、数据导入、数据清理、条件排序、高级筛选、函数分析、超链接、分类汇总、数据透视表和综合案例实战。其中，第 1~4 章讲解办公应用技巧，第 5~9 章讲解数据分析流程与技巧，第 10 章则进行了综合案例演示。

《Excel高效手册》内容通俗易懂，案例丰富，实用性强，适合零基础入门读者快速提升 Excel 操作技能，本书包含的很多高级操作技巧与细节更适合进阶读者阅读。

图书在版编目（CIP）数据

Excel高效手册 / 侯翔宇编著. -- 北京 : 中国水利
水电出版社，2022.4
　　ISBN 978-7-5170-9825-6

　　Ⅰ．①E… Ⅱ．①侯… Ⅲ．①表处理软件 Ⅳ.
①TP391.13

中国版本图书馆 CIP 数据核字(2021)第 163252 号

书　　名	Excel 高效手册 Excel GAOXIAO SHOUCE
作　　者	侯翔宇 编著
出版发行	中国水利水电出版社 （北京市海淀区玉渊潭南路 1 号 D 座　100038） 网址：www.waterpub.com.cn E-mail：zhiboshangshu@163.com 电话：（010）62572966-2205/2266/2201（营销中心）
经　　销	北京科水图书销售有限公司 电话：（010）68545874、63202643 全国各地新华书店和相关出版物销售网点
排　　版	北京智博尚书文化传媒有限公司
印　　刷	北京富博印刷有限公司
规　　格	145mm×210mm　32 开本　11.5 印张　412 千字　1 插页
版　　次	2022 年 4 月第 1 版　2022 年 4 月第 1 次印刷
印　　数	0001—3000 册
定　　价	69.80 元

凡购买我社图书，如有缺页、倒页、脱页的，本社营销中心负责调换

前　言

本书在"麦克斯威儿"Excel 账号两大系列视频教程的基础上，按照应用范围和功能类型，梳理了 Excel 应用中的上百项操作技巧与功能命令。全书 3 篇共 10 章，完整详细地介绍了 Excel 在办公应用和数据分析过程中会使用到的功能命令和操作技巧，从基础操作入手，逐步展开到智能表、条件格式、迷你图、数据验证、筛选排序、分类汇总、数据透视表、函数等高级功能模块。总体来说，本书按照内容类型集群，循序渐进地展开，最终形成了一套结构清晰、内容丰富的 Excel 应用知识体系，帮助读者快速提升 Excel 操作技能。

本书为每一章提供了一项或多项教学案例，以辅助读者阅读和学习。读者在学习的过程中可以同步进行练习操作，或者当对文字理解有疑惑时可以对案例文件进行上手练习来梳理思路和验证想法。同时，本书提供的教学案例中部分为实操案例，可以直接在工作中进行借鉴使用。

为了方便读者学习，本书已经将书内各章的知识点制作成专业的视频教程，可以直接在"哔哩哔哩平台"中搜索并关注"麦克斯威儿"账号进行查看学习（在账户主页搜索相关关键字即可查看相关视频，或通过收藏夹按系列查看教程）。同时该账号也提供了 Excel 其他模块使用的体系化教程，如商务图表制作，函数初、中、高级应用等，方便读者进一步学习。

本书约定

在正式开始阅读本书前，用几分钟时间为各位读者介绍一些本书编写和组织上的特点以及相关背景知识，它们将对您的阅读有很大帮助。

软件版本：本书中所有案例和操作均使用基于 Windows 系统的中文 Microsoft Excel 365 版（2020）完成，虽然在操作界面上可能与早期版本 Excel 有不同程度的差别，但差异不大，所介绍的绝大多数操作与命令均可以在其他版本的 Excel 中使用。

菜单命令：在 Excel 中有大量的功能是通过命令实现的，而功能按钮在 Excel 界面顶部的菜单栏中已经系统地进行了层级划分。主要分为 3 个层级：选项卡级、分组级和功能命令本身，其中"开始""插入""数据""公式"等被称为选项卡；类似的功能按钮会集中形成"组"，如"字体组""样式组"等。在后续讲解中对于功能命令的介绍，均会按照选项卡、组、命令这 3 个层级进行使用说明。

快捷操作：本书出现的快捷键操作主要分为两种类型，同时键入和连续键入，如复制快捷键 Ctrl+C，为两个按键同时键入，使用"+"相连；排序快捷键 Alt-A-S-A，为 4 个按键依次按下，使用"-"相连。除此以外还有单次键入、长按、短按、滚轮等快捷键，请根据具体说明操作。

附加说明：本书中出现的特殊补充内容分为 4 类，分别是说明、注意、技巧和提示。其中"说明"会对正文内容的一些细节进行补充；"注意"则是对常见的错误进行提示；"技巧"是对常规功能的特殊使用方式进行补充；"提示"会指出一些不易关注的内容。本书中众多的特殊补充说明是本书特色之一，也是作者知识、经验和思考的载体。

本书结构

本书分为 3 篇 10 章共 107 节内容。

第 1 篇　办公应用篇：本篇涵盖第 1~4 章，分别从文档的打印设置、表格的美化、高级选取与调整操作技巧以及常用功能模块的使用 4 个方面，讲解在 Excel 办公应用方面最重要的功能模块的使用，同时也讲解了高级表格操作、调整技巧，有效提高工作效率。

第 2 篇　数据分析篇：本篇涵盖第 5~9 章，根据数据分析的常规流程，从数据录入、数据清理、数据整理到基础的数据分析 4 个阶段，讲解具体在数据分析流程中可能会出现的问题，并提供简单且易上手的解决办法，帮助读者拥有基础、扎实的数据处理能力。

第 3 篇　技巧实战篇：第 10 章通过实操案例将学习到的部分功能和技巧进行串联，在实际问题的解决中感受功能与技巧的灵活运用，并提升熟练度。

本书读者对象

- 高等院校各专业在校生。
- 即将步入职场的学生。
- 职场新人、白领人士。
- 人力资源、财务会计相关专业或岗位人员。
- 产品、运营、经营决策相关岗位人员。
- 数据分析及可视化相关岗位人员。
- Excel 爱好者、发烧友。
- 好奇心旺盛的人员。

本书赠送资源及获取方式

本书提供多维度的超值学习套餐，包括：**"图书+同步视频教程+办公模板+办公技巧速查+电脑入门必备技能手册"**。多维度学习套餐，真正超值实用！

❶ 同步视频教程。本书配有 56 集与书同步的高质量、超清晰的多媒体视频教程，扫描书中二维码，即可通过手机同步学习。

❷ 赠送：1000 套 Office 商务办公模板文件，包括 Word 模板、Excel 模板和 PPT 模板，拿来即用，不用再花时间与精力去搜集整理。

❸ 赠送：300 个 Office 办公技巧速查电子书，遇到问题时不再求人，自己动手轻松解决问题。

❹ 赠送：《电脑入门必备技能》手册，教你快速掌握电脑入门技能，更好地学习 Office 办公应用技能。

以上资源的获取及联系方式：

读者可以扫描下方的二维码，或在微信公众号中搜索"办公那点事儿"，关注后发送 EXL98256 到公众号后台，获取本书资源下载链接。将该链接复制到计算机浏览器的地址栏中（一定要复制到计算机浏览器的地址栏，在计算机端下载，手机不能下载，也不能在线解压，没有解压密码），根据提示进行下载。（注意：不能在网盘上在线解压。另外，下载速度受网速和网盘规则所限，请耐心等待）。

办公那点事儿

读者可加入本书 QQ 交流群 813741132（若群满，会创建新群，请注意加群时的提示，并根据提示加入对应的群），读者间可互相交流学习，作者也会不定期在线答疑解惑。

作者介绍

侯翔宇（Maxwell），毕业于英国爱丁堡大学电力电子专业、华北电力大学（北京）电气工程专业，哔哩哔哩平台"麦克斯威儿"账号作者，拥有上市公司多年的百亿级大型工程项目管理经验，曾负责非洲、东南亚"一带一路"电力 EPC 项目管理工作。

致谢

　　生有涯而知无涯，本书在编写过程中力求尽善尽美，但限于学识、能力，书中难免存在疏漏之处，敬请读者朋友批评指正。另再次感谢香港中文大学的文俊超、国防科技大学的王志铭、中央财经大学的曹原和清华大学的李昊对本书编写工作的大力支持。

作者

2022 年 1 月

目　录

第1篇　办公应用篇

第2篇 数据分析篇

Excel 高效手册

第3篇 技巧实战篇

目录

第 1 篇

办公应用篇

第1章　表格打印，职场基本功

在很多同学的认知中，Excel 有两种身份：第一种身份是办公软件，常常用于创建报表，如申请表、问卷调查等；第二种身份则是数据分析处理软件，它可以承担从数据清理、分析开始到数据可视化的一套数据分析完整流程的工作。本书也是按照这样的逻辑展开讲解的。

但是不论哪种身份，最终将工作成果输出的主要手段之一都是"打印"。既可以打印成实体文件，也可以打印成电子版 PDF 或其他格式的文件。而且因为纸质文件和 PDF 文件比原始的电子文档格式更稳定、不易被意外错误调整，具有更高的信息传递准确性，更能体现出工作的专业性。实际工作实践也默认以打印版材料作为最终工作成果。

因此可以说，在商务办公环境下使用 Excel，即便其他什么功能都不会，关于打印的设置也应该达到"门儿清"的程度。不然老板丢过来的表格，经你的手打印出来后，不论是打印范围、字体大小、表格样式，还是显示位置等设置全部不合适，不仅你会很尴尬，老板也会感到尴尬。

因此在第 1 章中将会对"表格打印"这项基本功能进行说明。本章共分为两部分，第一部分了解基础打印相关的设置，第二部分解决常见的打印问题。

本章主要涉及的知识点有：
- 打印范围的设定和自定义页面的划分。
- 超长表格重复标题打印。
- 缩放比例、页边距、对齐方式的设置。
- 自动调整行高，自动换行，清除冗余空白。
- 避免打印内容缺失的问题。

1.1　打印的基础设置

本节首先介绍 Excel 中关于打印的各类设置，这可以说是基础中的基础。虽然简单，但很重要。学会这些设置后，工作中 90%的打印问题都可以得以解决。

1.1.1 随心所欲设置打印范围

在 Excel 中，打印范围的设置是初学者必须要面对的问题。因为 Excel 中专用的"分页视图"按钮不太好找，而不用视图调整起来又不太方便，而且即便打开了分页视图，很多同学也不知道其中的机制和代表的含义。导致调整打印范围只是对着表格不知如何下手，糊里糊涂地进行设置。如何精准地调整目标打印范围呢？一块儿往下看吧。

1. 打印设置功能按钮的分布

首先了解一下可以在哪些地方进行打印设置，主要有以下 3 处：

（1）在"页面布局"选项卡中的"页面设置"组中基本囊括了所有与打印相关的设置，如图 1.1 所示。

（2）在"视图"选项卡中的"工作簿视图"组中可以打开分页预览视图，如图 1.1 所示。

（3）在"文件"选项卡中的"打印"组中可以查看打印效果，如图 1.2 所示。

图 1.1　"页面设置"和"视图"选项卡

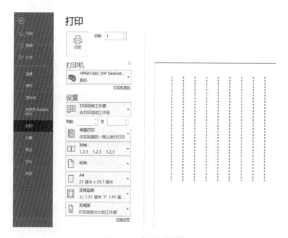

图 1.2　打印界面

◀ 说明：

> Excel 菜单栏主要分为上、下两个部分，其中如"开始""插入"等页面称为"选项卡"；具体的功能按钮如"主题""打印标题"等称为"命令"；同类的多个命令集称为"组"，如"页面设置"组、"工作簿视图"组等。

2. 利用"分页预览"功能调整打印范围

单击"视图"→"工作簿视图"→"分页预览"按钮可以将工作表的视图切换至分页预览视图，如图 1.3 所示。在这个视图下，可以观察到一些蓝色的线将特定区域框选，其中蓝色粗线条框选的范围为打印区域，而蓝色细虚线划分的则是不同的独立页面，在每个页面上会显示灰色的"第 N 页"字样。以上蓝色线条统称为"分页符"，可以自由拖动"分页符"来设定想要打印的范围。

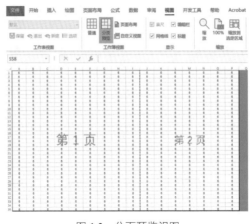

图 1.3　分页预览视图

 技巧：

> 实际操作中通常不会通过选项卡功能按钮进入分页视图，而是通过 Excel 应用界面右下角预设好的视图切换按钮完成，如图 1.4 所示。右下角的 3 个按钮从左起分别为"普通""页面布局"和"分页预览"，使用这些按钮即可完成不同视图之间的快速切换。

如果想要将打印范围缩小至中间某个特定的区域，首先将鼠标光标移动至的蓝色粗线处，待鼠标光标变为左右或上下双箭头后拖动到目标位置即可，如图 1.5 所示。其中，蓝色粗线框选的范围为选定的打印范围，高亮度显示；其他表格区域为非打印范围，低亮度显示。

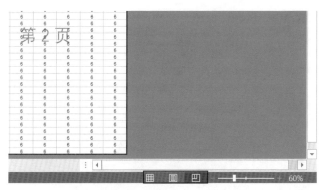

图 1.4 视图切换快捷按钮

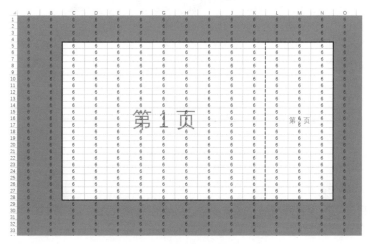

图 1.5 自定义调整打印范围

3. 利用"设置打印区域"功能调整打印范围

除了利用"分页预览"功能调整打印范围外，还可以在普通视图内直接通过选定区域设定打印范围。

首先选中目标打印范围，然后选择"页面布局"→"页面设置"→"打印区域"→"设置打印区域"命令，如图 1.6 所示。

📣说明：

此功能在任何视图模式下都可以使用，由于普通视图的主要作用是呈现内容，所以对打印区域的标记不如分页预览视图中的那么明显，但依旧可以看到在打印范围四周有黑色细实线轮廓，如图 1.7 所示。

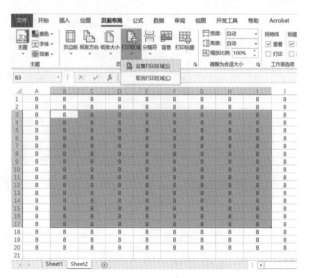

图 1.6　设置打印范围

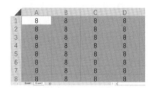

图 1.7　打印范围轮廓线

打印范围设置完成后，如需取消，可以选择"取消打印区域"命令。但是此命令一般不会使用，如果需要设置新的打印区域，可以直接按照此前的方法重新设置，旧的打印区域会自动被新的打印区域替代。另外，在旧的打印区域取消后，系统会自动恢复默认识别的打印区域（一般是整张表格有内容的区域）。

4．"打印预览"调整工作簿级的打印范围

通过上述两种方法可以很好地完成工作表级的打印范围设置，也就是对单张表格中打印内容的设定。针对整张工作簿都需要打印的情况，需要进入"文件"→"打印"中进行设置，将"设置"组中的首个下拉菜单选项调整为"打印整个工作簿"，如图 1.8 所示。该下拉菜单共有 3 个选项，分别为"打印活动工作表""打印整个工作簿"和"打印选定区域"，其中"打印活动工作表"为打印当前选定的工作表，"打印选定区域"为打印当前选择的范围。具体打印时，除了特别指定外，每张表格都会按照设置好的打印范围进行打印。

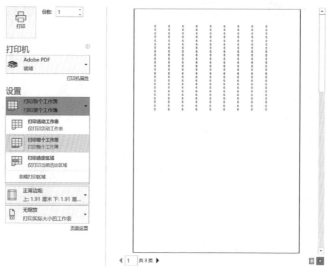

图 1.8　设置工作簿级的打印范围

1.1.2　页面划分也可以自定义

学习了控制不同级别的打印范围之后，现在可以再细化一步，对每个打印范围内的页面划分进行调整，在打印中这一点非常重要。表格的不同部分代表不同的内容，按表格内容的类型分页有助于提高输出表格的可读性。例如，工作表包含了不同部门所有产品的季度销售情况，则按照部门分页打印就比顺序打印呈现的效果更好。

如何精准地设置页面包含的内容、如何增加页面数量、页面划分出错应当如何恢复等问题，都将在本小节中进行说明。

1. 拖动分页符完成分页

最常用的一种划分页面的方式就是在设定打印范围时，在分页预览视图中拖动分页符（蓝色细虚线），就可以调整分页划分，如图 1.9 所示。

图 1.9 为拖动蓝色细虚线的过程，其中灰色粗实线代表蓝色细虚线原来的位置，蓝色粗实线则代表目标位置。可以看到在调整后原来的蓝色细虚线分页符变成了蓝色粗实线分页符，分页的位置也随之发生了改变。整体操作简单，类似于打印范围的调整，唯一需要注意的是虚线变实线这一特别现象。

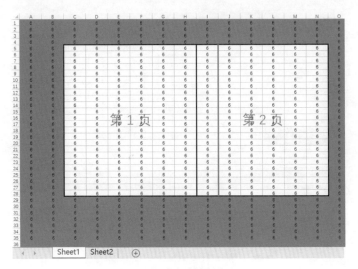

图 1.9　拖动分页符调整分页

📢说明：

　　蓝色细虚线分页符可以理解为系统自动分配的分页符（是生效的），而经过调整后转变为蓝色粗实线，则可以视为系统已经"知晓"操作人员对分页划分进行了手动调整，因此不再使用系统分配的分页符。

　　但是细心的同学又会问了，实际工作中经常需要增加页面，例如水平要分3页，垂直方向上还要划分成2页，这怎么实现呢？接着往下看。

2.　拖动增加分页

　　增加分页既可以通过功能按钮，也可以通过直接操作的方法完成，这里先介绍直接操作的办法。如图1.10所示，如果把分页符不断地往左侧拖动，会发现右侧自然就增加了一页，就完成了水平方向分3页的任务。

　　这是为什么呢？因为系统会自动为范围比较大的区域进行分页，就好像在说"你这个区域切得太大了不合适，不如这样切一刀"，而且还很有礼貌地用虚线建议操作人员。而我们就是利用这样的特性将其中一个区域扩大，并"引诱"出新的分页符。

　　垂直方向也可以如法炮制得到新的分页符，这里就留作小思考题供大家练习。

💡注意：

　　虽然垂直方向上原来一个分页符都没有，但那是因为纵向上的区域不够大，如果把打印范围暂时扩大，会发生什么呢？

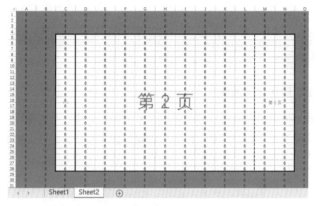

图 1.10　拖动分页符增加分页

3. 使用功能按钮增加分页符

使用功能按钮的方法比较直接，可以很简单地在目标位置上增加一个分页符，如图 1.11 所示。在插入分页符之前，首先要选择一个增加分页符的地方，选择方式可以分为 3 种情况："选择单个单元格""选择整行""选择整列"，对应的插入分页符的情况会有点不同。选择好之后在"页面布局"选项卡下选择"页面设置"→"分隔符"，在弹出的下拉列表中选择的"插入分页符"命令即可。

在此，选择单元格 G16。可以看到，在插入分页符后，打印范围就瞬间变成 6 份了，这是因为选择单个单元格会分别为打印区域增加水平和垂直两个分页符。此时，以 G16 单元格左上角为原点画一个大大的十字。这个过程就好像对原本已经被切成两块的蛋糕再多切两刀，将原本的第 2 页变为第 5、6 页，将原本的第 1 页变为第 1、2、3、4 页。

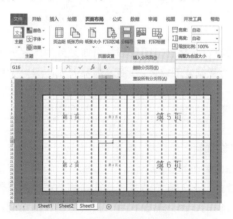

图 1.11　直接插入分页符

4. 恢复默认分页状态

如果觉得分页的效果不理想，需要重新划分，则可以直接在"分隔符"下选择"重设所有分页符"命令，所有已设置好的实线分页符就会被取消，取而代之的是系统自动为打印区域分配的分页符，如图1.12所示。

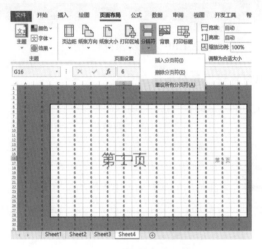

图 1.12　重设所有分页符

1.1.3　超长表格打印重复表头

扫一扫，看视频

通过之前的工作，表格的打印范围和页面划分都已经调整完毕，接下来就是对纸张、边距等一些细节的设置。在这之前需要先解决一个重复标题的问题。很多数据记录表格本身是"瘦高型"（相对列的字段数而言，行的字段数非常多），如果直接打印，即便打印范围和分页都调整得非常好，最终打印出来的表格阅读体验也不好，这就是因为缺少了重复表头。

想象一下，当你拿到一份表格，阅读第1页没发现什么问题，但是一翻页，多翻几页，看到后面某列数据却不记得对应的字段内容时就得往前翻，这个数据代表什么？单位是什么？弄不清楚还得往前翻。每次都需要翻回第1页对照查看表头是极不方便的，因此需要利用"打印标题"的功能在后续每页表格的表头都自动添加标题后再进行打印，具体操作如下。

1. 设置打印标题

选择"页面布局"→"页面设置"→"打印标题"命令。Excel 设计人员直接将这么硕大的一个按钮给了这个单一功能，足以说明该功能使用的频繁程度和重要性。设置打印标题的操作过程与设置弹窗如图 1.13 所示，在"顶端标题行"字段中选择第 1 行即可完成设置。

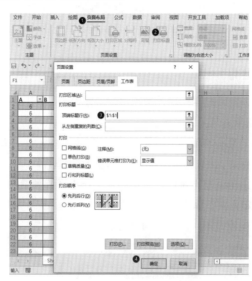

图 1.13　设置打印标题

2. 打开"打印"界面查看第 2 页及往后页面情况

通过"文件"选项卡进入"打印"界面（可以使用快捷键 Ctrl+P 直接打开），移动到第 2 页及往后的页面，可以看到系统已经自动为表格的每一页添加上了标题。

🔊说明：

打印重复标题只会在"打印结果"和"打印预览"界面中显示，在表格的任何视图中都不会出现，因此不会影响表格的正常使用。

1.1.4　缩放对齐使页边距更完美

在确认了打印范围、调整好分页的方式以及设定完重复标题后，还可以在"页面设置"中完成更详细的设置，如调整"页边距""对齐方式"和"缩放比例"。与纸张大小和纸张方向这类容易找到设置位置和容易理解的功能相比，上述 3 项在 Excel 中隐藏得比较深，所以在这里单独"拎"出来进行讲解。

1.　调整页边距

一般情况下，打印过程都是采用系统默认设置，如页边距、A4 纸张、纵向打印方向等。但如果遇到打印范围比较特殊的场景，如内容正好在一页多一点，或稍微宽了一些，又不希望缩放页面影响打印字体的大小，这时就可以通过精确调整页边距获得更大的纸张利用空间来解决此问题。

最常用的页边距调整方法就是直接采用 Excel 系统预设的"常规""宽""窄"页边距设定方案。单击"页面布局"→"页面设置"→"页边距"按钮，即可展开页边距预设方案，如图 1.14 所示。

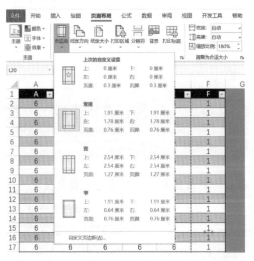

图 1.14　页边距预设方案

也可以直接在"打印"界面中设定页边距模式。例如，图 1.14 中 A 到 F 列在常规页边距模式下必须要分成两页打印，因此调整为"窄页边距"模式可以在一页内完成打印。总而言之，就是要获得更大的内容呈现区域，如图 1.15 所示。

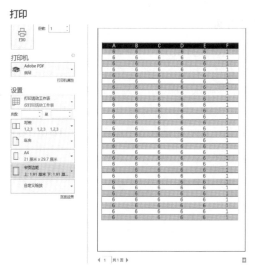

图 1.15　在"打印"界面中设定页边距

在大多数的情况下，通过预设模式增加的内容区域已经足够使用。如果需要更精确地设置页边距，可以进入"页面设置"对话框，在"页边距"选项卡下进行设置，如图 1.16 所示。单击"页面布局"→"页面设置"→"页边距"按钮，在展开的下拉列表中选择"自定义页边距"命令；也可以直接单击"页面布局"→"页面设置"组右下角的拓展面板按钮或选择"打印"界面中的"页面设置"命令进行自定义页边距的设置。

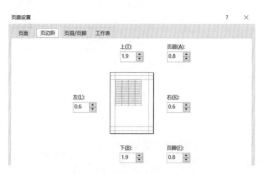

图 1.16　自定义页边距

自定义页边距的设定参数共 6 个，分别是上、下、左、右 4 条线控制内容范围，除此以外还可以设定页眉和页脚的位置。

在调整参数的过程中，表中边距线条位置会实时发生变化，方便实时预览对比。

2. 调整对齐方式

在 Excel 中打印表格时，默认的对齐方式是向左向上对齐，如图 1.16 所示。中间的表格预览即为默认状态下的对齐方式，内容紧贴上边距线和左边距线。如果希望打印出来的表格水平居中，或垂直居中，则可在"页面设置"对话框的"页边距"选项卡中勾选"居中方式"下的"水平"或"垂直"复选框，表格水平居中效果如图 1.17 所示，垂直居中效果如图 1.18 所示。

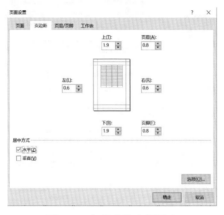

图 1.17 打印内容水平居中

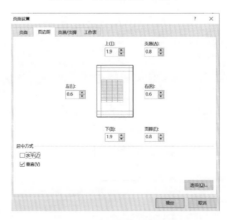

图 1.18 打印内容垂直居中

注意：

水平居中和垂直居中容易混淆，可以将水平居中等效记忆为"左右居中"，将垂直居中等效记忆为"上下居中"。当然，也可以在使用时根据预览效果随机应变。

说明：

水平居中和垂直居中效果可以同时设置。

3. 调整缩放比例

在打印前设置纸张的大小、调节页边距其实都是在调整"画布"的大小，也就是设置到底有多大的空间用于显示内容。但除了调整画布大小，还可以调整内容的大小，这部分最基础的实现方法就是调整字体大小，但操作起来会相对烦琐，所以更推荐的方法是调整整体的打印缩放比例，如图 1.19 所示。

图 1.19　打印缩放设置

注意：

此处的"打印缩放比例"要区分于"显示缩放比例"，在常规视图中查看表格，右下角是有一个显示缩放比例的调整滚轴，通过这个滚轴可以控制查看内容的大小。

打印缩放也存在几种常用的预设。假设输出是默认的 A4 纸张，那么所打印的目标表格极大可能不是 A4 的比例，这个时候如果想要在 A4 纸张上尽可能打印所有内容就需要使用到"缩放预设"功能，缩放预设很多时候比自定义设置缩放比例还要好用。缩放预设共分为以下 4 种模式。

（1）无缩放：按照表格中的原始大小进行打印。

（2）将工作表调整为一页：不论表格有多大，一直缩放到刚好放进画布的大小。

（3）将所有列调整为一页：缩放到表格的所有列宽等于画布宽度，长度不限。

（4）将所有行调整为一页：缩放到表格的所有行高等于画布高度，宽度不限。

◀))说明：

如果表格原本就比画布尺寸小，则这些缩放预设都不会生效。如果需要放大，可以使用自定义缩放修改比例。

原表格是一张总列宽超过画布宽度的表格，默认打印需要两张纸，阅读非常不方便，因此希望所有列打印在一页。设置完打印区域后使用快捷键 Ctrl+P 进入打印预览界面，然后选择"将所有列调整为一页"命令即可，前后对比效果如图 1.20 所示。

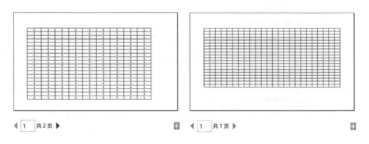

图 1.20　缩放所有列为一页的前后对比效果

如果需要自定义缩放比例，有以下两种方法。

（1）在"页面设置"对话框中的"页面"选项卡下的"缩放"组进行设定，其中可以调整具体的缩放比例以及缩放到目标页数，如图 1.21 所示。

（2）找到"页面布局"选项卡下的"调整为合适大小"组中的"缩放比例"一栏，填写对应的缩放百分比数值即可。

图 1.21　自定义缩放设置

📢))说明：

推荐使用方法（1）进行设置，因为在"页面设置"对话框中可以较为方便地利用页面预览查看缩放效果。同时，在该对话框中进行设置，不论最终用户如何设置缩放，表格的长宽比例都不会发生变化。

1.2　打印的"疑难杂症"

基础设置了解清楚后，本节将介绍实际打印问题中的几个"疑难杂症"。全方位应对复杂情况，为你的打印工作"保驾护航"。

1.2.1　超长文本字段的表格打印

扫一扫，看视频

首先遇到的第一个打印问题是表格中文本内容太多而且长短不一，如图 1.22 所示。这种类型的数据其实经常会出现，如表格的某个字段是备注、说明或地址等类型的信息时就会出现"长文本"，这里需要用到"自动调整行高"和"自动换行"两项功能来辅助我们完成打印任务。

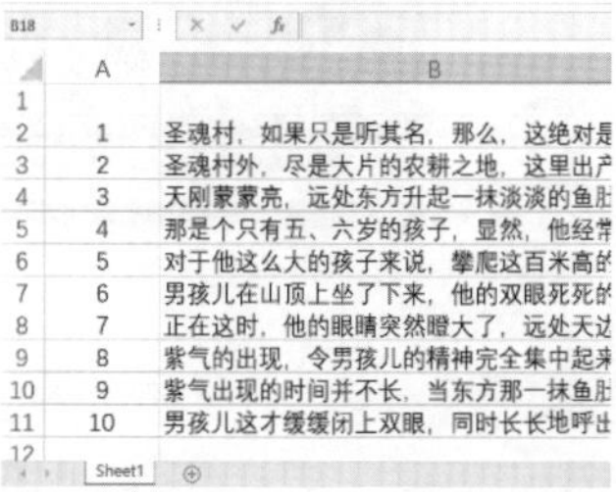

图 1.22　包含超长文本字符串的表格

1. 对长文本字段设置自动换行

首先要做的事情就是对长文本进行换行，一整行打印过去先别说纸张的宽度够不够，连表格的列宽可能都会不够，因此需要将文本折叠。首先调整 B 列的宽度到合适位置后选中 B 列，然后选择"开始"→"对齐方式"→"自动换行"命令，如图 1.23 所示。

图 1.23　设置自动换行

☞注意：

不要手动地在单元格内一个个地进行换行，这样既耗时又费力。

接着，选中所有行后右击，在弹出的快捷菜单中选择"行高"命令，将行高统一调整为 100，效果如图 1.24 所示，可以看到长文本已经按照指定的列宽自动换行完毕。

图 1.24　自动换行后的效果

与此同时，又出现一个新的问题：虽然通过批量设置行高将所有行都指定为固定高度，内容显示完整，但却留有大量的空白。这个问题的解决需要使用"自动调整行高"功能。

2. 设置自动调整行高

首先选中所有的数据行，单击"开始"→"单元格"→"格式"按钮，在展开的下拉菜单中选择"自动调整行高"命令，系统会根据列宽和文本长度自适应调整行高，效果如图 1.25 所示。

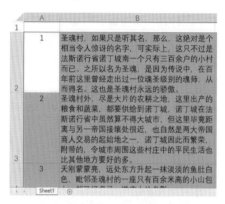

图 1.25　开启自动调整行高的效果

📑技巧：

> 快速开启自动调整行高的方法是选中数据行之后双击区域行标题分界线。

1.2.2　部分内容缺失如何解决

扫一扫，看视频

除了长文本的打印需要特殊处理外，工作中常常会遇到的一个问题就是信息缺失。这是什么意思呢？就是会出现明明在表格视图中已经排好版，在所有内容都完整的前提下去打印，发现打印出来的文件部分内容消失不见了（这个问题在长文本的打印中也经常出现）。很多同学在打印过程中就因为这个难以察觉的问题吃亏了，直到文件批量生产，在阅读时才发现问题所在，此时已经来不及重新印制。因此，建议在制作打印稿件时最好打印一份样稿，在实体文件中阅读能够模拟真实使用场景，更准确地找到错误。当然，最好的办法还是在设置打印参数时就尽可能地避免此类问题的出现。

这个问题其实并不是操作者引起的，而是软件本身的小 Bug，这里举个例子大家就明白了。如图 1.26 所示，首先在图中可以看到单元格中输入的内容是 15 个字母 A 和 3 个字母 B，这在常规表格视图中是正常显示完整的，没有任何问题。

图 1.26　原始数据

这个时候如果进入"打印"界面查看打印效果就会发现有一点不对劲，如图 1.27 所示。第 1 行字母 A 的数量从 9 个减少到 8 个，导致第 2 行的一个字母 B 被"挤跑"了。这就是因为排版显示差异导致的打印信息缺失 Bug。

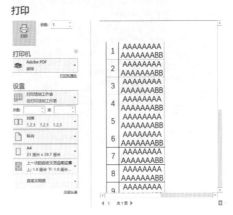

图 1.27　打印信息缺失 Bug

对于数据量很大的表格不可能一行一行地去检查，如果重要信息缺失了，轻则重新打印，重则引发工作事故，非常令人恼火。这个问题是系统原因，用户难以根本解决，因此只能绕过，接下来看看如何解决吧。

1. 减少列宽

这里默认目标想要输出的列宽就是案例中出错的情况，将其复制出一列进行调整。首先将原本的列宽 10.83 压缩到 8，并重新应用"自动调整行高"命令，如图 1.28 所示。

2. 恢复列宽

将打印列恢复原列宽后再到"打印"界面中查看就没有问题了，如图 1.29

所示。这里面的原理就是压缩列宽让自动调整的行高略高于原值，后续在恢复原本列宽时，自动调整的行高不会发生变化，因此相同的内容就获得了更多的空间，可以有效避免尾部数据被系统"吃掉"的问题。

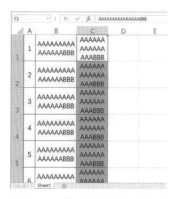

图 1.28　压缩列宽并自动调整行高

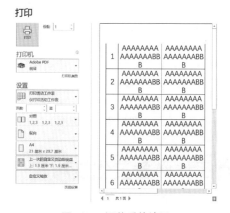

图 1.29　调整后的效果

☀注意：

> 　　此方法能规避多数情况，但依旧不能百分之百地规避所有情况，不过已经可以有效降低此问题造成的影响。其中压缩列宽越大，提供的冗余区间越大，规避的效果越好，可以根据实际需要进行调整。

　　此外，该方法也常用于美化表格。因为自动调整行高的结果仅仅是略高于单元格内文字的高度，总体会显得过于拥挤而降低可读性。因此常使用上述方法在保证为不同长短内容自动调整行高的同时，增大相邻单元格内容之间的间距。

第2章 美化表格，颜值即正义

在第1章中曾提过："在很多同学的认知中Excel有两种身份，第一种身份是办公软件，常常用于创建报表，如申请表、问卷调查等；第二种身份则是数据处理软件，它可以承担从数据清理、分析到可视化的一套数据分析完整流程的工作。"

在作为办公软件时，除了非常重要的"打印"功能外，表格本身的"颜值"也是很重要的。不过"颜值即正义"肯定言过其实，作为普通办公人员虽不必追寻极致的审美和视觉冲击力，但在表格设计上，基本的规范和整洁是必要的，在这个基础上进一步美化会有更好的效果。

因此在本章将会对表格美化相关的知识点、操作技巧进行讲解。本章共两部分，第一部分了解常用的表格美化的技巧，第二部分学习如何应用条件格式美化表格。

本章主要涉及的知识点有：

- 套用表格格式、对齐方式、斜线表头制作、格式刷复用。
- 层叠组合、图片嵌入、图形绘制。
- 对错符号输入、隐藏零值。
- 整行条件格式、色阶图、图标集、迷你图。

2.1 日常工作必备美化技巧

本节首先介绍Excel中与表格美化相关的一些功能和操作技巧，帮助大家在短时间内获得一定的美化表格的能力，可以立即应用到自己的工作当中。

2.1.1 一键快速美化表格

首先讲解一个智能化的一键完成的表格美化功能——套用表格格式。

在Excel中，对基础的数据表提供了若干种预设好的样式方案可以直接套用，虽然其"美丽"程度并不高，但是胜在操作迅速、风格统一。在一些要求相对不高的场合中可以用于基础规范和美化处理，所以依旧是很实用的。

1. 为表格套用表格格式

单击"开始"→"样式"→"套用表格格式"按钮，在展开的下拉菜单中选择"白色，表样式中等深浅 1"，Excel 会自动判断表格区域，检查范围无误后确认即可（或可以直接通过快捷键 Ctrl+T 完成表格的插入）。操作过程如图 2.1 所示。

📇技巧：

> 常用的格式推荐"白色，表样式中等深浅 1"，黑白搭配或简单灰白版本在多数场景下都可以使用，具有广泛的应用空间。

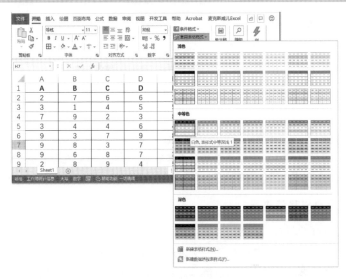

图 2.1　套用表格格式的操作方法

套用表格格式虽然操作方法简单但是功能具有一定的复杂度。套用表格格式功能的本质其实是"插入表格"和"表格格式化"两个功能的组合，在美化表格时主要使用了"表格格式化"的功能。

在 Excel 工作表，也就是常说的 Sheet 表格中，还可以插入更高级、具有更丰富功能的表格，一般称为"超级表"或"智能表"（直接选中表格区域，单击"插入"→"表格"→"表格"按钮即可）。这个表格就是"插入表格"功能，而表格格式化其实是"超级表"的一种功能。到这里才能更深入地理解"套用表格格式"的功能本质上是先插入表格，然后选择表格格式的二合一功能。此前提到的快捷键 Ctrl+T 实际上也只是插入表格的快捷键，插入后可以手动套用格式，与"套用表格格式"功能在使用上有一点区别。

📢说明：

> 因为在套用格式前系统会自动将表格超级表化，所以通过这种方法格式化的表格，本身可以自动拓展行、具有公式自动填充等特性。这里只是使用其样式，其他的作为背景知识简单理解即可。

应用完该功能后，最终表格会被自动套上和模板相同的样式，自动设置了标题配色、增加了镶边行、开启了筛选功能等，如图 2.2 所示。

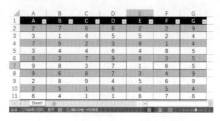

图 2.2　套用表格格式操作效果

📢说明：

> "镶边行/列"这个名称可能很多同学都无法理解，其英文原文为 Banded Rows Columns（条纹行/列），软件界面的专业术语翻译确实有时让人摸不着头脑，但大家可以理解为表格不同行设置底色深浅相间的交替效果（类似斑马线条纹的感觉）。

2. 手动创建镶边行

那么也有人会问：不通过表格应用镶边行可以吗？也可以，但是需要一点额外的操作，这里就以灰白相间为例讲解如何手动创建镶边行。

首先将第 2 行数据填充为灰色，然后同时选中第 1 行和第 2 行的数据，通过右下角的填充柄（鼠标悬浮于右下角直至鼠标光标变为十字形图标）长按鼠标左键向下拖动直至覆盖整张表格。注意填充柄填充模式选择"仅填充格式"即可，如图 2.3 所示。

⚠️注意：

> 由于底色填充属于对单元格属性的设置，若数据顺序等特性发生改变，则相应的填充颜色也会改变，可能会导致"镶边行"效果被破坏，而使用"套用表格格式"则无此问题。

最后简单对比一下就会发现，套用表格格式会更方便，手动创建镶边行的操作过程完全不需要填充颜色、拖动、格式等操作，一键设置就能完成，同时还获得了很多表格的特性，因此推荐使用方法 1。

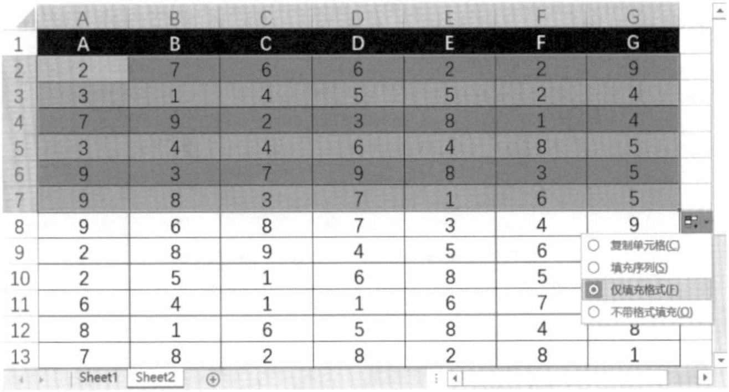

	A	B	C	D	E	F	G
1	A	B	C	D	E	F	G
2	2	7	6	6	2	2	9
3	3	1	4	5	5	2	4
4	7	9	2	3	8	1	4
5	3	4	4	6	4	8	5
6	9	3	7	9	8	3	5
7	9	8	3	7	1	6	5
8	9	6	8	7	3	4	9
9	2	8	9	4	5	6	
10	2	5	1	6	8	5	
11	6	4	1	1	6	7	
12	8	1	6	5	8	4	8
13	7	8	2	8	2	8	1

图 2.3　手动创建镶边行效果

2.1.2　绘制斜线表头并输入标题

扫一扫，看视频

1. 绘制斜线表头

在传统的二维表中，如一张课程表，通常同时拥有横纵两个方向的标题。而表格的左上角因为要明确两轴的名称常常需要绘制成斜线表头。在 Excel 中当然可以绘制斜线表头。这里演示两种绘制斜线表头的方法，原始数据如图 2.4 所示。

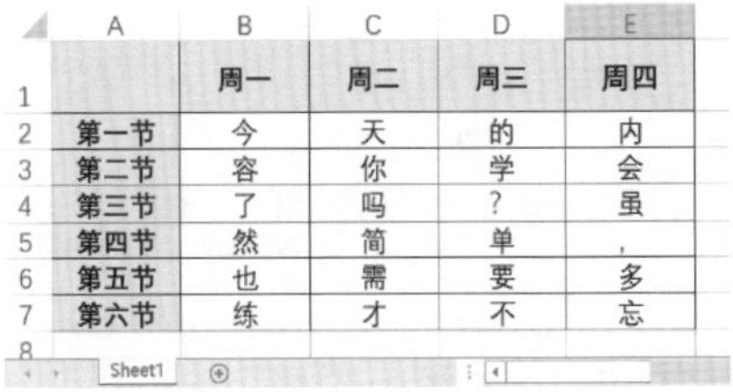

	A	B	C	D	E
1		周一	周二	周三	周四
2	第一节	今	天	的	内
3	第二节	容	你	学	会
4	第三节	了	吗	?	虽
5	第四节	然	简	单	,
6	第五节	也	需	要	多
7	第六节	练	才	不	忘

图 2.4　绘制斜线表头原始数据

（1）通过“边框”绘制。

在 Excel 中，斜线也是“边框线”的一种，因此要进入边框线的详细设置中方可设置斜线。单击“开始”→“字体”→“边框”按钮，在展开的下拉列表中选择“其他边框”命令，打开“设置单元格格式”对话框（也可以直接按快捷键 Ctrl+1 打开“设置单元格格式”对话框），进入“边框”选项卡，如图 2.5 所示。

如图 2.6 所示，在“边框”选项卡中单击对应的斜线按钮就可以为单元格添加斜线（左下角和右下角位置分别是副对角线和主对角线，中间写有“文本”

的方框是边框预览窗口），还可以在左侧选择线型和颜色，也可以设置其他地方的边框线，根据需要设置即可。

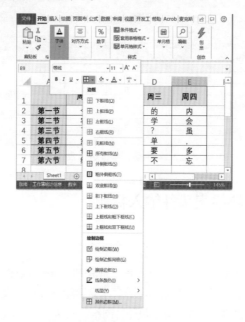

图 2.5　设置边框

图 2.6　添加斜线

（2）插入"形状"绘制。

除了使用"设置单元格格式"对话框为单元格绘制斜线表头外，还可以直接通过图形绘制斜线表头。单击"插入"→"插图"→"形状"按钮，在展开的下拉列表中选择相应线条，按住 Alt 键的同时从单元格左上角绘制到右下角完成斜线表头的绘制。

绘制后，若需要斜线的位置和大小随单元格移动、变形而改变，可以右击线条形状，打开"设置形状格式"对话框，并在"属性"栏中选中"随单元格改变位置和大小"单选按钮，如图 2.7 所示。

图 2.7 绘制斜线的属性设置

2. 输入标题

设置横纵轴标题同样有两种方法，可以根据实际情况选取。

（1）直接输入。

直接输入就是直接在单元格中输入横纵标题，这里需要注意的是，斜线表头的标题名称要输入对应的三角形中。因此一般是第 1 行输入横轴标题，第 2 行输入纵轴标题，通过在横轴标题前添加一定数量的空格来完成，如图 2.8 所示。

📢说明：

单元格内换行的快捷键为 Alt+Enter。

图 2.8 输入横纵轴标题

（2）绘制文本框。

相较于单元格中输入的文本内容，在文本样式、格式的控制上文本框的功能会更加丰富，具体操作如下。

首先在"插入"选项卡下"插图"组中选择插入形状中的文本框，然后在表格区域通过拖动完成文本框的绘制。绘制完成后，可以分两行输入横纵标题，并分别左右对齐即可完成设置。嵌入单元格的操作方法和绘制斜线的步骤一样，属性也需要进行额外设置。

📢说明：

除了最为常见的单斜线表头外，实际可能还会存在双斜线表头的情况，如图 2.9 所示。同样也可以利用"绘制斜线+文本框"的方式完成。

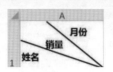

图 2.9　双斜线表头

2.1.3　跨列居中标题

扫一扫，看视频

工作中常见的信息填报表、汇报表或者数据表都会有一个大标题以提示表格的主要内容（对于一般信息报表可以添加标题，但数据表不建议添加独立标题）。这些标题常见于左对齐、部分缩进或者是居中对齐，而表格一般是多列的，因此想要标题覆盖多列，大多会使用"合并后居中"功能。但是合并单元格对后续的数据筛选、公式运算以及复杂模块的应用都会形成干扰（很多时候不只是干扰，而是直接禁止使用某些功能），因此不建议使用"合并后居中"功能，尤其是偏数据存储用途的表格。

那么有没有什么办法能够兼容呢？答案是有的，就是使用"跨列居中"的对齐设置来解决。这是一种特殊的对齐方式，可以在不合并单元格的前提下将内容横跨多个单元格中进行显示，效果和合并居中是相同的，差别就是跨列居中只进行内容显示上的合并，标题本质还是一个个独立的单元格，这样就实现了在不影响单元格结构的情况下完成标题的居中显示。

1. 标题原始数据

标题的原始数据录入在第 1 行、第 1 列的位置上，仅占据一个单元格，如图 2.10 所示。最终目标是想要跨列显示在整个表格的上方，即 A1:E1 单元格区域，且标题居中。

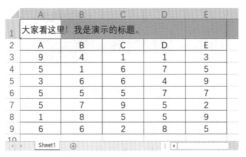

图 2.10　跨列居中标题原始数据

2. 将标题设置为跨列居中

首先选中需要居中显示的所有单元格（标题内容必须在所选区域的第 1 个单元格中），即图 2.10 中的 A1:E1 单元格区域。选中之后右击，在打开的快捷菜单中选择"设置单元格格式"命令，在打开的对话框中切换到"对齐"选项卡，然后在"水平对齐"下拉列表中选择"跨列居中"选项即可，如图 2.11 所示。

🔊**说明：**

可以发现很多高级功能的设置都隐藏在命令的拓展面板中，一般进入拓展面板的方法分为三种，这里以设置单元格格式为例：①右击单元格从快捷菜单中进入；②通过选项卡功能组右下角的拓展面板按钮进入；③按快捷键 Ctrl+1 直接进入（"设置单元格格式"对话框）。以后大家在看到拓展面板时，一般的进入方式就是这几种，大家知道是"殊途同归"即可。

设置完成的跨列居中最终效果如图 2.12 所示。可以看到标题内容已经"合并"，但是依旧可以单独选择标题中的任意单元格。

图 2.11　设置跨列居中　　　　　　　图 2.12　跨列居中效果

2.1.4　名称长短不一轻松对齐

扫一扫，看视频

除了跨列居中外还有一种对齐方式也常用于美化表格，那就是"分散对齐"。不知道大家有没有见过一些表格，其中含有"名称"列，其中的名称长短不一，两个字、三个字甚至四个字的都有，所以为了整齐常常会看到在字与字之间手动输入了若干空格进行对齐，如图 2.13 所示。注意看 A6 单元格中"函秋"两字中间有空格。

A6	▼	：	×	✓	fx	函 秋

	A	B	C	D
1	姓名			
2	于涵易			
3	苏妙音			
4	堂薇歌			
5	谈香天			
6	函 秋			
7	邗安珊			
8	符德明			
9	法 唱			
10	矫恨竹			
11	种书仪			

图 2.13　手动对齐名称的错误示范

你肯定见过这种情况吧？如果自己以前也是这么干的就不用举手了，偷偷藏在心里把下面这个技巧学会就都是过去式了。所以大家也可以看到，总体出发点是好的，但是操作不得当，一是效率低，二是导致后面根据人名进行数据分析时会错乱，因为原本好好的"张三"突然就被改名叫"张-空格-三"了，完全变了人。总而言之，美化也是在不破坏数据的基础上进行的。

1. 清理错误数据

因为在原始数据中利用空格手动对齐了，所以在正式设置前先清理错误数据。选中 A 列，按快捷键 Ctrl+H 打开"查找和替换"对话框，在"查找内容"文本框中输入"空格"（使用 Space 键键入空格符号，不是空格文本，不输入替换内容代表"替换为"为空），单击"全部替换"按钮即可清理，如图 2.14 所示。

图 2.14　清理手动对齐数据的冗余空格

2. 设置"姓名"列的分散对齐

数据清理完成之后选中"姓名"列内容部分，打开"设置单元格格式"对话框（右击或使用快捷键 Ctrl+1），在"对齐"选项卡下的"水平对齐"下拉列表中选择"分散对齐（缩进）"选项，如图 2.15 所示。

"缩进"参数可以随意设置一下感受区别，分别将"缩进"值设置为 1、2、3 进行演示，最终效果及不同缩进的对应效果如图 2.16 所示。

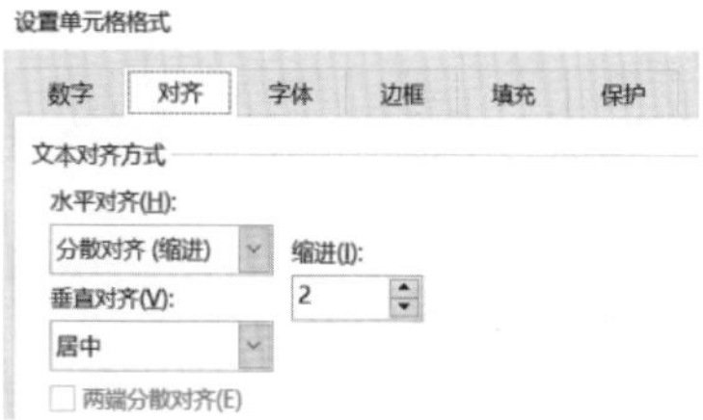

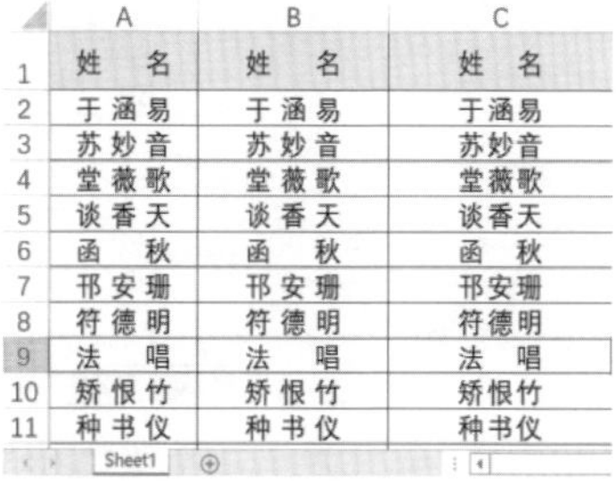

图 2.15　分散对齐设置　　图 2.16　分散对齐效果（"缩进"值分别为 1、2、3）

📢说明：

　　"缩进"参数一般没必要设置得太大，太大会浪费显示空间。它所设置的距离是名称左右两端距离列边界的宽度，如果列很宽、缩进很小则会导致内容分布得很松散，而列很窄、缩进很大则内容会过度拥挤，如图 2.17 所示，因此适当就好。

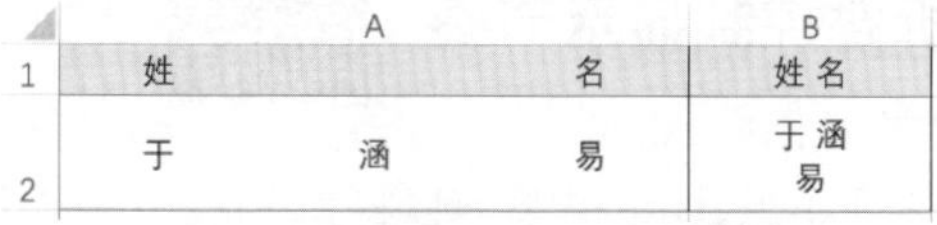

图 2.17　分散对齐的极端情况

2.1.5 长内容自由换行排版

扫一扫，看视频

接下来介绍如何在 Excel 单元格内换行。毕竟除了对齐方式，内容到底在哪里分段也是很重要的。

在 Excel 单元格中进行内容换行有两种方法，分别是"自动换行"和"手动换行"。

通过自动换行可以使长文本按照设定的列宽进行换行，并配合自动调整行高让内容完整地显示，并且不会对文本内容造成任何改动。

但是在特定位置换行时，需要手动换行来完成，在文本的目标换行处按快捷键 Alt+Enter 即可（区别于 QQ 等聊天软件默认换行快捷键 Ctrl+Enter）。如图 2.18 所示，在 B1 单元格中的"路程长度（公里）"后插入换行符，使标题和单位分行显示，可以优化排版效果。

图 2.18　手动换行

📢说明：

换行快捷键可以理解为输入了一个看不见的符号"换行符"，它的作用就是产生新的段落。所以请注意它对原始文本内容是做了修改的，并且内容中存在一个"实体"的看不见的换行符，该符号也可以使用函数 CHAR(10) 生成。

2.1.6 缩放折叠控制显示节奏

扫一扫，看视频

在 Excel 中，对于不想显示的内容可以将其"删除"或"隐藏"。但是对于

Excel 高效手册

临时需要隐藏的内容，在必要时还得显示出来，因此不可以删除，只可以隐藏。如果应用的是隐藏的方法，数据恢复显示的操作比较烦琐（选择范围右击，在快捷菜单中取消隐藏）。

1. 组合功能效果

这个时候可以使用"组合"功能进行替代，展开效果如图 2.19 所示。

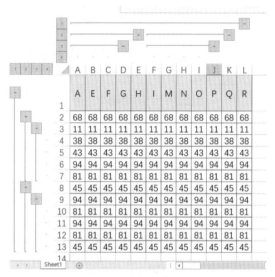

图 2.19　组合功能展开效果

首先可以看到的是在基础表格的左侧和上方都增加了很多层级的划分符号，并且在每个层级都有一个对应的"减号方块+一段线条"，这个就是组合功能按钮，用于展开和折叠对应层级的内容。

如果单击其中任意的减号，会发现该减号线段所包括的范围（行或列）就会被直接收起、折叠，实现临时隐藏的效果。如图 2.20 所示，是单击左侧从上往下数第 2 个减号的隐藏效果。

可以看到在单击减号后该组合管辖范围内的内容就会被临时隐藏，减号按钮转变为加号，如果需要恢复直接单击该加号即可。功能的基本使用就是这样，其中的减号是折叠按钮，加号则是展开按钮。

细心的同学可能也发现了，不论左侧还是上方都有 1、2、3、4 这几个数字，它们不仅仅代表着不同分组的层级，本身也是可以使用的功能按钮。单击对应的层级数字按钮，内容会直接展开到对应的层级。如图 2.21 所示，是单击左侧的数字 3，组合收缩至第 3 层级内容的效果。

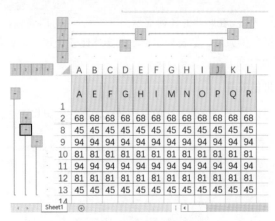

图 2.20　组合功能收起效果

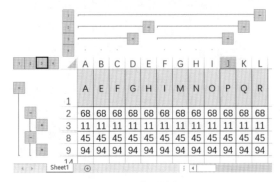

图 2.21　组合到特定层级

单击之后第 1、2 层内容均展开，第 3 层收缩，这就是展开到特定层级的含义。纵列的使用也遵循一样的逻辑。这项功能常用于数据本身也分很多个层级的表格，如大区销售额汇总是 1 级，城市销售额汇总是 2 级，店铺销售额汇总是 3 级，查看对应级别的内容可以直接展开到特定的层次，为查看表格引入了灵活性。

🔊说明：

> Excel 允许的组合层级上限为 8 级。

2. 创建取消组合

功能的效果和使用已经说明完毕，应如何进行设置呢？这里将表格复原，并假设将第 3～8 行创建成一个分组，操作方法如下：首先选择第 3～8 行（完整选择）的数据，然后单击"数据"→"分级显示"→"组合"按钮即可（或者选中后应用快捷键 Shift+Alt+→，箭头代表对应的方向键），设置方法与效果如图 2.22 所示。

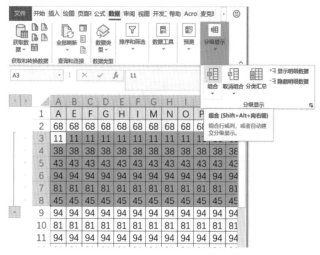

图 2.22　组合功能设置

💡注意：

　　要组合的行数范围要求全部选中后再设置，设置后产生的展开/折叠按钮是在组合范围外的，如第 3～8 行的组合按钮位于第 2 行或第 9 行的左侧（取决于设置）。单击展开或折叠按钮，按钮所在的行/列并不会被隐藏。

　　对于列的组合设置方式也类似，选中整列的范围然后应用组合功能，快捷键不变。如果设置完需要取消则可以单击"数据"→"分级显示"→"取消组合"按钮，或者是选中相同的范围后应用快捷键 Shift+Alt+←完成。

3. 组合按钮的设置

　　除了组合功能的基础使用外，还可以对一些参数进行详细设置。例如，在图 2.22 中展开/折叠按钮出现在组合范围的下方，而不是上方，这个属性可以通过组合功能拓展面板进行调整。

　　单击"数据"→"分级显示"组右下角的拓展面板按钮，打开"设置"对话框，取消勾选"明细数据的下方"复选框后单击"确定"按钮即可，如图 2.23所示。通过"方向"组下的两个复选框可以控制垂直和水平两个方向上组合按钮出现的位置。

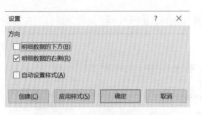

图 2.23　设置组合按钮出现的位置

2.1.7　将图片嵌入单元格

扫一扫，看视频

有时候也会在表格中应用图片，虽然 Excel 本身并没有针对图片进行大量的功能开发，但对图片的基础使用是没有问题的。接下来就看看在 Excel 中插入图片之后如何嵌入单元格中，即嵌入尺寸刚好和单元格大小相同的图片以及后续随单元格调整而自动改变大小和位置。

1.　设置图片尺寸匹配单元格

首先通过复制粘贴功能或者单击"插入"→"插图"→"图片"按钮进行图片的插入。如图 2.24 所示，示例中导入了一张图片进行演示。

按住 Alt 键的同时单击鼠标左键拖动图片向目标单元格移动，此时会发现图片会自动向单元格的顶点移动，并被顶点吸附。这就是 Alt 快捷键的作用，可以避免手动调整无法和单元格完美对齐的问题。因此先将图片整体吸附在左上角，如图 2.25 所示。

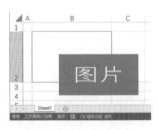

图 2.24　插入图片素材

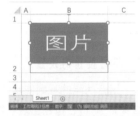

图 2.25　设置图片吸附在左上角

📢说明：

> Alt 快捷键吸附单元格在形状、图片和图表对象上均可生效。

然后单击图片，通过右下角的调整角标，按住 Alt 键进行调整，使右下角也吸附对齐至单元格右下角，如图 2.26 所示，完成嵌入的第一步，使图片和单元格大小匹配。

图 2.26　设置图片吸附在右下角

📽️**技巧：**

> 　　如果图片本身的横纵比例被锁定住了，仅拖动右下角是没办法完成匹配的。可以单独调整高度和宽度完成匹配。

2. 设置大小位置跟随单元格

　　位置匹配完后，右击图片选择"设置图片格式"命令，打开"设置图片格式"对话框，在"属性"组中选中"随单元格改变位置和大小"单选按钮即可赋予图片联动单元格变化的特性，如图 2.27 所示。

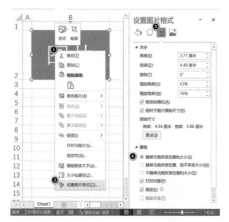

图 2.27　设置大小位置跟随单元格

　　仔细观察会发现，该方法与 2.1.2 小节所使用的第 2 种添加斜线的方法基本操作是一样的。

　　在此重复说明有两个原因：一是交叉印证加深印象；二是要明确一个区别。"斜线"本身在 Excel 中属于形状对象，而插入的"图片"素材属于图片对象，它们拥有不同的设置参数和特性。单击这两种对象时会弹出不同的选项卡，分别为"图片格式"和"形状格式"，如图 2.28 所示。但在大小属性的控制参数上两者是一致的，都可以通过上述方法完成嵌入单元格的工作，保持整齐、统一，方便后续调整。

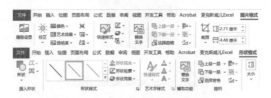

图 2.28 "图片格式"和"形状格式"选项卡

2.1.8 绘制正圆形和正多边形

扫一扫，看视频

2.1.7 小节介绍了 Alt 键用作图形吸附单元格的功能，本小节再介绍一个 Shift 键的妙用：在绘制图形时锁定横纵比例，绘制正多边形。

只需要在绘制时按住 Shift 键即可绘制出正圆形、正方形等"超正"图形，如图 2.29 所示。

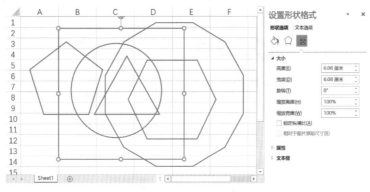

图 2.29 各种"超正"图形

说明：

表面上看 Shift 键用于绘制"正"的图形，但它的本质是即时锁定图片或形状的横纵比例，因为在绘制时默认是横纵相同，所以锁定比例之后就可以绘制出 1∶1 的图形。但是如果原图本身已经是非 1∶1 比例，那么即便应用 Shift 键也无法恢复"正"态。如果原本比例已经偏移，则可以直接通过图形、图片的尺寸参数进行精确修改。

2.1.9　快速输入对错符号

除了图形外，符号也是美化表格不可或缺的一环。例如，在实际操作中会使用对错符号来反映逻辑状态，与文字相比，符号会更加直观。但是对错符号一般不在常规键盘中出现，即便利用 Excel 中的插入符号也比较难查找到。

如果想在 Excel 中快速插入对错符号可以借助 Wingdings 2 字体，只需要在单元格中输入大写字母 O 或 P 然后将其转换为上述字体，即可分别转换为错号和对号，如图 2.30 所示。

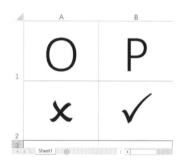

图 2.30　快速输入对错符号

📢说明：

关于特殊符号的插入以及 Wingdings 字体家族将在 5.2.6 小节进一步讲解。

2.1.10　隐藏单元格中的零值

有时出于专业要求、美观考虑或者其他的原因，需要将单元格中的零值隐藏。手动调整既费时又费力，没有效率，直接通过功能设置批量完成才是正道。

📋技巧：

在使用 Excel 的过程中如果遇到了重复性的工作，请一定要问自己："这个问题有没有可能一次性解决？"然后再去问问周围的同学、同事或者是简单搜索一下问题，可能会有意想不到的收获。也只有抱着不断求索的心态去学习和工作才能提升自己的水平。如果你觉得学习新知识比较费时间，不妨这样想想：与其不断地重复工作，以 10 个单位的时间完成任务，不妨花费 5 个单位的时间学习高效工作技巧，再用 5 个单位的时间使用这个技巧完成工作。如此一来，在同样的时间内，工作完成了，自己的能力也得到了提升。下一次遇到类似的问题，你的工作效率就会是别人的 2 倍，岂不美哉！

在 Excel 中隐藏单元格零值的方法有很多，常见的有自定义条件格式的方法，还有使用函数，都比较麻烦也需要更多的知识储备。所以今天介绍如何通过后台设置完成零值的隐藏工作。

这里准备了一张样例表，其中有部分数据是零值。选择"文件"→"选项"命令，打开"Excel 选项"对话框，在"高级"选项卡中，取消勾选"在具有零值的单元格中显示零"复选框即可，如图 2.31 所示。

图 2.31　设置隐藏零值选项

隐藏后的表格效果如图 2.32 所示，通过公式编辑器可以看到图中空白单元格原始值均为零值，但经过隐藏后均显示为空白单元格。

☝注意：

> 此时，单元格的零值只是在显示上隐藏了，实际单元格内容并非为空，而为零值。

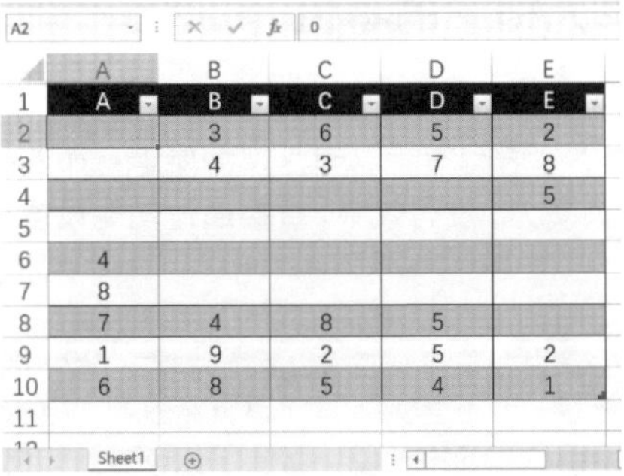

图 2.32　设置隐藏零值效果

📢说明：

> 该项零值隐藏的设置是工作表级别的设置，意味着可以为每张工作表单独设置是否隐藏零值，互不影响。

2.2 高级美化功能

本节将给大家介绍一些表格的高级美化功能，即可以根据特定条件，设置颜色、图标、图表，甚至是图标集等效果，形式上更丰富，控制上更灵活。

2.2.1 整行应用条件格式

常规的条件格式大家很熟悉，但还存在一些特殊的条件格式，可以根据单元格的内容触发不同的自定义格式。例如，在判定分数时，若满足分数大于 90 分的条件即将单元格填充为红色，如图 2.33 所示。

图 2.33 突出显示条件格式效果

如果表格中的列较多，仅突出显示"分数"列还不够明显，如果希望将符合条件的整行记录突出显示，使用常规设置就无法完成。接下来介绍如何使用简单公式完成这一目标。

1. 应用自定义条件格式

高级的、更灵活的条件格式都需要通过自定义公式来完成，整行突出显示的效果也不例外。首先选中整张表格，单击"开始"→"样式"→"条件格式"按钮，在展开的下拉菜单中选择"新建规则"命令，然后在打开的"编辑格式规则"对话框选中"使用公式确定要设置格式的单元格"，接着在"编辑规则说明"栏下设置公式条件以及对应的格式。

在"为符合此公式的值设置格式"栏中输入公式"=$D2>90"，预览格式可以单击右下角"格式"按钮自行设定，示例中将符合条件的单元格填充为深红色，如图 2.34 所示。

图 2.34　整行应用突出显示设置及效果

2. 公式的含义

该公式的总体含义是：判断单元格 D2 中的分数是否大于 90 分，如果大于 90 分则改变格式。该公式的理解难点在于$的作用和条件格式应用的范围关系。

这里首先需要明确的是选择了 A2:D13 单元格区域作为条件格式的应用范围，也就是说条件格式只会在这个区域中生效。A2 是当前的活动单元格，图 2.34 中输入的公式其实只是针对这一单一单元格，也就是在 A2 单元格下判断 D2 单元格中的分数是否大于 90 分，如果成立则改变 A2 单元格的格式为深红色填充，不符合条件则不改变格式，这一点在图中已经生效。

那么其他的单元格是如何工作的呢？举两个例子：①在 B2 单元格中其实已经自动填充了和 A2 单元格相同的条件格式"=$D2>90"，所以也判定成功改变格式；②在 A3 单元格中由于是条件格式应用范围，所以也自动填充了和 A2 类似的公式，但其中的内容为"=$D3>90"，因此判定第 3 行分数是否大于 90 分以确定是否改变格式。

同样是自动填充的条件格式为什么行列方向会有差异呢？这是因为公式中的锁定符号$。如果行列号前存在该符号，公式在填充的过程中对应的行列号就不会发生改变，也因此被称为"地址锁定符"。所以最终我们可以看到的效果就是，相同行的单元格都是判定当前行 D 列的分数情况以改变格式，达到了想要的整行突出显示的效果。具体其他条件的应用方法也是一样的，理解好这个列的锁定作用即可。

综上，利用整行条件格式的效果能更好地对表格外观进行美化，强调目标数据。

◀[»]说明：

> 利用公式灵活地控制条件格式的应用是以"函数公式"的知识为基础，辅以对条件格式的理解。如果希望获得更丰富的条件格式效果，需要多多掌握函数的使用方法。

2.2.2 图形指示数据更直观

条件格式主要的呈现形式为 2.2.1 小节所提到的突出显示，如突出显示前十名、突出显示高于平均值的数值、突出显示包含特定文本的内容等，这些都是根据一定的条件进行突出显示。除此以外，还存在几种常用的条件格式美化效果，如"图标集""数据条"和"色阶"。接下来将为大家依次介绍它们在实际应用中可以实现什么样的数据美化效果。

1. 图标集

图标集可以对一组数据根据条件进行分类，并为不同的类别添加不同的图标以辅助显示，如图 2.35 所示。这里简单设置了一组三个元素的图标集，将分数分为优秀、良好和不及格三个分类，很好地解决了数据本身过于抽象的问题，可以很直观地通过图标快速了解数据的整体分布情况。

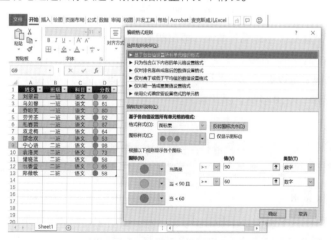

图 2.35　交通灯图标集设置及效果

📢说明:

　　图标集和后面要介绍的数据条、色阶,本质都是引入了一些可视化技巧进行表格的美化,提升表格的规范程度、丰富程度和可读性。本身操作难度介于格式设置与图表之间,可以在简单上手的同时,获得不错的显示效果。

　　要完成图 2.35 中所示的效果,首先需要选中"分数"列的数据,即 D 列数据,然后在"条件格式"下拉列表中选择"图标集"分支下的"交通灯"图标(其他若干种不同的类型可以按需选取),如图 2.36 所示。

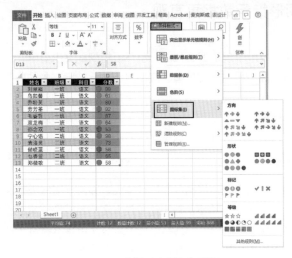

图 2.36　选择"交通灯"图标

　　如果默认样式不能满足要求,或者想要针对其分类条件进行精确设置,可以选择"其他规则"命令,就会弹出图 2.35 中所示的"编辑格式规则"对话框。在此对话框中可以选择 20 多种不同的预设图标集,还可以为每个分支设定自定义的图标(共 50 多种)以及条件。

💡注意:

　　一个单元格只能应用一组图标,若相同范围出现多组图标集,则最近创建的优先级更高。可以在"条件格式"→"管理规则"中进行优先级调整。

2. 数据条

　　数据条,顾名思义是用条形图表示数据,如图 2.37 所示。图中的对比条形图是由两组数据条组成的。单组数据条就是对一列数据在单元格中嵌入不同宽度的条形来表示数据的大小。

数据条的设置操作类似前面的突出显示和创建图标集的操作，在此不再赘述。这里需要特别说明一下"编辑格式规则"对话框中与数据条相关参数的含义与效果。

　　（1）"仅显示数据条"可以隐藏数据条中显示的数值，营造更简洁的阅读环境。这项功能也常用于构造"冗余数据条效果"，如图 2.38 所示，即可以单独在原数据的右侧单元格设置数据条用于呈现数据变化。

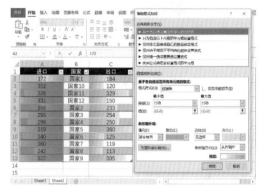

图 2.37　对比条形图的数据条效果　　　　图 2.38　冗余数据条效果

　　（2）"最大值"和"最小值"的范围默认是系统自动判定的，会根据一组数据的最大值、最小值自动取值，同时也可以进行自定义，还可以直接读取单元格中的某个值作为"极值"进行约束。

📑技巧：

> "自动"最值设置下更多反映的是这一组数据之间的相对大小关系，"自定义"值则呈现效果更多反映的是数据绝对大小的关系。

　　（3）"颜色"可以选择渐变或纯色填充，"边框"用于设置是否添加。

　　（4）"条形图方向"，示例中演示的对比条形图就是使用了这个参数设置的配合才得以实现，在示例中分别制作了两组数据条，一组从左往右显示，一组从右往左显示。如图 2.39 所示是一张笔者曾经使用 Excel 仿制的来自《经济学人》的一张图表，其采用的图表类型即为"对比条形图"，是一种用于对比数据组的经典图表类型。

　　通过简单对比可以看到数据条和上述图表采取的形式本质上是一样的，对数据的呈现效果也八九不离十。这也代表着我们完全可以通过简单的操作，使用数据条来呈现和正规图表相似的效果。

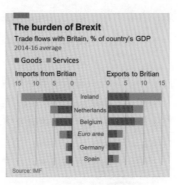

图 2.39　对比条形图表

（5）还可以通过"负值和坐标轴"完成更细致的设置，大家可以自行探索。

2.2.3　数据调色盘呈现数据分布

最后一种要说明的效果也是视觉冲击力最大的一种——色阶，灵活运用一下就是一个调色盘，甚至可以直接用于创建"热力图"。到底有多大冲击力？直接看图吧。

如图 2.40 与图 2.41 所示同样是笔者使用 Excel 模拟的仿制图表，原图均来自《经济学人》杂志。图中显示的小方块部分，全部都是应用"色阶"这种条件格式进行绘制的，它可以将数值直接"翻译"成对应不同深浅的颜色。"色阶"既可以运用在一组数据中也可以直接应用于　片数据。

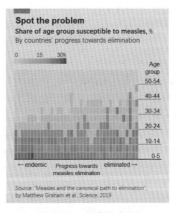

图 2.40　方块热力图

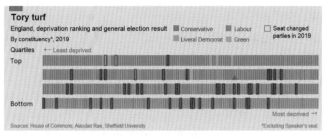

图 2.41　折叠百分位图

色阶的使用方法和使用其他条件格式的方法基本相同,这里简单介绍与"色阶"相关的参数, 如图 2.42 所示。

（1）"格式样式"默认状态下是双色的渐变效果,如果希望颜色区分更明显,可以选择"三色刻度",这样就可以通过控制 3 个点的颜色,进而控制整个色阶的渐变过程。

🎬技巧:

> 颜色的选取经常采用互补色以增强两端数据的对比程度,如图 2.41 所示选用红蓝互补色;也可以采用"黑白灰+亮色"以突出显示某一端数据,如图 2.40 所示选择灰色+红色突出百分比值。

（2）具体的颜色设置直接在调色盘上选择目标颜色即可,需要特别说明的是中间值的位置是允许自定义的,也就是在默认情况下数值到了中间变成黄色,通过调整中间值的数字大小,可以加速或者放缓这一过程。

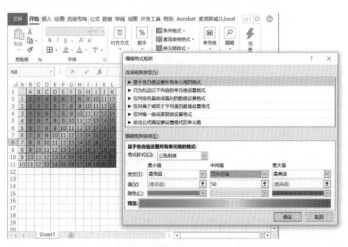

图 2.42　三色色阶反映数据分布

设置完之后，就可获得一张简易的热力图，可以很轻松地通过颜色来判定哪些地方激烈、哪些地方平淡，可谓是一目了然，相较于原本的抽象数值，热力图更直观。

条件格式运行的基本逻辑就是根据单元格中内容的一些特征，如大小、长度、内容等，为满足特定条件的单元格设定预设格式，而通过自定义条件格式、图标集、数据条和色阶四种功能可以显示格式的特殊样式，最终给表格带来灵活、丰富的美化效果。如果抽象出来看，条件格式其实是走在将表格逐步可视化的过程中，通过少量的操作就可以达到图表那样可视化的呈现效果。

2.2.4　便携版图表展示

最后再介绍一种迷你图的功能，它和条件格式不同，并非单元格格式的延伸，而是图表功能的弱化，向表格靠拢。迷你图和条件格式这两种功能就好像是图表和表格在相互朝对方的方向挖掘隧道的成果，试图打穿表格和图表之间的隔阂，找到一个平衡的位置。在这里，主要是为了美化表格，达到更好的呈现效果。这里以月销售数据为例进行说明，其迷你图效果如图 2.43 所示。

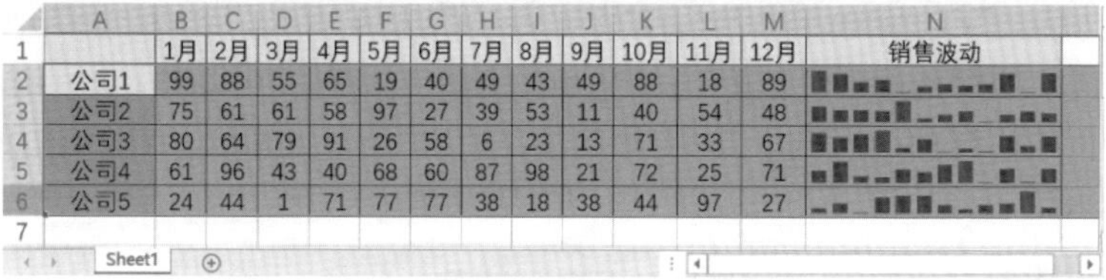

	A	B	C	D	E	F	G	H	I	J	K	L	M	N
1		1月	2月	3月	4月	5月	6月	7月	8月	9月	10月	11月	12月	销售波动
2	公司1	99	88	55	65	19	40	49	43	49	88	18	89	
3	公司2	75	61	61	58	97	27	39	53	11	40	54	48	
4	公司3	80	64	79	91	26	58	6	23	13	11	33	67	
5	公司4	61	96	43	40	68	60	87	98	21	72	25	71	
6	公司5	24	44	1	71	77	77	38	18	38	44	97	27	
7														

图 2.43　月销售数据迷你图效果

图 2.43 中所给出的数据是五家公司过去一年中每个月份的销售数据，单纯从数字上看很难观察到规律和得出结论，因此需要借助可视化手段来呈现。但如果表格本身只是个轻量化的报告，大费周章地制作图表也并不合适，因此使用迷你图就显得非常方便。

迷你图是迷你版的图表，"迷你"在什么地方呢？

（1）迷你图并不是一个单独的类似图片的对象，而是直接以单元格为画布，所以可以更好地和表格数据配合，融入报表中。

（2）迷你图类型比较简单，可以从柱形图、折线图和盈亏图中选择。

（3）一些图表的可设置参数会较少，但是在表格中本身走轻量化路线也足够使用，可以额外设置其坐标轴、特殊标记高低起止点等。

📢说明：

　　盈亏图大家可能不是很熟悉，其反映的是数值的正负情况，如果盈利则表示为正向柱形，如果亏损则表示为负向柱形，如图 2.44 所示。

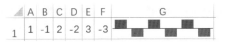

图 2.44　盈亏迷你图

迷你图具体应当如何设置呢？

1. 创建柱形迷你图

　　选中 B2:M6 单元格区域，选择"插入"→"迷你图"→"柱形"命令，在打开的"创建迷你图"对话框中的"位置范围"一栏中选择想要放置迷你图的单元格地址即可完成创建，而且是一次性批量完成了所有迷你图的创建，如图 2.45 所示。

图 2.45　创建柱形迷你图

2. 迷你图参数设置

　　创建完成后要对迷你图的细节部分进行参数设置。

　　在插入迷你图后，单击迷你图中任意单元格区域在菜单栏会弹出"迷你图"专用选项卡，可以在其中对迷你图的一些参数进行设定。

　　（1）在"显示"组选择"高点"选项，迷你图的最高点就被特殊颜色所标记（其他特殊点位如低点、首点等也通过选择对应选项添加）。

　　（2）在"样式"组中可以更改预设样式以及标记点和数据点的颜色，示例中设置为"深蓝，迷你图样式着色 1，深色 50%"。

　　（3）在"组合"组可以修改坐标轴样式以及对迷你图进行组合或取消组合，最终效果如图 2.46 所示。

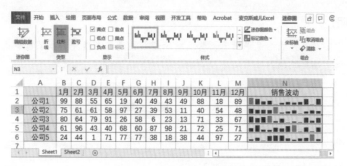

图 2.46　迷你图参数设置

📢说明:

　　"组合"和"取消组合"用于将存放多个单元格的迷你图进行组合统一管理或者拆分进行单独管理。若要删除迷你图,需要在"组合"组中应用清除功能,直接选中迷你图后按 Delete 键无法删除迷你图。

第3章　技巧提升，效率是王道

在前两章完成了"打印"和"美化"两大应用场景技巧的学习，随着学习的深入，掌握的知识逐步丰富，能够完成的任务也会更加综合，因此以后会不可避免地面临更多的操作量，尤其是后续开始数据处理分析相关的工作。而这个时候，如果在操作方式上没有得到应有的进步，本身也会影响软件的应用效率，进而影响工作效率。

因此本章我们将会对 Excel 中与操作相关的知识点和技巧进行说明，用更高效的方式代替常规的操作方式，做到用两分钟的学习成本，节约两分钟以上的时间。

本章共分为 3 个部分讲解，第一部分了解区域选择、定位的技巧；第二部分学习表格结构内容调整的技巧；第三部分学习重复操作相关的功能和使用技巧。

本章主要涉及的知识点有：

- 查找、定位以及区域选择与跳转快捷键。
- 区域隐藏、复制，行高、列宽、位置调整。
- 缩放比例、批量关闭、批量插入图片。
- 重复操作、批量操作、录制宏。

✍️提示：

本章内容涉及大量提升效率的操作技巧。

3.1　专治选择困难症

本节首先介绍 Excel 中各种关于区域定位的方式和技巧。很多同学可能在想，这个内容还有什么讲究吗？实际上还真有，尤其是数据比较多时，不合理的操作方式会导致工作效率降低。而在 Excel 中，开始所有工作的第一步都是选择好要处理的目标数据，才能够做后续处理。因此区域定位的使用频次反而比其他功能都要高不少，学会区域的定位技巧很重要，值得单独说明。

3.1.1 超大表格一键选取

很多同学都知道无论是在 Excel 中还是在整个 Windows 系统中有很多快捷键都是通用的，如最常见的复制快捷键 Ctrl+C、粘贴快捷键 Ctrl+V 以及全选快捷键 Ctrl+A。

但 Excel 中的全选稍微有一点区别：它在使用时会根据选取位置的不同产生全选效果上的差异。如图 3.1 所示是一张用于演示选取功能的示例表，此时如果应用全选快捷键，整张 Sheet 表格的数据区域就进入了选中状态（从图中左侧状态转移至右侧状态），完成一键全选表格。

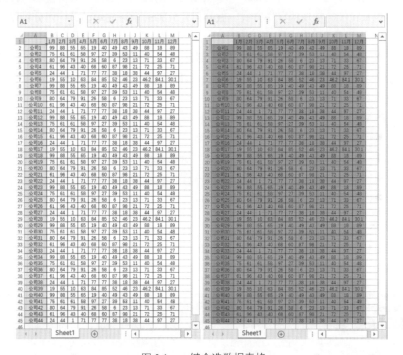

图 3.1　一键全选数据表格

如果再次按下快捷键 Ctrl+A，则会对整张 Sheet 表格进行全选，此时，可以发现全选操作是分为两段依次选取的，这一点与在其他软件中不一样，可以理解为进阶版的全选功能。另外，如果全选前活动单元格位于表格数据区域，如 A1，此时按快捷键 Ctrl+A 可以全选表格中有数据的内容；如果全选前活动单元格位于表格数据区域外，如 O1，此时按快捷键 Ctrl+A 则会直接全选整张 Sheet 表格，如图 3.2 所示。

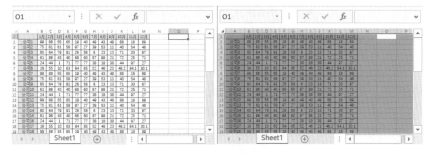

图 3.2　一键全选整张 Sheet 表格

第 3 章　技巧提升，效率是王道

📢说明：

此外，选中整张 Sheet 表格也可以通过直接单击表格左上角横纵轴标题交点处的小三角按钮实现。整行或整列的选取则可以直接单击横轴或纵轴方向的标题，通过拖动还可以完成对多行或多列的选取。

3.1.2　选取不连续区域

说完全选，接下来过渡到局部的选择功能上。其中最基础的局部选择操作当然就是离散区域的手动选择，主要分为离散区域选取和连续区域选取。

1.　离散区域选取

类似于在 Windows 系统文件资源管理器中选取不连续的文件，同样可以通过 Ctrl 键进行逐个选取，只是选择对象由"文件"变为了"单元格区域"。

在 Excel 中使用方式也是一样的，按住 Ctrl 键的同时，依次通过拖动选取目标区域即可。如图 3.3 所示，在提供了几个有数据的区域中，对这些离散的数据应用全选功能会包含很多冗余的无效空白格，因此需要逐个选取。可以按住 Ctrl 键依次选取 A1、B2:D3、A4、B4:E6 单元格区域。

📑技巧：

在按住 Ctrl 键进行选取的过程中经常会出现误触而导致选取失败，也可以通过快捷键 Ctrl+F8 进入离散选取状态，在此状态下无须按住 Ctrl 键也可以进行离散选取，如需退出该状态可以按 Esc 键。

图 3.3　离散单元格区域选取

即便操作方法简单，整个过程还是有几个值得注意的地方。

（1）离散选取可以选择单个单元格，也可以离散选取多个区域，可以随意组合。

（2）选取区域时是通过从左上角按住鼠标左键拖动到右下角完成的。

（3）活动单元格（图 3.3 中的 B4 单元格）位于最后一个选择区域的左上角。

（4）每个离散的区域之间有间隔划分（图示不明显，可以自行使用示例文件进行验证）。

🔊说明：

> 常规的选取方法为从左上到右下，反之亦可。活动单元格更准确地说是最后选取区域的起点，并不一定是左上角的单元格。活动单元格的概念也非常重要，在书写公式条件格式以及批量填充时，若没有明确活动单元格容易引发错误，知悉即可。

2. 连续区域选取

有离散的选取方式就有连续的选取方式，其对应的快捷键是 Shift 键。使用时只需要先单击起点单元格，然后按住 Shift 键选择终点单元格即可。

其实我们在上一步选取区域时就已经不自觉地应用了连续单元格的选取，只不过是通过拖动操作的方式完成。如果有一张 301 行的表格，范围是 A1:D301，中间第 151 行是空行，其作用是将表格一分为二，这个时候想要选中这两部分数据的区域也就是 A1:D301，应该如何操作呢？数据如图 3.4 所示。

当你尝试解决这个问题时，会发现刚学会的"全选"快捷键没作用，因为数据区域被分割开了，只能快速全选其中的一张表格。然后你会尝试使用拖动的方法，发现手有点酸。实际上正确的操作方法应该是：选中 A1 单元格，找到右侧垂直滚轮直接拖到底，然后按住 Shift 键再选择 D301 单元格，即可完成任务。这种方法既方便，效率又高。

图 3.4　选取数据举例

> 很多操作技巧从表面上看其实都挺索然无味的，但是一旦放入实际应用场景中，每种不同的操作技巧特性就会发挥其作用，即便是相同功能的多种操作方法也会如此。因此不要小瞧了它们，要根据实际情况灵活地选择与问题匹配的操作办法去解决问题。

总而言之，虽然拖动操作和快捷键发挥的功能本质上是一样的，但是因为使用的特性不一样，因此面对的场景不同它们的效率也会有所差异。在 Excel 中，这两种方法最大的差异就在于数据量的多少。当只有十行或几十行数据时，两者看不出差别，但是当有几百行、几千行，甚至几万行，乃至更多数据时，差异就很明显了。所以，一个功能可以达成的结果很重要，但这个实现的过程中蕴含的特性也一样重要，这个观点在讲解其他的一些操作上也是成立的，在学习 Excel 功能按钮和函数时也是成立的，在学习 Excel 和其他数据类软件时也是成立的。换句话说，虽然"殊途同归"，但在实际应用中要尽可能地找到那条效率最高的路径。

3．离散区域或连续区域的反选

无论离散选取，还是连续选取，它们都接受"逆向选择"（即取消选择），这在操作错误时非常有用。如图 3.5 所示，按照之前的步骤选取完区域后，按住 Ctrl 键的同时依次单击 E6 和 D6 单元格即可完成"逆向选择"，即取消选择已经选中的单元格或区域。

> Ctrl 和 Shift 两个快捷键进行多选的特性在很多其他地方都有衍生，如查找获得的多个结果、整行整列的选取、多个文件对象的选取等，使用频率比较高，注意举一反三。

图 3.5 逆向选择单元格区域

3.1.3 快速移动活动单元格

在 Excel 中，当前选中的对象被称为"活动对象"，如活动工作簿、活动工作表、活动单元格区域和活动单元格。这个活动单元格在表格中也决定了表格中视图的范围，如果活动单元格是 A1，则显示 A1 周围的单元格；如果是A1000，则会显示 A1000 周围的单元格，如图 3.6 所示。

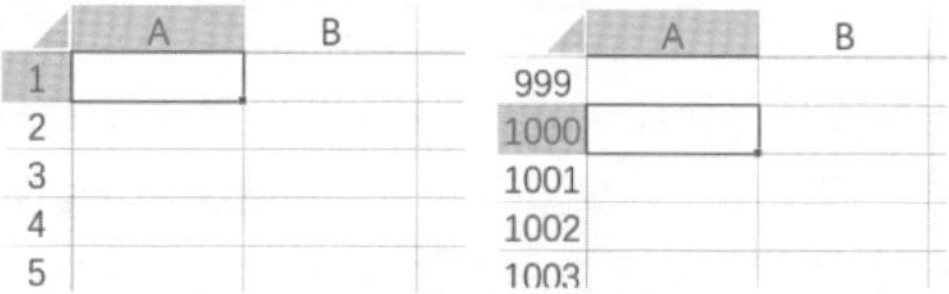

图 3.6 活动单元格决定视图范围

如果想要查看特定位置的数据，一般会通过移动活动单元格来显示范围变动，最终看到目标数据。一般而言，移动活动单元格的方式主要有以下几种：

（1）鼠标单击到哪儿，哪儿就是活动单元格。如果应用连续选取的拖动技巧，一旦到达边缘，系统会自动拓展显示范围。例如，利用拖动选取 A1:A100单元格区域，则在向下拖动的过程中，只要鼠标靠近表格显示边界的最下方，显示范围就会向下偏移。

（2）通过快捷键移动。

（3）通过地址栏的地址或名称定义。

其中第二种方法就是本节的学习目标，即通过快捷键移动活动单元格。

假设有一张奇怪的表格，单元格的内容是随机添加上去的，主要是为了演示移动活动单元格的能力，如图 3.7 所示。

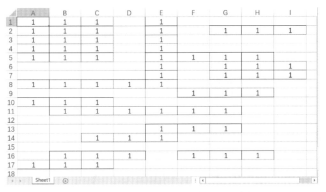

图 3.7　演示快捷键移动活动单元格表格

这张表格的单元格中填写了内容，但是并没有什么规律。可以把这张表格想象成一幅"地图"，其中有内容的单元格是"大陆"，空白的单元格是"海洋"，当前的活动单元格是"我们自己"，还在新手村中的 A1 单元格待着。故事背景设定完毕，开始出发：一位年轻人出发探索世界开始属于他的一段冒险。

故事的主人公出生在一个小村子 A1，他的名字叫作"宫能"，他从没踏出过这片土地，更没见过大海，但他听别人说起过海的波澜壮阔和奇妙历险，从此之后那便成了他心中环绕不去的念想——他想去看大海。某天晚上，听到了村口的爷爷说他年轻时出过海，在太阳升起的那个方向上遭遇过巨浪，他便按捺不住，天没亮就从村子东边的大门出发了，他没有多少钱，只能靠双脚一步步地前进（请使用方向键↑、↓、←、→控制人物的行走方向，每天只能朝一个方向前进一个单元格的距离）。

两天之后他才来到了海边 C1 村，如愿以偿看到了大海。正当他满心欢喜想着下次什么时候再来，并准备返回村子时，一位戴着纯黑色斗篷的神秘人走了过来，二话不说，扔下一个包裹和一封信便迅速离开了。宫能打开包裹发现里面是一把铁剑，上面刻着"Ctrl+快捷键"，信里写着："带上它，去远方吧！它可以带你横跨大陆和海洋。"看着手上的东西，再看看远方早已消失的身影，宫能决定先回村子问问见多识广的长辈，便二话不说启程回村。但神奇的是，真如信中所说，他第二天一早就抵达了村子的门口，正感到奇怪想赶紧找长辈询问之时，却发现村子异常安静，好像发生了什么？宫能察觉到蹊跷，便从村边一条熟悉的小路悄悄探了进去……（已完结不待续）。

小故事是给大家用心学习打气的，我们还是回归正题。不知道大家是否理解 Ctrl 快捷键的应用呢？其实非常简单，通过键盘的 4 个方向键可以轻松地控制活动单元格的移动，就好像玩游戏时，只按方向键，游戏人物每次只能移动一个单元格。但是如果在移动的同时按 Ctrl 键，就可以跨越"陆地和海洋"。

也就是说：如果现在处在有数据的单元格，那么按"Ctrl+方向键"可以直接跳转到这个方向上与其相连的数据末尾；如果现在处于空白单元格，那么可以直接跳转到这个方向上的下一片"陆地"。正如陆地上没有海就一个劲往前冲，直到遇到了海；如果原本就在海上，也会一个劲往前冲，直到遇到了陆地。依据图3.7的数据举个例子，其移动路径如图3.8所示。

① A1（Ctrl+→）→ ② C1（Ctrl+→）→ ③ E1（Ctrl+↓）→ ④ E8（Ctrl+←）→ ⑤ A8（Ctrl+↑）→ ⑥ A5（Ctrl+↑）→ ① A1

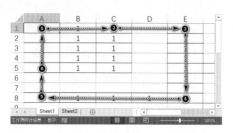

图3.8 通过快捷键移动活动单元格的演示路径

那么通过这个功能可以做什么呢？如图3.9所示是一张有几百行数据的表格，如果要到达表格底部可以直接选择任意一个有内容的单元格，如B1，然后按快捷键Ctrl+↓即可查看底部数据（直接到达B223单元格），比起拖动要方便很多。

📋技巧：

> 不使用方向键也可以实现类似的效果，按住Ctrl键的同时，双击活动单元格下边缘，效果相同，其他方向上的跳转以此类推。

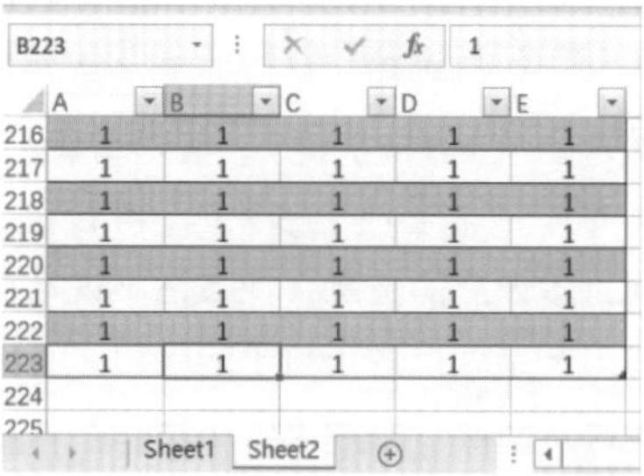

图3.9 快捷键移动活动单元格效果

关于这组快捷键还有一个有趣的故事：曾经有个国外的视频博主想弄清楚Excel到底有多少行，于是亲自出马，把下箭头"↓"按住不放9个多小时才找到第104万8576行。不得不感慨，真是辛苦键盘了，明明加个Ctrl键它就可以

"放假"去的。

但且不论这位博主是否真的不知道这个快捷键的存在，笔者还是希望各位同学在工作学习中不要犯这类错误。还是那句话：做重复性工作之前，先问问自己这项工作有没有可能批量完成？有没有更高效的方式完成？相信可以有效避免这类问题的出现。

3.1.4　快速回城和探险记录

标题很奇怪，好像还沉浸在热血的冒险故事里。本小节中将额外介绍两个快速跳转快捷键：Ctrl+Home 与 Ctrl+End，光看名字就知道是跳转"回家"和跳转到终点的两个快捷键。

与 Ctrl+方向键不同，这两个快捷键跳转的目的地是根据单元格的特性来决定的。简单举个例子，如果是一张始于 A1 的普通表格，如图 3.10 所示，那么快捷键 Ctrl+Home 跳转的目的地则是 A1 单元格，像是战机返回基地，也可以理解为快速返回基地；快捷键 Ctrl+End 跳转的目的地是 C3 单元格，是目前数据覆盖的最远的地方。

☀ 注意：

> 为什么要叫探险记录呢？快捷键 Ctrl+End 是定位到右下角的数据，如果曾经在 E5 单元格中输入过数据，此后即便删除其中的内容，Excel 也会认为最末数据是 E5，因而跳转到 E5 单元格。使用时注意这个特性即可，多数情况可以理解为右下角的数据位置。如果在使用该快捷键时发现这个快捷键的行为和预期不同，可以考虑该因素。

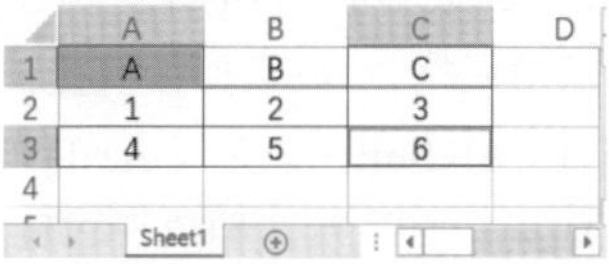

图 3.10　Ctrl+Home 和 Ctrl+End 效果对比

实际应用中，快捷键 Ctrl+Home 常用于恢复表格状态，有点像视角重置。因为在 Excel 中保存文件时，当前活动单元格的位置是会被一并保存下来的，也就是在保存文件之后再次打开该文件时，当前活动单元格依旧在退出时的位置。因此如果文件是用于汇报等供他人查阅，建议先对表格应用快捷键 Ctrl+Home，恢复到初始位置保存后再发送，以提高专业性。

📑技巧:

> 与这组快捷键对应的还存在一组快捷键 Ctrl+Shift+Home/End，功能留给大家自行探索。可以结合 3.1.5 小节的内容思考。

3.1.5 超长列快速跳转选取

扫一扫，看视频

本小节隆重介绍选取快捷键 Ctrl+Shift+↑/↓/←/→，是不是和 3.1.3 小节中的活动单元格跳转快捷键非常相似呢？仅仅是多了一个 Shift 键，而 Shift 键的作用在前面也单独讲过，就是选取连续区域。结合这两个角度来看，这组快捷键的作用就呼之欲出：快速跳转选择。

1. 基本应用

同样以图 3.4 的数据表格为例，一张 301 行的表格，数据范围是 A1:D301 单元格区域，中间第 151 行是空行，将表格一分为二，这个时候想要将这两部分数据的区域（A1:D301）选中，应该如何操作？原始数据如图 3.11 所示。

	A	B	C	D
148	148	148	148	148
149	149	149	149	149
150	150	150	150	150
151				
152	152	152	152	152
153	153	153	153	153
154	154	154	154	154
155	155	155	155	155

图 3.11 分段长表格选择原始数据

除了在 3.1.2 小节中使用的滚轴加 Shift 键连续选取方法外，还可以先使用快捷键 Ctrl+Home 回到原点单元格，然后直接按快捷键 Ctrl+Shift+→选中 A1:D1 的区域，连续按三次快捷键 Ctrl+Shift+↓ 完成 A1:D301 单元格区域的选取，是不是比之前的方法还快。如果中间没有这种隔行导致的"海陆分隔"，应用一次向下的跳转选取即可。

📑技巧:

> 实际上细心的同学可能也发现了，如果使用快捷键 Ctrl+Home 回到原点后再直接应用一次快捷键 Ctrl+Shift+End 是不是同样可以完成任务，并且更迅速。然后简单测试了一下发现果然可以。对此，只能说你可真是小机灵鬼。实际上按照上述逻辑大家可以自行拓展出一组快捷键 Ctrl+Shift+Home/End，也是可以运行的，并且在上面这个案例中发挥了"奇效"。

2. 拓展应用

这里的拓展应用其实是配合上述快捷键使用的一组新快捷键——Shift+方向键。因为这组快捷键经常配合快速跳转选择使用，所以将其作为拓展内容进行讲解。

如图 3.12 所示，假设这是一张公司支付情况的汇总表，如果想要选取除汇总列以外的全部数据应该如何操作？

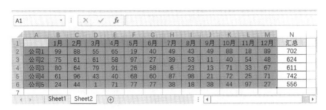

	A	B	C	D	E	F	G	H	I	J	K	L	M	N
1		1月	2月	3月	4月	5月	6月	7月	8月	9月	10月	11月	12月	汇总
2	公司1	99	88	55	65	19	40	49	43	49	88	18	89	702
3	公司2	75	61	61	58	97	27	39	53	11	40	54	48	624
4	公司3	80	64	79	91	26	58	6	23	13	71	33	67	611
5	公司4	61	96	43	40	68	60	87	98	21	72	25	71	742
6	公司5	24	44	1	71	77	77	38	18	38	44	97	27	556
7														

图 3.12　精调选择范围：原始数据

一种正确的做法就是选中 A1 单元格，然后依次应用快捷键 Ctrl+Shift+↓、Ctrl+Shift+→，达到一个类似全选的效果。最后使用快捷键 Shift+←向左收缩一列的范围完成精确调整。由此可见 Shift 键配合方向键也可以完成选择区域的功能，但是与快捷键 Ctrl+Shift 配合方向键的快速选取成片数据的方法相比，使用 Shift 键每次只能增减选择一行或者是一列。

上面是 Shift 键配合方向键组成快捷键的基础使用。虽然表面形势一片大好，甚至迫不及待想要带"键"上场试试效果，但这里面有一个不易于察觉的问题：这组快捷键控制的是哪条边的逐行调整？选中任意一个区域后是存在四条边的，如果要使用快捷键控制边缘行列收缩或扩展，应当给出一个规则，否则在实际应用时就会遇到没有按照预想的行列进行调整的问题。

这里直接给出结论，感兴趣的同学可以自行准备数据进行测试。

如图 3.13 所示给出了从表格中心原点出发，选中 4 个不同方向边角的逐行调整效果。

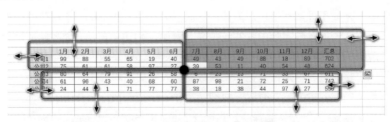

图 3.13　精调选择范围：调整逻辑 1

如图 3.14 所示给出了在中间的活动单元格，按 4 个边缘逐行调整效果。

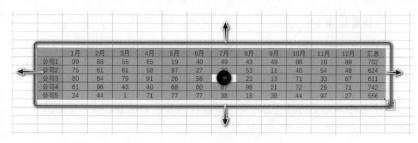

	1月	2月	3月	4月	5月	6月	7月	8月	9月	10月	11月	12月	汇总
公司1	99	88	55	65	19	40	49	43	49	88	18	89	702
公司2	75	61	61	58	97	27		53	11	40	54	48	624
公司3	80	64	79	91	26	58		23	13	71	33	67	611
公司4	61	96	43	40	68	60	87	98	21	72	25	71	742
公司5	24	44	1	71	77	77	38	18	38	44	97	27	556

图 3.14 精调选择范围：调整逻辑 2

可以看到在图 3.13 中 4 个选区中活动单元格都处于选取角落，因此利用快捷键 Shift+←/→/↑/↓ 可以对外侧边缘进行拓展和收缩。但是在图 3.14 中活动单元格位于选取区域中央，系统默认不再允许向内收缩，四个方向均仅支持向外拓展（活动单元格在中间的情况是由全选造成的）。

总而言之，边缘逐行调整的方向取决于活动单元格和选区之间的位置关系。

3.1.6　名称精准定位选取

扫一扫，看视频

至此，对于 Excel 中使用频繁的选取快捷键都已经介绍了，这些快捷键的功能总体还是非常强大的。甚至可以说，有了这一套工具可以帮助用户快速完成对工作表数据的选取。在数据量少时可能看不出来强大的能力，一旦数据达几百行、上千行乃至更多时，这些快捷键就发挥作用了。建议大家先上手、后理解，最后多练习，因为难度不高，相信每个人都完全可以掌握，提高自己的工作效率。

接下来讲解几个更加强大的选择定位功能，分别是名称定义、查找和定位，它们区别于之前介绍的快捷键，是用于定位更加独立的功能模块。

本小节先说明名称定义的作用。简而言之，在选取数据方面，"定义名称"的作用就是给一些常用的单元格区域命名。命名要反映具体单元格区域内数据的内容，才便于理解和使用。为什么这么说呢？因为在 Excel 中规范的地址实际上是比较长的且与实际内容并无关联。例如，A1:E5 表示一个区域，写起来比较麻烦，而且只看地址并不能知道它的具体含义。但是通过给这个区域命名，就可以直接通过名称定位数据和使用数据，效率更高。

定义名称的主要方式有以下两种：

（1）功能按钮法。选择"公式"→"定义的名称"→"定义名称"命令，在弹出的"新建名称"对话框中输入名称和引用位置，如图 3.15 所示。

技巧：

　　建议先选择好要定义的区域，后续就不需要单独输入地址就可以创建好名称。

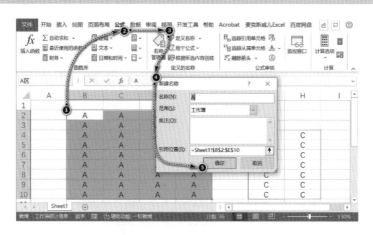

图 3.15　功能按钮法定义名称

说明：

　　Excel 对于名称命名有一定的规范要求，如要求不包括空格和不允许的字符，不与工作簿现有的名称冲突，确保以字母或下划线开头等。若以区域含义进行命名，绝大多数情况下是不会受影响的，这一点了解即可。

　　（2）地址栏定义法。表格区域上方有两栏内容，右侧是公式编辑器，左侧就是地址栏。可以选中一个区域，然后在左上角地址栏中直接输入对应的名称即可完成名称定义，如图 3.16 所示。

　　定义完名称后就可以直接使用了，同样是在名称栏中通过下拉菜单选取已经定义好的名称，或者是输入区域的名称按 Enter 键后就可以直接定位该区域，非常方便，适用于经常需要复用的单元格区域，如图 3.17 所示。

图 3.16　地址栏定义法定义名称

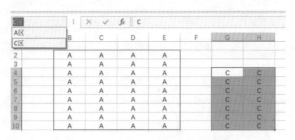

图 3.17　使用定义好的名称进行定位

3.1.7　查找定位火眼金睛

之前介绍的选定内容的快捷键都是通过内容的位置分布来确定选择什么，却没办法根据内容的性质或者单元格中的内容来确定想选择的区域。Excel 中的"查找和定位"功能模块很好地弥补了这方面的缺失。

"查找和定位"功能是一个很重要的维度，但在数据的清理方面，这里更多强调的是利用"查找和定位"功能在确定满足条件后可以把单元格区域"选中"的特性。

那么"查找"和"定位"有什么区别呢？"查找"是根据单元格的具体内容来锁定目标单位格，而"定位"更多的是通过单元格内容类型还有一些其他的性质进行的定位，这两项功能在使用上可以互补。

1. 使用"查找"功能选定所有"语文"单元格

如图 3.18 所示是一张常见的多层级成绩单，现在因为想要重点关注语文科目的成绩，想要定位其中所有的语文科目单元格，此时利用"查找"就很适合解决这类问题。

首先按快捷键 Ctrl+A 选中整张表格，然后单击"开始"→"编辑"→"查找和选择"按钮，在展开的下拉菜单中选择"查找"命令（或者直接使用快捷键 Ctrl+F）打开"查找和替换"对话框。

在"查找和替换"对话框中的"查找内容"文本框中输入"语文"，单击"查找全部"按钮，所有满足条件的单元格就会以列表的形式呈现出来。

在"查找和替换"对话框的查找结果列表中全选所有的结果（应用快捷键 Ctrl+A）。若不需要全选，也可以根据需求利用 Ctrl 键或 Shift 键自定义多选结果。选中状态为蓝色底色填充，表格中对应的单元格进入选中状态，如图 3.19 所示。

图 3.18　多层级成绩单

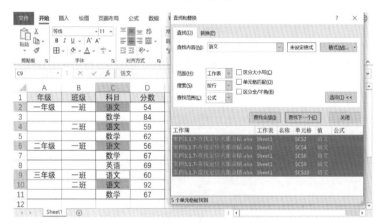

图 3.19　查找所有结果并定位

至此，即使关闭"查找和替换"对话框，内容为"语文"的单元格的定位选择状态也依旧保留，可以继续按要求进行后续的处理，如进行切换字体、加粗、底色等格式设置或是批量填充等操作。

2. 使用"定位"功能选定所有空白单元格

"定位"功能的演示，使用如图 3.20 所示的数据源表。"定位"功能的打开方式类似"查找"，单击"开始"→"编辑"→"查找和选择"按钮，在展开的下拉菜单中选择"转到"或"定位条件"命令，打开"定位条件"对话框，或按快捷键 Ctrl+G 或 F5 键直接打开"定位"对话框，单击"定位条件"按钮即可打开"定位条件"对话框。

在"定位条件"对话框中可供选择的定位条件种类非常多，此时选中"空值"后单击"确定"按钮返回。

图 3.20   定位空值

确认后所有选定范围内的空白单元格就会被选中，进入选择状态，可以进行后续的操作，定位空值结果如图 3.21 所示。定位空值这个实际应用案例会非常多，这里只简单说明了这个定位的特性，更加具体的作用会在后续以具体案例说明。

图 3.21   定位空值结果

至此，我们一共用了七个小节完成了 Excel 中最主流的区域选择操作技巧的讲解，其中前五节讲解了常用的选择快捷键，后两节对"查找"和"定位"两项功能进行了说明。恭喜你！获得了快速选取、精准定位的能力！

3.2   调整也可以快如闪电

首先声明这个"闪电"可不是电影《疯狂动物城》里那只慢吞吞的树懒，而是半光速的闪电，是真的快。因为即将为大家介绍的内容可以使你在 Excel 表格中调整内容时得心应手、游刃有余。具体都是一些在实际操作中会遇到的表格调整问题，如行列的位置交换、行高列宽的调整等。在解决这些问题的过程中必不可少会运用到上一节中学会的选择技巧，解决完这些问题，同学们也会比较直观地感受到自己的提升。说得我有点迫不及待了，让我们一起来看第一个问题吧。

扫一扫，看视频

3.2.1 行列的移动和交换

相信很多同学在实际工作生活中制表时经常会遇到这样的问题：表格行列数据的位置因为需求变化或是前期考虑不完善，需要重新调整顺序。例如，将第一行和第三行调换位置、把最后一列放到首列。这种问题层出不穷，即便对表格做出了合理的设计和规划，但中途的想法以及对表格的优化自然而然会导致表格结构发生变化，这些都是很常见的情况。

但是一般会怎么操作呢？如果要将最后一列放到第一列去，首先在第一列左侧插入一个空白列，然后将最后一列内容复制到空白列中，再删除最后一列，对不对？非常真实，你说我为什么知道？因为很久以前的我就是这么做的。不过无论怎么说，这么做只能算勉强完成任务，谈不上优雅和高效。虽然需求、想法的变化在实际工作中是不可避免的，但是操作不当则是我们可以用技术提升去解决和弥补的，不然按照老方法等表格结构调整完，迸发的灵感、想法也就都没有了，所以目标是做到“无感”移动。

高效调整表格的具体操作：直接选中最后一列，然后将鼠标移动到列选框的左右边缘处，待鼠标光标转变为拖动符号时按住 Shift 键（是按住，不是按一下），然后拖动鼠标将这一列拖动到第一列前面松手就可以了，如图 3.22 所示。

这个过程有个细节需要指出来，在拖动列的过程中，因为 Shift 键的存在，原本有宽度的列会被压缩成一条线，图 3.22 中 A 列右侧的粗线就是在移动过程中“分数”列产生的零宽度“替身”。到了目的地释放鼠标后该线就会恢复成正常宽度，原本 D 列的数据也会转移到目标位置。

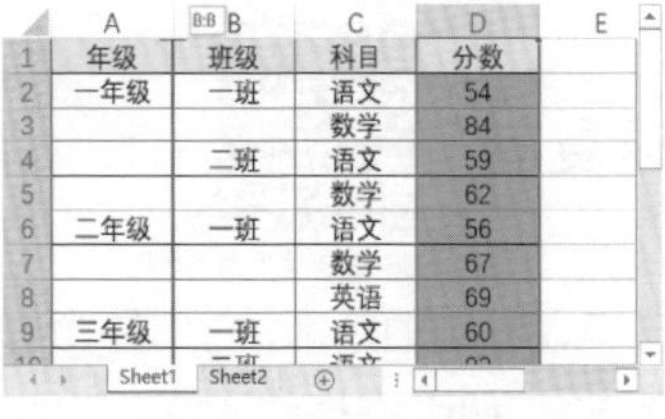

	A	B	C	D	E
1	年级	班级	科目	分数	
2	一年级	一班	语文	54	
3			数学	84	
4		二班	语文	59	
5			数学	62	
6	二年级	一班	语文	56	
7			数学	67	
8			英语	69	
9	三年级	一班	语文	60	

图 3.22 移动列

大范围看此技巧是移动，小范围可以实现两列或两行位置的相互交换。

虽然这个技巧对整行整列的应用会更多，但对于单元格区域也是可以操作的，原理一样，细节上有一点区别。对于整行整列而言，能够选择的只有两条边，而对于单元格区域则四条边都可以选择，并且上下一组和左右一组会有两种不同的形式。

如果选择上边缘或者是下边缘，在选中边缘的同时按住 Shift 键拖动鼠标时，单元格区域的数据被压缩成一条水平细线，也就是在垂直方向上压缩，在移动插入时也只能将其插入到其他水平线上，插入之后多余的单元格会向下移动，前后效果如图 3.23 所示。

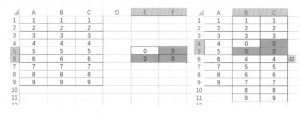

图 3.23　单元格区域水平移动插入

如果选择左边缘或者是右边缘，在选中边缘的同时按住 Shift 键拖动鼠标时，单元格区域的数据被压缩成一条垂直细线，也就是在水平方向上压缩，在移动插入时也只能将其插入到其他垂直线上，插入之后多余的单元格会向右移动，前后效果如图 3.24 所示。

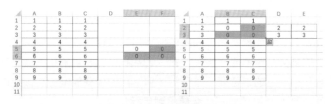

图 3.24　单元格区域垂直移动插入

扫一扫，看视频

3.2.2　对象的快速复制

本小节介绍如何提升复制粘贴的效率，它们与"移动"在操作上是一对"兄弟"，非常相似。只需要按住 Ctrl 键拖动区域边缘即可实现复制，和"移动"只存在一个按键的差异。

正常情况下少部分同学会通过右键快捷菜单进行复制粘贴，多数同学会使用快捷键 Ctrl+C/V 完成，只有很少一部分同学会用 Ctrl 键拖动复制，但是这个快捷键效率是非常高的，请一定要尝试着使用一下，简单过程演示如图 3.25 所示。

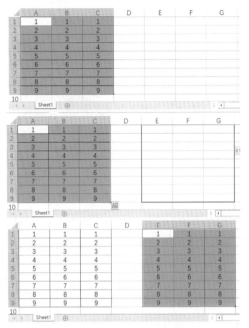

图 3.25　单元格区域的快速复制

需要注意的是，这个快捷键整体的拓展性很强。除了像案例中对单元格区域进行快速复制外，Ctrl 键还可以快速复制形状、图片以及 Windows 中的文件。

3.2.3　快速调整行高列宽

扫一扫，看视频

调整行高列宽的频次同样非常高，在 Excel 中一般的调整方法有 4 种：精确设定调整、快速拖动批量调整、自动调整行高列宽和按实际长度调整行高列宽。接下来就依次介绍这 4 种方法的运行逻辑和效果，并给出推荐的调整方法。

1.　精确设定调整

随便选中一行或多行的数据（调整列宽的操作类似，且必须要整行整列选中），在标题处右击选择"行高"命令，在弹出的"行高"对话框中批量设置对应的高度，如图 3.26 所示。

📢说明：

行高列宽精确设置窗口也可以通过选择"开始"→"单元格"→"格式"命令
进入，效果相同。

图 3.26　精确设定调整行高

行高的默认高度是 14 磅，可以根据自己的需要进行调整。这个地方要注意
一下单位，因为行高和列宽的单位实际上是不同的，在列宽调整中默认宽度为
8.08 字符。假如将行高和列宽都设置为 10，最终得到的单元格也不会是正方形。

这是怎么回事呢？行高的磅值很好理解，字体有时候也是用这个作为大小
的衡量。列宽的字符是什么意思？它实际上是 0～9 数字的字符平均宽度，这个
说法没有考究来源，但是如果在单元格中依次输入 0～9 的数值之后再将列宽
设置为 10，会发现所有的数字都恰好被装在了这个单元格中。这也是为什么列
宽的单位被称为"字符"的原因。列宽单位演示如图 3.27 所示，基本是吻合的。

有部分同学可能会问，应当如何统一横纵方向上的长度呢？Excel 本身也
考虑到了这个问题，所以给了我们一点小提示，在行高和列宽上都有。如果单
击行列标题分界线就会弹出如图 3.28 所示的显示框，其中会显示当前行列的行
高或列宽，并在后面统一附上了以像素为单位的大小，利用像素大小就可以进
行长宽尺寸的统一。

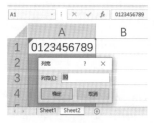

图 3.27　列宽单位演示

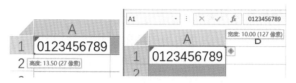

图 3.28　行高和列宽的像素大小

除此之外调整行高或列宽的数值都不是无限的，在 Excel 中行高的范围为 0 ~ 409 磅，列宽的范围为 0 ~ 255 个字符，如图 3.29 所示。这一点会在 6.3.2 节中使用到。

图 3.29　行高和列宽的数值范围

2. 快速拖动批量调整

方法 1 中使用的方法是标准做法，很精准但是操作步骤略微有点多。实际上很多时候也不需要特别的精准，只是想简单地扩大或者缩小单元格的范围。因此在此类情况下选择整行或整列后直接通过拖动行/列标题、行/列分界线进行行高或列宽的设置会更加方便，并且选中多行也可以进行批量的行高或列宽统一设置，如图 3.30 所示。

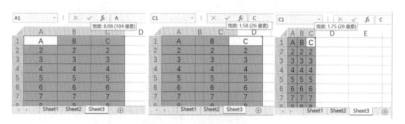

图 3.30　拖动批量调整行高或列宽

📢说明：

可以多列一起统一设置相同的列宽，规范表格结构。另外还有常出现的一种由列宽导致的错误"######"，如果在表格的单元格中见到这种全部由"#"号填充的单元格时，这其实是 Excel 在提示用户内容过多导致列宽不够用，显示不完整，这个时候只需要加大列宽即可解决问题。

3. 自动调整行高列宽

当表格各列或各行的内容长短差距比较大时，使用方法 1 和方法 2 统一调整行高列宽就不合适了，此时建议采用自动调整行高列宽的方法。因为此项功能在 1.2.1 小节中已经演示过，这里仅再次强调其快捷操作方式：选中多行或多列后双击行/列号之间的分隔线即可自动调整行高列宽。

📢说明：

> 自动调整行高和列宽并不是一个"开关项"，一开启，所有行或者所有列就都会自动调整。它更像是每行每列自带的属性，只对选中的行列有效。如果不需要自动调整行高或列宽，使用前两种手动调整的方式改变行高或列宽，系统就会自动判定关闭这些行或列的自动调整选项。

4. 按实际长度调整行高列宽

最后补充一种特殊的行高列宽调整方法：按实际长度调整。如果将页面视图切换至"页面布局"视图（从"视图"选项卡下"工作簿视图"组中的"页面布局"或者软件界面右下角的"页面布局"按钮进入均可，类似在打印模块中讲解的分页视图的进入方法），如图 3.31 所示。

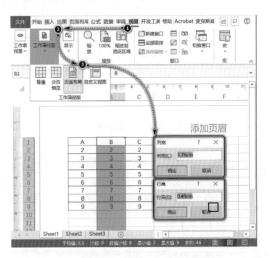

图 3.31　通过页面布局调整行高列宽

在该视图下表格被拆分成不同的"页"进行显示，视图中左侧有标尺，可以添加页眉、页脚等。若在此视图下按照方法 1 进行行高列宽的设置，设定窗口中的单位会自动转变为 cm，且行高和列宽调整单位统一。

技巧：

> 如果有实际的预估尺寸，可以在此视图下进行行高或列宽的调整。

3.2.4　快速隐藏内容

扫一扫，看视频

此前在 2.1.6 小节中讨论表格美化时，讲到过使用组合功能进行数据的临时隐藏，可以比较好地管理数据的显示。部分同学可能会觉得组合功能的折叠/展开按钮会使表格本身有一点臃肿，觉得普通的隐藏功能就挺好用，但是苦于操作，所以接下来介绍一个快速隐藏行列数据的方法。

1. 隐藏功能的基本使用

先简单说明隐藏功能的基本使用，选中行列区域后右击，在弹出的快捷菜单中有一个"隐藏"命令，可以将这部分数据暂时隐藏起来，但不会删除数据，如图 3.32 所示。

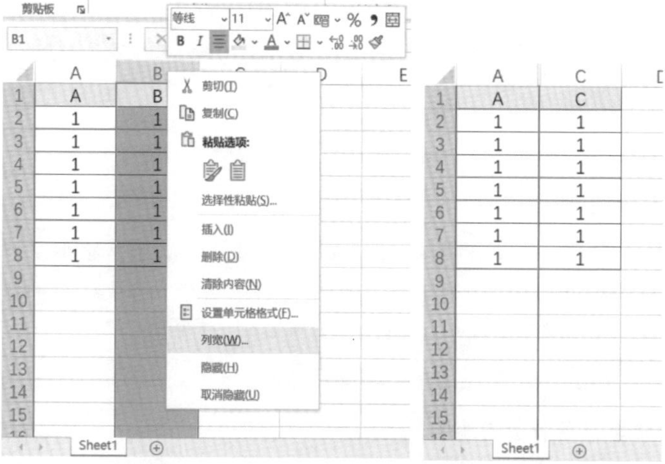

图 3.32　隐藏数据操作及效果

再次强调，隐藏后数据不会被删除，只是不显示出来。注意观察数据隐藏后的效果，非常重要。首先是隐藏列的列标题虽然得以保留，但在隐藏状态下不显示，因此显示的视图中标题列号变为了 A、C、D、…，其中的 B 列被隐藏；其次是隐藏列虽然被隐藏，但依旧留下了标记，会用一段较粗的分割线替代隐藏列的位置。以上两点也是观察一张表格中有没有隐藏列的主要依据。日常工作中拿到存有外部数据源的表格时，可以先注意观察一下有没有隐藏数据，可能会涉及表格的计算逻辑、辅助列以及一些重要的附加数据信息，如果没有恢复隐藏数据也可能会导致理解上的偏差，造成不必要的错误。

而恢复隐藏列则可以使用快捷键菜单中的"取消隐藏"命令，但是要注意，如果要恢复图 3.32 中的 B 列，则需要选择 A 列到 C 列的完整范围（必须将 B 列囊括）后再应用"取消隐藏"才可以恢复，单独选择 A 列或者 C 列均不会生效，如图 3.33 所示。

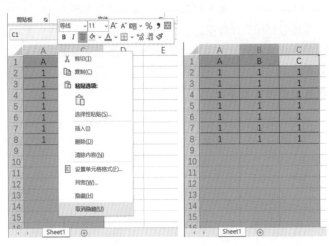

图 3.33　取消隐藏操作及效果

技巧：

> 还有一种特殊情况，如果隐藏的是第 1 行或者是第 1 列，应当如何取消隐藏呢？例如，隐藏首列，那么恢复时可以从 B 列开始选择，并一直拖动到列标题处就可以将隐藏的 A 列包括进去（表面上可能看不出来区别，但实际已经包括），然后就可以进行有效的取消隐藏操作。恢复首行隐藏同理，选择到行标题为止。

2. 快速隐藏行列数据

快速隐藏则简单很多，直接按照 3.2.3 小节中调整列宽的方式，将要隐藏的列宽调整为零即可。例如，要隐藏 B 列，直接选中 B 列后，单击列标题边缘并拖动压缩 B 列到看不见就可以了，如图 3.34 所示。直接拖动就可以实现数据的隐藏，比起快捷菜单要方便不少。

说明：

> 这个操作其实也暗示了隐藏功能的本质：等同于将行高或列宽设置为 0。

Excel 高效手册

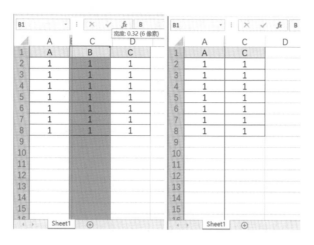

图 3.34　快速隐藏行列数据操作及效果

3.2.5　显示内容缩放比例

扫一扫，看视频

本小节要解决的问题常出现在表格的演示上。公司、企业内部开会常常会将表格内容通过投影显示然后进行讨论修改或是直接进行汇报，但会因为会议室的大小、投影设备等原因，表格的内容在一部分同事看来过小或是看不清，影响信息传递效果。

解决这个问题的方法就是把内容放大，而放大的两大策略，第一是缩放比例，第二是减少功能菜单栏的出现。本小节讲缩放比例。注意这里的缩放比例是指常规视图下的缩放比例，而不是 1.1.4 小节中讲过的打印缩放比例。

1. 基础应用

首先将目光移动到软件界面的右下角，除了一个常规的左右滚轴外还有一个额外的带比例数值的小滚轴，这就是用来调整显示缩放比例的，如图 3.35所示。

直接拖动该滚轴就可以调整表格整体的显示缩放比例，也可以直接在该滚轴上对应位置处单击进行切换，还可以通过快捷键"Ctrl+鼠标滚轮"调节显示缩放比例。以上三种方式均可以自由调节，日常操作中使用鼠标滚轮最为方便。缩放比例的调整范围在 10%～400%，足以应付绝大多数显示场景，如图 3.36所示。

图 3.35 显示缩放滚轴   图 3.36 缩放比例的调整范围

　　一般为了增强显示效果，搭配使用的还有加粗和增大字体，但是不建议通过增大字体来增强显示效果，一是因为它会导致表格的结构发生比较大的变化，破坏原有设计好的排版；二是因为字体大小的恢复操作相对烦琐。因此总体上看来，在显示效果打折扣的同时，也增加了不必要的工作量，不建议使用。而缩放比例由于是等比放大，则无此问题。

2. 拓展应用

　　基础操作技巧讲完后作一些拓展。如果使用"Ctrl+鼠标滚轮"的方式多调整几次就会发现这个快捷键的设计本身就是为了方便快速调整缩放比例，因此它预设的间距会比较大，每单位滚轮距离调整 15%，也就是属于"粗调"。非常具有工程的思维，也确实大多数时候这种精度已经能够满足使用需求。但是如果你需要的比例是 110%，滚轴不能满足要求，那就需要自定义缩放比例来完成任务，如图 3.37 所示。

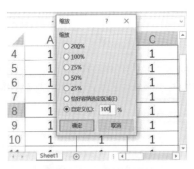

图 3.37 缩放比例拓展选项

　　缩放比例的拓展面板可以通过单击软件界面右下角的缩放比例数字直接打开。打开之后在"自定义"后的文本框中输入需要的数字即可，上方还设置了一众"优秀的参赛选手"可供选择。

这里需要额外说一下，"恰好容纳选定区域"的特殊缩放选项是指：选择好要呈现的单元格区域范围后再应用这项功能，可以直接将所选内容缩放到软件显示范围最大的状态。

3.2.6　隐藏菜单栏扩大展示空间

扫一扫，看视频

接着解决之前提出的表格展示不清楚的问题，调整显示缩放比例总体上是在有限的空间内尽可能地放大可以演示的内容，而本小节换个思路，直接扩大可以展示内容的范围。

屏幕就这么大，能够压缩的就是"菜单栏"了。因为在实际演示的过程中，只是展示表格的内容并不是制作表格，所以使用到复杂功能的情况会比较少，隐藏菜单栏的选项卡和命令也并不会造成多少影响。同时，通过学会的快捷操作、右键快捷菜单以及浮动工具栏也可以完成大多数工作，如果确实需要使用一些复杂功能也可以很方便地恢复菜单栏。

Excel 开发人员也考虑到了这种问题，为了适应小屏幕的工作环境，已经在界面右上角预设了显示隐藏菜单栏的三种模式，可以很方便地切换，分别是显示选项卡和命令、显示选项卡和自动隐藏功能区，如图 3.38 所示。

图 3.38　菜单栏的三种显示模式

1. 显示选项卡和命令

"显示选项卡和命令"就是所能够看到的常规菜单栏形式，显示所有选项卡和所有功能按钮（命令），如图 3.39 所示。

图 3.39　显示选项卡和命令

2. 显示选项卡

"显示选项卡"为半隐藏状态，所有功能按钮图表被自动隐藏，只保留选项卡的名称。在这种模式下单击对应的选项卡名称才会弹出相应功能按钮的界面，"显示选项卡"的效果如图 3.40 所示，上半部分是默认状态下的显示状态，下半部分是单击"开始"选项卡的显示状态。日常演示推荐使用此模式，兼具更好的展示空间以及灵活的操作能力。

图 3.40 显示选项卡

📢说明：

> 如图 3.40 所示，虽然在单击选项卡标签时所有命令都会照常显示，但与常规模式仍存在区别，"显示选项卡"状态下所有的命令可以理解为收缩在选项卡标签中，单击即可弹出这些命令，并不是常驻。

3. 自动隐藏功能区

"自动隐藏功能区"是全隐藏状态，选项卡和功能按钮命令一个不留，如图 3.41 所示。除了隐藏非必要元素外，这种模式会自动放大到全屏，而且"快速访问工具栏""文件名""功能搜索框""账号信息"等均会被隐藏。

图 3.41 自动隐藏功能区

以上就是扩大展示画布的三种方式：日常个人使用软件推荐默认模式，便于编辑；会议汇报演示时推荐使用第二种模式可以在获得较大空间的同时保留功能使用的便捷性，"性价比"最高；只有出现显示问题时才推荐使用最后一种模式获取极致的显示空间。

4. 快捷切换

最后补充几种切换显示模式的快捷方式。

（1）常规切换通过右上角的"功能区显示选项"按钮切换显示模式，如图 3.38 所示。

（2）通过功能按钮命令栏右下角的按钮 ∧ 完成"显示选项卡和命令"到"显示选项卡"模式的切换，如图 3.42 所示。

图 3.42　命令区隐藏按钮

（3）通过双击任意一个选项卡名称完成"显示选项卡和命令"和"显示选项卡"模式的互换，注意是互换，可以双向切换，使用非常频繁。如图 3.43 所示就是隐藏状态到取消隐藏状态的过程，公式编辑栏位于命令栏下方，还没有完全展开。

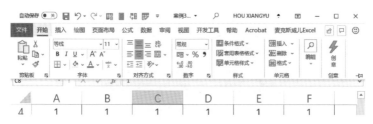

图 3.43　双击切换菜单栏显示模式

缩放比例和隐藏菜单两大"武器"亮出后，会议汇报演示表格就再也不用紧张、尴尬了，自信地提前设定好，全身心地投入吧！

3.2.7　快速插入多行

扫一扫，看视频

调整过程中当然离不开对单元格的增删，这个操作可以被分为很多类型，如插入行、插入列、插入区域以及对应的删除。但其中最为特别的就是整行整列的插入了，一是因为本身的使用频率可以说是这些类别中最高的；二是因为多行插入在 Excel 界面中的引导做得并不好，会令人有所疑惑。所以本小节重点讲解插入多行的常用办法（列也是一样的操作），然后再拓展说明一些在表格中增删单元格区域的知识点。

1. 插入多行

（1）右键插入整行。选中任意整行后右击，在快捷菜单中选择"插入"命令即可完成单行的插入，或者直接使用快捷键 Ctrl+Shift+"+"完成插入，如图 3.44 所示。但是会发现这种插入方式只能插入单行，如果要插入多行难道还需要一次次不断地重复这个操作吗？当然不用。

🔊说明：

WPS 中的 Excel 可以直接在右键快捷菜单中输入要插入的行数完成多行插入，要比 Microsoft Excel 中优化得更好，也更便利。

图 3.44　插入单个空行

（2）按快捷键拖动插入多行。这一次我们加上一个大家非常熟悉的快捷键 Shift，高频出场人员，个人能力强大，团队配合娴熟，是不可错过的好"员工"。具体操作如下：选中整行，如选中第 2 行，然后将鼠标移动到行标题"2"的右下角按住 Shift 键向下拖动，拖动几行就会新增几行空行，如图 3.45 所示。

🔊说明：

选中第 2 行之后将鼠标移动到行标题"2"上下两个边缘，鼠标会变成"单横线上下箭头"，此前我们已经见过了，是用于调整行高列宽的；如果移动到右下角则会变成十字形，代表用于整行填充的填充柄；如果移动到右下角并且加上 Shift 键，鼠标光标会变为"双横线上下箭头"，在此状态下拖动就可以一次性插入多行。文字描述会比较复杂，具体操作起来还是比较简单的。

（3）选中多行右键插入多行。此技巧是笔者经常会使用到的插入多行技巧，如果需要在原第 3 行前面添加 2 行空行，可以选中第 3 行和第 4 行后右击，在弹出的快捷菜单中选择"插入"命令即可完成多行的插入，如图 3.46 所示。

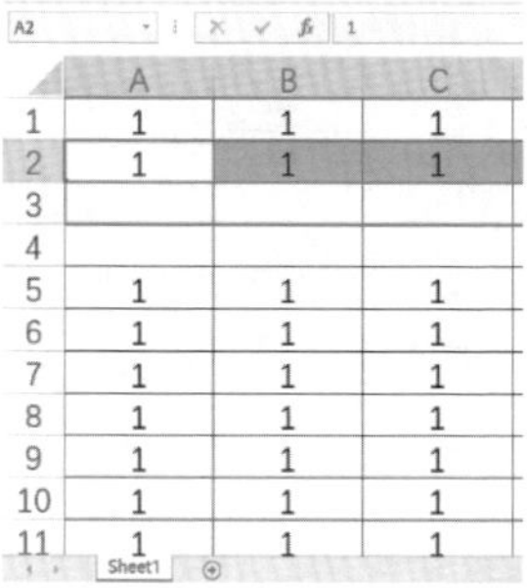

图 3.45　按快捷键拖动插入多行 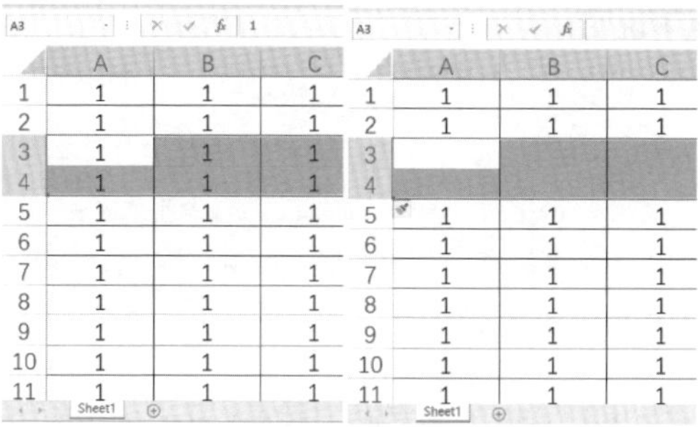　　　　　图 3.46　选中多行右键插入多行

使用此方法时要注意，图 3.46 中是在选中的第 3 行和第 4 行位置上插入空行，是不是可以理解为"在选中的绝对位置上插入空行"？答案是否定的，举个简单的例子对比一下就清晰了，如图 3.47 所示。

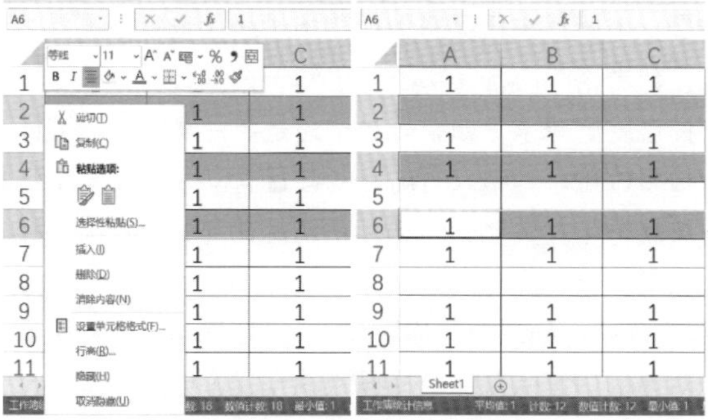

图 3.47　选中多行右键插入多行原理示例

可以看到选中多个区域后再应用就不对了，原始表中选中了第 2、4、6 行进行"行"的插入，最终第 2、4、6 行并非都是空行。插入的依据都是在原始表对应行前面插入相应的行数。也就是在原表第 2 行前插入一行、在表第 4 行前插入一行、在表第 6 行前插入一行。大家可以自行对比和尝试一下，遇到更丰富的情况会有更深入的理解，在原表中选择多行则也会插入多行，这里为了演示简洁只选择了一行。

2. 增删单元格

接下来就增删单元格补充一些常用的知识点，避免因工作中的操作不当产生错误。

（1）增加单元格有快捷键 Ctrl+Shift+ "+"，而删除单元格当然也不甘示弱，可以使用快捷键 Ctrl+ "-" 对单元格进行删除。

> 比较特别的是，这一对快捷键在结构上并没有完全对称，删除单元格的快捷键不包含 Shift。虽然不清楚设计者的本意是什么，但不妨这样理解：可能从后台统计的使用数据中可以明显地看到，删除单元格使用频次要远高于增加单元格，因此在设计快捷键时考虑将更短的、更易于使用的快捷键赋予更高频次使用的功能，类似霍夫曼编码逻辑。

（2）另一个重要的问题是，针对单元格的增删其实都涉及一个其他单元格如何自处的问题，这个也很正常。班级里新来了几位新同学，老同学们不也得在心里琢磨自己作为班长同桌的地位会不会随着换位置而不保。

但 Excel 中的这个移动逻辑还比较简单，大家只需要记住来的新同学，也就是插入的单元格将其他单元格向下和向右边挤开就行了。心思比较缜密的同学可能还会问：都这么依次往后挤，最后排的老同学（末行末列的单元格）怎么办呢？很残忍，小 E 班主任会将他们踢出班级，也就是删掉。现实中当然不会发生，绝大多数表格的内容其实不会达到一百多万行，所以基本上删掉的都是空位置，删掉也就删掉了（如果有数据还是要注意的）。因此更恰当的比喻是：教室里有很多位置，其中只有前面的位置有同学，新同学带着自己的桌椅来到指定的位置就行了，其他的同学和空位置就向后或者向右移动，尾部空闲的桌子就移出教室。

（3）如果在表格中插入单元格区域，会弹出如图 3.48 所示的"插入"对话框。在这个对话框中可以自由选择插入的模式（如果不是整行整列的插入要选择好对应的移动方向，也就是回答到底往哪个方向挤以及挤开谁的问题）。

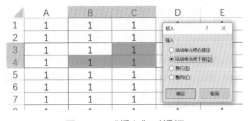

图 3.48　"插入"对话框

如果是删除单元格，也是类似的 4 种选项，但是方向相反，会变成向左或向上移动。

3.2.8　隔行插入空行

扫一扫，看视频

下面来看一下关于空行插入的问题：现有一张简单的工资条，简单列了 10 条记录，如图 3.49 所示。因为需要将工资条打印出来进行分发，每条记录相邻就没办法分开，不方便裁剪，因此需要在每行之间都插入一行空行作为分隔，方便后续的裁剪工作。

序号	姓名	基本工资	奖金	津贴	扣除	总额
1	A	1000	100	100	10	1190
2	B	2000	200	200	20	2380
3	C	3000	300	300	30	3570
4	D	4000	400	400	40	4760
5	E	5000	500	500	50	5950
6	F	6000	600	600	60	7140
7	G	7000	700	700	70	8330
8	H	8000	800	800	80	9520
9	I	9000	900	900	90	10710
10	J	10000	1000	1000	100	11900

图 3.49　原始数据

✎提示：

此处只是简单举例，实际也会在其他地方遇到相似的问题，这里大家要注意实际问题一定是千姿百态的，需要我们综合所有讲过的内容去排列、组合，找到最佳的解决办法。

1.　制作辅助列

针对这个问题，直接插入行是无法完成的，因为 Excel 中并没有预设的隔行插入空行的功能，所以必须对现有的功能进行组合来完成任务，这里先设置好辅助列帮助我们完成任务。

✎提示：

单纯地使用软件功能可以帮助我们解决非常直白的问题，但现实问题往往更为复杂，所以灵活运用才是核心。提升的办法就是多通过实例练习，最好是运用自己所学解决实际工作中遇到的问题。

辅助列的结构如图 3.50 所示，首先在 H2 单元格中输入 1，然后在 I3 单元格中输入 2，最后再选中 H2:I3 单元格区域，利用填充柄向下拖动完成交错序列的构造。这个序列的作用就是在每行中都构造出一个空格，并且这些空格不连续。

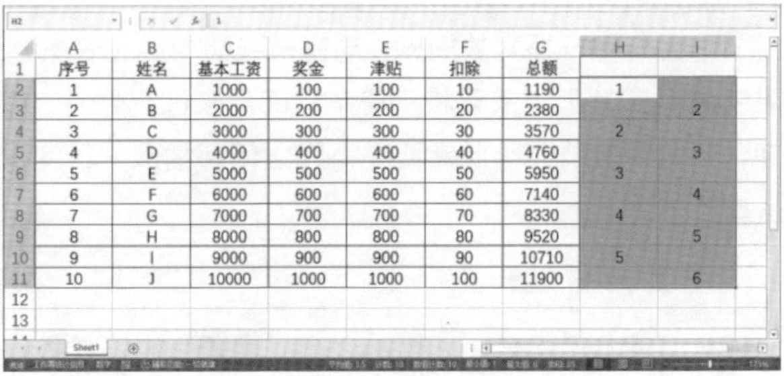

图 3.50　构造辅助数据

2. 定位空格插入空行

接下来这一步就可以直接见效，应用在 3.1.7 节中介绍的"定位"功能将图 3.50 选中范围中的所有空格都选定。这里再复习一遍操作步骤：选中定位的区域后，使用快捷键 Ctrl+G 或 F5 键打开"定位"对话框，单击"定位条件"按钮，在弹出的"定位条件"对话框中选中"空值"后单击"确定"按钮返回即可，效果如图 3.51 所示。

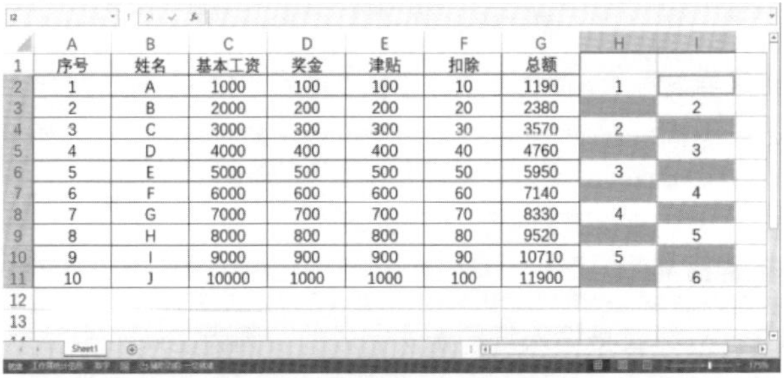

图 3.51　辅助数据定位空值

定位之后可以在选中区域上右击，然后在快捷菜单中选择"插入"命令即可，这里也可以直接使用快捷键 Ctrl+Shift+"+"完成，最终效果如图 3.52 所示。

最后效果完成了，我们再简单回顾总结一下。首先可以看到这个问题的解决并不像之前遇到的问题一样，有一个确切的对应的 Excel 功能可以帮助我们去解决，这里依次使用了填充柄、定位空值、插入行等几种功能组合后达成最终目的。对于稍微复杂的问题，这种功能的组合可以说是常态，一旦习惯了与这样的常态"斗争"，应用水平的提升就水到渠成了。

图 3.52　隔行插入空行最终效果

🔊说明：

　　本小节虽然没有新增具体的内容，但是新增了小规模综合应用的理念。而且这个问题本身也是日常工作中会遇到的一个小难题，所以单独进行讲解。

3.3　让表格完成重复工作

　　本节将介绍 Excel 中一些重要的批处理操作。在实际工作中使用 Excel 时难免会遇到一些重复性的操作，会消耗不必要的时间，而批处理操作可以帮助我们大幅缩短操作时间。相较于前两节的内容，本节的内容会更加显著地提升工作效率。

3.3.1　批量开关工作簿

扫一扫，看视频

　　首先从软件外部讲起，教大家如何批量开关工作簿，批量开关工作簿一般在对照查看多个工作簿时会使用到。这个其实也不能算是"教"，因为这个技巧简单到只需要告诉你，你就知道如何操作。一共只需要两个按键，在 Windows 系统中，利用 Shift 键或 Ctrl 键选中了多个工作簿之后，然后按 Enter 键即可批量完成工作簿的开启，开启后的多个工作簿文件会以"层叠"的形式摆放，如图 3.53 所示。

　　另外，在使用完表格保存好之后，如果需要批量关闭所有的 Excel 文件，按住 Shift 键之后再单击右上角的关闭按钮，即可完成批量关闭。

　　因为上述两项操作过于简单，且不存在过程步骤，在此不再作图示说明，直接根据文字讲解进行操作即可。补充说明一点，如果在没保存的情况下应用了批量关闭功能，也无须担心，Excel 会依次提示是否进行保存，根据实际选择即可，如图 3.54 所示。

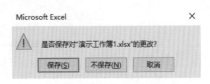

图 3.53　批量开启工作簿文件　　　　图 3.54　批量关闭工作簿的保存提示

3.3.2　批量创建自定义名称表格

扫一扫，看视频

　　本小节要实现的目标就是在单元格中给出想要创建多个新工作表的名称清单，如图 3.55 所示，然后通过简单操作一次性就可以在工作簿中创建出这些对应名称的工作表，而不需要每张表格都通过右键菜单、新建表格、填写名称、确认如此往复的操作来建立，提高操作效率。

图 3.55　待新建工作表名单

　　图 3.55 中给出了一张清单，是以中国各大城市简单举例，随意取一个标题也是可以的。实际操作中名称不同不会受到影响，在任意位置写个清单就行，但要保证名称清单为一列，接下来介绍具体的操作步骤。

📢说明：

> 当然，给出的名称清单都必须要符合工作表的命名规范，如不能重复、不能为空等，一些常规的工作表命名规范要求如图 3.56 所示。

图 3.56 工作表命名规范

1. 为清单创建数据透视表

批量创建表格是基于数据透视表的"报表筛选页"功能，因此要先创建数据透视表。选中清单中的所有内容（建议使用学过的全选功能，选中任意一个内容后按快捷键 Ctrl+A 完成选择，有机会就多多练习），单击"插入"→"表格"→"数据透视表"按钮创建数据透视表，如图 3.57 所示。

📢说明：

> 关于更详细的数据透视表的使用可以参见 9.4 节相关内容。

图 3.57 为清单创建数据透视表

在弹出的"创建数据透视表"对话框中，由于提前选定了数据，其数据透视表数据源已经自动设置为我们的清单内容。数据透视表的位置为了简便，直接放置在 B 列的 B1 单元格上（因为它是中转的辅助表格，因此不必单独新建表格存放）。无须勾选"将此数据添加到数据模型"复选框，单击"确定"按钮即可，如图 3.58 所示。

图 3.58　"创建数据透视表"对话框

　　创建完数据透视表的框架后，在"数据透视表字段"窗格中将"待新建工作表名单"字段添加进"筛选"标签字段中，可以采用拖动的方法直接将该字段拖到"筛选"标签字段区域后释放，如图 3.59 所示。

图 3.59　设置数据透视表字段

2. 应用显示报表筛选页功能

　　单击数据透视表任意位置，单击"分析"→"数据透视表"→"选项"按钮，在展开的下拉菜单中选择"显示报表筛选页"命令，在弹出的"显示报表筛选页"对话框中选择"待新建工作表名单"字段后单击"确定"按钮即可，应用效果如图 3.60 所示。

图 3.60 显示报表筛选页功能应用效果

可以看到工作簿中新建了多张表格，并且名称均与我们在清单中填写的一致。至此我们就高效地完成了批量创建自定义名称工作表的任务。

📢说明：

部分同学会观察到，新建的工作表当中存在"残留"，可以批量删除，但是要用到在下一小节才会学习的技巧。工作表也是可以多选的，按住 Shift 键选中第 1 张工作表后单击最后一张工作表可以进入工作表的多选状态。在这种状态下，使用快捷键 Ctrl+A 全选工作表后按 Delete 键删除即可。

3.3.3 批量操作表格

除了工作簿的批量开关操作和新建工作簿的批量操作，对多个工作表的内容也一样可以进行批量操作。接下来的两个小节将介绍多个工作表批量操作的技巧，减少重复的冗余工作。

之前也讲到过，工作表的选取也可以像选择文件、选择表格中的单元格一样，按住 Ctrl 键进行离散选取、按住 Shift 键进行连续选取，选取之后工作表的标签会变色。如图 3.61 所示为利用 Ctrl 键进行离散多表选择的状态，俗称建立"工作表组"（按住 Ctrl 键依次单击表格标签名称即可）。

图 3.61 离散选取多张工作表

而批量操作表格就是在此多选状态下完成的。进入多选状态后只需要照常操作，如对单元格进行输入、新增或删除单元格区域、修改单元格边框字体颜色等，所有操作都会同步应用到所有选中的工作表中，通过批量操作减少冗余工作。如图 3.62 所示为选中和未选中状态的工作表在批量操作后的效果对比。

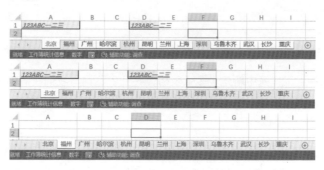

图 3.62　多工作表批量操作效果 1

如图 3.62 所示，按住 Ctrl 键的同时选中"北京""广州""哈尔滨"等工作表，并在"北京"表中进行了文字的输入、插入列和格式设置。可以看到，在所有同时选中的工作表中都进行了同步操作，而未选中的工作表则维持原样。

◀》说明：

额外补充两个实操知识点：①在选中多个工作表的状态下，依然可以进行表格切换，直接单击表格即可，但是，在已选中的表格范围内进行切换并不会取消多选状态，如图 3.63 所示即为在多选状态下再选中"哈尔滨"表；②如果需要取消多选状态，单击任意一张未选中的表格即可。操作时要多注意选中状态，以防因疏忽造成错误操作导致数据丢失。

图 3.63　多工作表批量操作效果 2

✎提示：

并非所有 Excel 的功能都接受多工作表批量操作，只有部分支持。因为功能按钮数量众多，不需要去特别记忆哪些功能支持批量操作。如图 3.64 所示，可以看到在进入工作表多选状态后，选项卡中部分功能按钮将会自动转为灰色的禁用状态，这部分功能就是在多选状态下无法批量操作的功能。

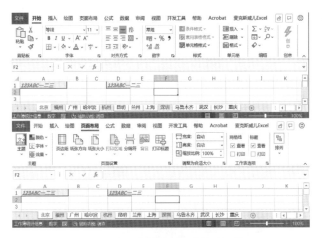

图 3.64　多工作表选中状态的功能禁用

3.3.4　批量填充表格

扫一扫，看视频

　　3.3.3 小节中讲解了常规的多表操作方法，本小节将介绍一个 Excel 中预设的功能"填充至同组工作表"，进一步强化同学们对于多表操作的能力和效率。虽然标题名称比较相似，实质还是很好区分的。

　　先举个例子，展示一下这个功能的能力。假设我们已经创建了一张表格，格式、内容等都已经设置好了，如图 3.65 所示，将设置好的课程表放在了"北京"表中。

图 3.65　填充至同组工作表的原始数据

　　现在有个要求：将课程表的格式填充到其他工作表中，进行后续的内容输入。聪明的你当然想到了上一小节讲过的表格批量操作，直接多选然后通过批量的复制粘贴和删除就可以达到效果，完全没问题。但是本小节会使用"填充至同组工作表"功能来完成。

首先选中整张表格，进入表格的多选状态（也就是把原表和其他待填充的表格都选择上）。这种多选状态还有一个别名，叫作同组工作表。然后单击"开始"→"编辑"→"填充"按钮，在展开的下拉菜单中选择"至同组工作表"命令并应用，如图 3.66 所示。

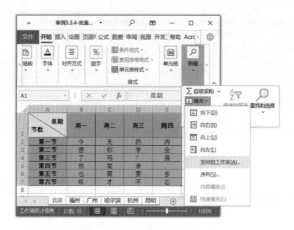

图 3.66　应用填充至同组工作表

单击命令应用后会弹出如图 3.67 所示的对话框，共有 3 种填充模式，可以选择格式填充、内容填充或全部填充。本例中因为需要自动添加后续内容，因选择"格式"填充即可。

最终效果如图 3.68 所示，可以看到课程表预设的格式就已经批量填充到了同组的其他工作表中。从"福州"到"昆明"的所有工作表巾都自动填充了课程表的格式。

图 3.67　选择填充模式

图 3.68　填充至同组工作表的应用效果

📢说明：

　　由于该功能开发时间较早，所以在使用上没有在多选状态下复制粘贴灵活，但是在模板的批量填充特定场景下还是比较高效的。

3.3.5　批量导入图片

在学习、熟悉了 Excel 中内置的工作簿级、工作表级批量操作方法后，最后带大家熟悉的一种批量操作是针对图片的——如何批量增删图片。导入和删除都会介绍两种方法，本小节先介绍批量导入的方法。

1. 利用"插入图片"功能批量导入图片

在 Excel 中导入图片无外乎使用以下两种方法：

（1）复制粘贴，直接将图片复制后粘贴到表格中。

（2）单击"插入"→"插图"→"图片"按钮，在展开的下拉菜单中选择从本地电脑、网络等来源插入，如图 3.69 所示。

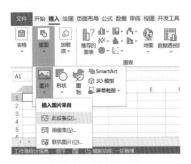

图 3.69　插入图片

对于复制粘贴而言最大的优势是单张图片的快速插入，通过快捷键就可以完成，甚至不需要找到任何功能按钮就可以完成。对于多张图片的插入，可以使用"插入图片"命令，一次性选中文件夹中的多张图片，效果如图 3.70 所示。

可以看到导入的多张图片采取层叠的形式呈现，从左上角向右下角分布，且所有的图片处于原始尺寸、全部选中的状态。特性如此，因此在使用时少不了手动对所有图片进行尺寸设置，重新排布位置以符合要求。

🔊说明：

> Excel 软件本身的设计是针对数据而生的。因此对于图形、图片的处理功能仅仅是"顺带"开发，使软件应用范围更广阔，但由于其不是主要开发目标，所以在功能上是有限的。大家要有一个合理的心理预期，一个软件无法解决所有的问题，但我们能够通过技巧的学习让某个软件更充分地发挥它的能力，提升个人能力。

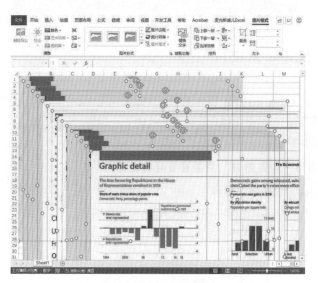

图 3.70　导入多张图片

2.　选择性粘贴代码完成图片的批量导入

　　上述方法只完成了从 0 到 1 的步骤，满足了批量导入多张图片的现实需求，后续的操作处理依旧非常烦琐。所以接下来要给大家介绍的第二种批量导入图片的方法，更进一步，可以直接统一导入照片的尺寸，并且整齐地依次存放在独立的单元格中，方便参与后续的制表。这种使用方式也是很多同学在日常工作中需要运用的一种模式，因为整个过程过于"玄幻"，所以还请各位仔细阅读，最好耐心地逐步验证整个导入过程，或是简单浏览效果，待在实际工作中遇到类似需求时再回头来查看具体操作步骤，具体效果如图 3.71 所示。

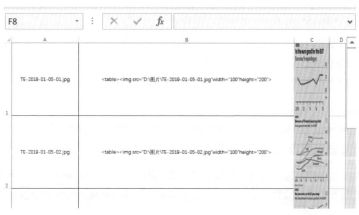

图 3.71　选择性粘贴代码批量导入图片的效果

（1）准备所有图片的清单，不要觉得很困难，使用 Windows 系统自带的批处理语言就可以快速完成。在待插入的图片文件夹中新建一个空白文本文档，在其中输入"DIR *.* /B > LIST.TXT"后保存，如图 3.72 所示。

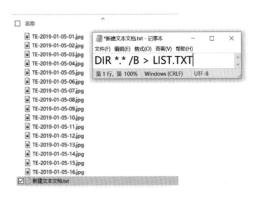

图 3.72　新建文档输入内容并保存

完成后将该文件的扩展名.txt 修改为.bat，双击运行该文件即可获得图片名称清单，结果如图 3.73 所示。

图 3.73　批量提取图片名称

（2）构建图片导入代码。将提取到的图片名称清单复制到一张空白工作表的 A 列中，并在 B1 单元格中输入如下函数公式：

="<table><img src="""D:\图片\"&A1&"""width=""100""height=""200"">"

如图 3.74 所示，这一段看上去很乱的代码都是固定格式，照着输入或者直接复制使用即可，不需要刻意记忆。

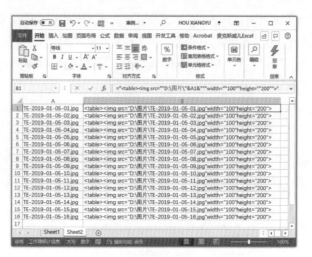

图 3.74　批量导入图片的代码格式

　　这里面有三个参数是需要同学们结合自己的情况进行调整的，分别是：图片存储的地址、宽度 width 数值和高度 height 数值。首先是上述代码中的"D:\图片\"，大家要根据自己的实际情况修改为本地即将要导入的图片的文件夹所在地址。高度和宽度参数（本例中分别是 100 和 200）控制的是导入的图片会被设置的大小，可以自行设置，剩余部分的代码都是固定值，不需要调整。

　　（3）将 B 列的批量图片导入代码整体复制粘贴到空白文本文档中，然后再次复制。这里需要注意，我们将空白文本文档当作中转站，把用公式构造出来的批量图片导入代码固化下来，并且粘贴到空白文本文档后还再次"复制"了一次，如图 3.75 所示。

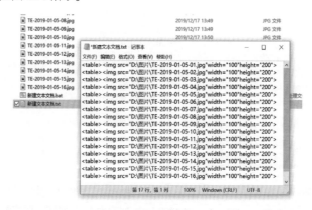

图 3.75　固化批量导入图片代码

（4）回到工作表的 C1 单元格，单击"开始"→"剪贴板"→"粘贴"按钮，在展开的下拉菜单中选择"选择性粘贴"命令，如图 3.76 所示。注意这里已经在文本文档中将代码复制过了，所以选择性粘贴的对象就是在第（3）步中固化的批量导入图片的代码。

图 3.76　应用选择性粘贴

在弹出的"选择性粘贴"对话框中的"方式"列表中选择"Unicode 文本"，再单击"确定"按钮（触发代码的识别），如图 3.77 所示。

图 3.77　"选择性粘贴"的方式选择

导入效果如图 3.78 所示，这里是因为没有预先调整单元格长宽，所以图片的呈现效果与图 3.71 不同。

（5）应用在 3.2.3 小节中学会的批量调整行高列宽以适应导入的图片大小的方法，即可完成导入，效果如图 3.79 所示。通过此方法导入的图片可以自动随表格进行排序筛选而不会出现错误，适用于相册照片排序，带照片的产品信息表或员工信息表的制作等。

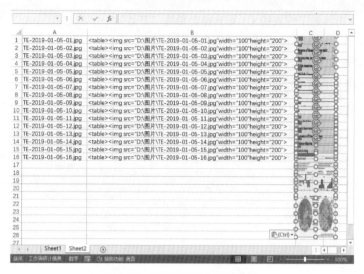

图 3.78　代码批量导入图片效果

📢说明：

　　如果希望图片导入后的尺寸就恰好是单元格大小，可以通过计算得到代码中的 Width 和 Height 参数。正如本例中导入图片设定的尺寸均为宽 100 像素高 200 像素，只需要将其高、宽都乘以 1.5，保证存放图片的单元格宽为 150 像素和高为 300 像素即可。

图 3.79　选择性粘贴代码批量导入图片效果

3.3.6 批量删除图片

有导入自然就有删除，而且要简单得多。最常使用的技巧就是利用全选快捷键 Ctrl+A 批量选取图片，再进行删除。在选中单元格区域的情况下执行全选操作，会自动选中相邻包含内容的区域或整张表格，这是在本章开始就讲到的。但是如果单击表格中的一张图片后再次全选，则会将表格中所有的对象都选中，然后按 Delete 键就可以将所有选中对象都删除，这里就不再详细演示。

📢说明：

有一点需要注意的是，即便选中的是一张图片，全选后也是将表格中所有"对象"全选，而不是所有图片。对象的概念要比图片大，图片是对象的一种，其他常见的对象还有形状、图片、图标、图表，甚至是 SmartArt 图等。不同对象类型举例如图 3.80 所示，从上至下、逐行分别是形状、图片、SmartArt 图、图标和空图表。

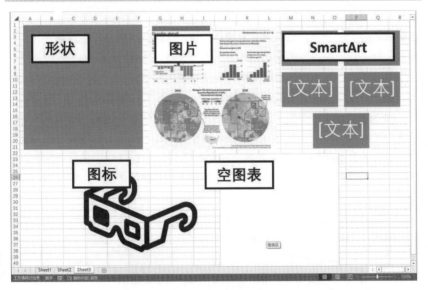

图 3.80　不同对象类型举例

除了使用全选快捷键 Ctrl+A 进行全选外，也可以利用"定位"功能选中所有对象，即在打开的"定位条件"对话框中选中"对象"单选按钮，然后单击"确定"按钮返回，如图 3.81 所示。这个方法与选择单个对象后执行全选的操作基本是一样的。

图 3.81 通过"定位条件"选择所有对象

3.3.7 重复上一步，解放双手

扫一扫，看视频

关于 Excel 最实用的、可以提升工作效率的技巧和方法已经讲完了。在本章最后的两个小节将介绍快速重复操作的技巧。虽然这些技巧也是解决冗余工作的，但是和此前不同的是，不再是一次性批量完成多个相同的工作，而是通过简单按键去重复一段目标的操作，还是有些区别的。

第一个要给大家介绍的就是"重复上一步"操作，解放双手——F4 键。

F4 键在 Excel 中更为大家所熟知的是其"地址锁定"功能，在输入公式的过程中可以对地址进行引用方式的快速调整。例如，A1 单元格的地址在公式编辑栏中会因为 F4 键的重复应用依次转化为\$A\$1、A\$1、\$A1，最后再回到原始状态 A1 形成一个循环。此项功能在平时输入公式时可谓是不可或缺的一项快捷键，非常便捷。

一旦退出了公式编辑器的编辑状态，在一般的操作环境下，它的含义就发生了变化，可以通过 F4 键直接重复上一步的操作。例如，手动在首行前插入了一行空行，如果还需要继续插入，可以不再使用右键快捷菜单单击插入行，用 F4 键替代也可以完成相应功能。与此类似地，对于此前执行的单元格颜色填充等格式设置、形状的插入、表格的删除等操作也可以进行重复，如图 3.82 所示。

📢说明：

部分同学的 F4 键不生效的原因可能是笔记本电脑的特殊设置，对应按键被预设为音量、亮度调整等配置功能，因此需要结合左下角 Fn 功能键同时使用才可以正确生效。

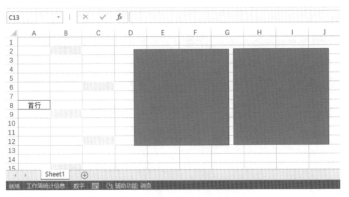

图 3.82　重复上一步操作效果

📑技巧:

> F4 键经常用于颜色填充的重复,如果需要连续在不同的单元格进行颜色填充,可以在第一次填充后应用重复上一步操作,只需要选定新的区域后按 F4 键即可。

通过运用 F4 键,一些不必要且间隔时间不定的重复操作就可以快速完成。实际上,也并非所有的功能都可以直接重复,在运用的过程中可以简单尝试看看能否重复。如果想要明确知道某项功能是否能够重复,可以在如图 3.83 所示的工具栏中添加重复上一步操作的功能命令,在操作完成后根据按钮的启用/禁用状态即可判断该功能是否可以重复。

图 3.83　设置重复上一步的功能命令

选择"文件"选项卡下的"选项"命令,在打开的"Excel 选项"对话框中选择"自定义功能区"或"快速访问工具栏"选项,通过下拉列表选择"不在功能区中的命令",拖动到末尾从后往前找到"重复"命令后,添加到对应的菜单栏选项卡或快速访问工具栏中,命令按钮图标如图 3.84 所示(照相机功能右侧)。

不在功能区中的命令是以拼音首字母为顺序进行的升序排序，而"重"因为是多音字，在计算机中是以 zhong 进行存储记录的，因此需要从后往前找会更迅速。以正确读音 chong 的发音是无法找到的，这点需要注意。

图 3.84　重复上一步功能按钮

从图 3.84 中可以看到，上一步操作为删除活动工作表，且重复功能按钮显示为"重复 删除工作表"，表示使用 F4 键可以重复该操作。若是无法重复的操作则为灰色的禁用状态，通过这个按钮可以直观地判断操作的可重复性。

3.3.8　复杂流程录制宏

分步重复解决冗余工作的第一种方法是 F4 快捷键功能，第二种方法则是"录制宏"。通俗地说，这个功能可以帮助我们重复一套连续的多个操作，是非常强大的功能。

例如，要制作一个工资条，从基础的工资表到最终成型的工资条一共需要10 个步骤，那么就可以开启"录制宏"，然后操作一遍，等到下次还需要制作工资条时直接使用录制好的宏就可以了。就好比从前看戏需要请人、搭台子、吃饭、演戏、喝茶等一系列流程，但是现在人学聪明了，在进行第一遍流程时就都用摄影机拍摄并录制了下来，下次看戏直接播放视频就可以了。况且只要运行的条件和之前一样，录制宏的应用效果每次也都是一模一样的，并不会像看戏一样存在是否在现场的差别。

如果在日常工作中有一些不定期或定期的重复性工作，不妨试试这个功能，将过程都录制起来，节约宝贵的时间。

1. 开发工具选项卡

使用这个功能之前还得先做点准备工作。首先在"文件"选项卡中选择"选项"命令，在打开的"Excel 选项"对话框中选择"自定义功能区"，在右侧的列表中勾选"开发工具"复选框（该选项默认是隐藏状态），然后单击"确定"按钮完成设置，如图 3.85 所示。

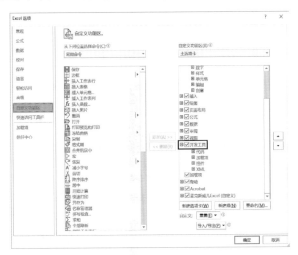

图 3.85 设置"开发工具"选项卡

2. 录制宏

相信很多同学在第一次见到"宏"这个名字时会感到一头雾水，在这里先特别说明一下："宏"本身是个专业词汇，指的是一系列小命令的集合。录制宏的过程其实就是将我们在 Excel 中的一系列小操作依次记录下来，汇总成一个集合，成为宏。

那么为什么要叫作"宏"呢？这是个令人费解的直译，其对应的英文为 Macro，也就是微软 Microsoft 中 Micro（微），被顺理成章地翻译成了"宏"。而在我国台湾地区，其对应的翻译为"巨集"，看上去似乎更好理解一点，代表一系列小命令的巨大集合。

这个宏的背后则是系统自动根据我们的操作过程生成的一条条 VBA（Visual Basic for Applications）代码。录制宏，就意味着我们在 Excel 中的每一步操作都被如实地记录下来。在录制宏的过程中，Excel 会掏出它的记事本，写下这个人今天干了这件事、那件事，待到下次要应用时就又掏出这个记事本直接按照上次处理的流程把工作完成。所以，即使我们不会写代码，也可以通过"录制宏"这个功能命令，享受到代码强大的处理能力。

接下来就以"每日数据汇总"为案例演示一下录制宏的强大功能。

3. 每日数据汇总案例

步骤 1：原始数据与汇总目标。首先来看一下案例的原始数据和最终要通过录制宏形成的效果。如图 3.86 所示的 Sheet1 是原始数据表，一张销售记录表。该表格记录了当天的销售情况以及一些明细数据。

图 3.86　原始数据

最终目标则是通过录制宏功能，实现将每日的销售数据表的数据部分，一键自动汇总到汇总表 Sheet2 中，并在汇总后清除 Sheet1 中当天的销售记录，效果如图 3.87 所示。如此一来，每日只需要记录好当天的数据，汇总的重复性工作就可以自动完成，提高工作效率。

	A	B	C	D	E	F	G
1	编码	货品	数量	价格	总价	日期	经手人
2	GD001	玩具	3	70	210	2020/1/1	眭天成
3	GD002	文具	2	97	194	2020/1/1	阳运乾
4	GD003	书本	2	85	170	2020/1/1	矫曼丽
5	GD004	书包	3	81	243	2020/1/1	靳寻桃
6	GD005	玩具	3	70	210	2020/1/2	眭天成
7	GD006	文具	2	97	194	2020/1/2	阳运乾
8	GD007	书本	2	85	170	2020/1/2	矫曼丽
9	GD008	书包	3	81	243	2020/1/2	靳寻桃
10							

Sheet1　Sheet2

	A	B	C	D	E	F	G
1	编码	货品	数量	价格	总价	日期	经手人
2							
3							
4							
5							
6							
7							
8							
9							
10							

Sheet1　Sheet2

图 3.87　目标汇总效果

步骤 2：录制汇总的宏过程。现在将数据初始化，包括清空汇总表数据，并录入好第一天的销售记录数据，准备开始这一次的自动化之旅。单击"开发工具"→"代码"→"录制宏"按钮，打开"录制宏"对话框，如图 3.88 所示，在此对话框中可以对宏设置 4 项基础信息,分别是宏名、快捷键、保存在和说明。

（1）"宏名"为录制的宏的名称,宏名的设置只需要后期能够轻松分辨宏的大体功能即可,在案例中将其设置为"每日销售记录汇总"。

（2）"快捷键"为快速应用录制宏的按键,可以自定义设置。在完成宏录制后,如果需要应用可以直接使用快捷键（再次触发的方式多样,后续还会拓展演示）。特别说明,如果设置的快捷键和系统快捷键有冲突,会自动由 Ctrl 键转变为 Ctrl+Shift 键。

（3）"保存在"通过下拉列表进行设置,可以选择"个人宏工作簿""新工作簿"和"当前工作簿"。因为本案例录制的宏是在本工作簿中使用,因此默认选择"当前工作簿"即可。

（4）"说明"和宏名类似,可以在其中完善这个宏所完成功能的描述,甚至可以包括使用指导。这一点在浅层使用时可以省略,但如果是宏的重度使用者最好对作用、使用方法、注意事项等进行更细致的描述,以防止宏的数量过多、使用的间隔时间过长或是其他使用者复用宏时,产生不必要的麻烦和错误。"说明"的设置不是必要的,但是养成良好的规范习惯是专业性的体现。

图 3.88　录制宏基本信息设置

至此就完成了"录制宏"的基本信息设置,单击"确定"按钮后就会进入"录制宏"的状态。这个过程比较特别,和一般使用的功能按钮不大一样,在此需要注意。

常规的功能按钮可以理解为"瞬发的",也就是单击命令后立即应用生效。但是"录制宏"录制的是一系列操作的集合,是一个过程,所以在单击命令应用后会进入"录制中"的状态,原"录制宏"功能按钮也会随之转变为"停止录制",如图 3.89 所示。在单击"停止录制"按钮之前的所有操作是都会被严格记录下来的。也只有单击了"停止录制"按钮后,录制宏的应用才算完成,全过程可以类比"摄像机的录制"。

步骤 3:录制汇总过程系列步骤。接下来开始操作,完成销售数据汇总过程:首先单击每日销售记录表格中的 A2 单元格,因为这是所有数据的起点,后续的记录都从这里开始书写。接下来不要直接选中 A2:G5 单元格区域进行复制，为什么呢？因为每天的数据数量多少是不一致的，固定区域的选取不是多了就是会遗漏数据，这里要做到自适应读取，如何完成呢？同学们可能会说："编写代码我可不会。"这个也不用紧张，还记得在前面给大家编的那个冒险小故事吗？这里马上就要用上在 3.1.5 小节中学到的连续选取快捷键 Ctrl+Shift+→和快捷键 Ctrl+Shift+↓。只需要依次应用，就可以获得完整的当天销售记录数据，然后进行复制，如图 3.90 所示。

📢说明：

> 很多同学会以为录制宏只会录制鼠标点击产生的操作，但实际上键盘快捷键操作一样会转化成命令，被记录为代码并保存下来。

图 3.89　录制状态的停止录制按钮　　　图 3.90　获取当天销售记录数据

复制后进入表 Sheet2 进行粘贴。同样为了适应随着时间不断变化增多的汇总销售数据，粘贴位置也不能直接锁定为 Sheet2 的 A2 单元格，而是应当随着记录增加，永远都粘贴到历史最新记录的下一行开头处。

问题看上去还有点棘手，要解决这个问题还需要一起开开脑洞。正常处理时，如果想要到达一列内容的底部最后一格，会先选择开头然后使用快捷键 Ctrl+↓跳转。但是有个问题，第一次汇总只有标题没有数据，如果应用快捷键 Ctrl+↓会直接抵达表 Sheet2 中 A 列的最后一格，那可是第 100 多万行，不可行。所以在这儿需要反其道而行，首先直接定位到 A1000000 单元格，然后利用快捷键 Ctrl+↑迅速抵达历史汇总数据的最末行，再利用下方向键"↓"向下移一行，找到新数据合理的汇总位置再进行粘贴。

大概的思路就是这样，现在让我们来看看有哪些操作细节值得注意。

首先是跳转至 A1000000 单元格，运用 3.1.6 小节中讲解的名称定位方法，直接在表格左上角的名称地址栏输入 A1000000 后按 Enter 键跳转到 A1000000 单元格位置，如图 3.91 所示。

📢说明：

> 选取 100 万行仅仅作为举例使用，表示留有足够的空行用于汇总，实际操作中根据需求预留即可。

图 3.91　地址名称跳转定位

定位完之后要记得应用快捷键 Ctrl+↑ 迅速抵达历史汇总数据的最末行，即便现在没有显示任何数据，最终的效果和我们直接单击 A1 单元格是一样的，但是它们是两个完全不一样的过程，我们是在为后续的汇总作更充分的考虑。

然后向下偏移一个单位，即从 A1 单元格转移到 A2 单元格。但是在这个时候如果直接通过方向键 "↓" 进行移动，Excel 会默认直接选中 A2 单元格，而不是错位选取。而这个问题的解决依赖于录制宏过程中的相对引用和绝对引用模式的切换，如图 3.92 所示。

图 3.92　录制宏过程中的相对引用

☀ 注意：

> 单击 "开发工具" → "代码" → "使用相对引用" 按钮后，再应用方向键 "↓" 才可以正确记录。虽然表面上选择相对引用或是绝对引用的操作都一样，但是 Excel 记录步骤的逻辑是完全不同的。

如果你不清楚相对引用和绝对引用的区别，不妨这样来理解：无论是通过箭头移动还是鼠标单击都可以进行 A2 单元格的选择，如果是绝对引用，系统会记录这一步骤为直接跳转到 A2 单元格并选取；如果是相对引用，系统则会记录这一步骤为从之前选中的单元格向下偏移一行进行选择。所以在相对引用的状态下，系统记录的其实是相对上一个选定单元格的位移，而不是绝对位置。

最后将剪贴板中的当日销售记录数据 "粘贴"，并回到表 Sheet1 中将原始数据删除，便完成了所有操作。此后单击 "停止录制" 就完成了宏的录制过程，然后单击 "开发工具" → "代码" → "宏" 按钮，即可在打开的 "宏" 对话框中看到本工作簿的宏清单，如图 3.93 所示。

图 3.93　工作簿宏清单

在工作簿宏清单中可以看到左侧为现有可以使用的宏（既包括通过代码编写的宏，也包括手动录制的宏），通过右侧按钮可以对宏进行"执行""删除"等操作。

待后续数据录入后，可以直接打开该清单，单击"执行"按钮就可以看到数据被自动汇总和清除，实现一键完成所录制操作的重复，减少冗余工作，非常方便。新数据的更新效果如图 3.94 所示。

📢说明：

除此以外也可以通过在开始录制宏的基本信息设置中填写的快捷键直接应用，也可以通过单击"开发工具"→"控件"→"插入"按钮并指定宏的功能进行录制宏的触发，这个方法将在本节的最后进行介绍。

案例演示至此，最后补充说明同学们在实际操作过程中可能会遇到的一些问题、注意事项以及可以使用的技巧。

图 3.94　每日销售记录数据自动更新情况

（1）通过宏或者其他 VBA 代码执行的任务是无法使用快捷键 Ctrl+Z 的撤回功能的，所以在操作前记得备份原始数据表格，防止意外的错误操作。备份的通常做法不是直接复制粘贴备份数据，而是将工作簿文件按时间进行备份。

（2）因为在工作表中插入了宏代码，如果要保存该功能以便后续使用，需要将原本的.xlsx 文档格式另存为.xlsm，保存为接受宏的工作簿格式才能使程序顺利运行。

（3）在录制的过程中尽量避免非必要的操作，因为 Excel 会如实地记录下所有操作，冗余的步骤会增加出错的风险，降低运行效率。

技巧：

> 文档另存为的快捷键为 F12。

4. 按钮式触发录制宏的设置步骤

如果你希望录制的宏可以通过可视化的 UI 界面，如一个按钮，进行数据更新的触发，以方便在不清楚宏清单如何打开和如何使用快捷键的情况下进行数据更新，那么只需要借助开发工具中的按钮控件，将录制好的宏与按钮控件进行绑定就可以实现。

首先在更新数据的案例文件中，单击"开发工具"→"控件"→"插入"按钮，在展开的下拉菜单中选择"按钮"命令，单击应用后在表格区域中绘制一个矩形的按钮，如图 3.95 所示。

在绘制好按钮的瞬间会弹出"指定宏"对话框，如图 3.96 所示。在"指定宏"对话框中选择录制好的"每日销售记录汇总"宏后，单击"确定"按钮即可。这个步骤的含义是将录制好的宏和按钮进行绑定，让 Excel 明确知道单击该按钮应该执行哪些代码。

图 3.95　绘制录制宏触发按钮

说明：

> 虽然该对话框和宏清单非常相似，但是注意对话框的左上角，此处是"指定宏"

的对话框。若不小心关闭了，可以右击对应控件后在快捷菜单中选择"指定宏"命令进行重新指定。

图 3.96 "指定宏"对话框

控件还支持一定程度的自定义样式：直接右击控件，在弹出的快捷菜单中选择"设置控件格式"选项，即可打开"设置控件格式"对话框，可以对控件的字体、对齐方式、大小、属性等参数进行设置，如图 3.97 所示。

📣说明：

因为按钮控件是单击触发的，因此如果需要调整控件位置，需要右击控件后进入编辑状态，再利用鼠标拖动调整位置和大小。

图 3.97 "设置控件格式"对话框

第4章 功能加持，酷炫能力轻松掌握

"工欲善其事，必先利其器"，在工作中使用 Excel 完成任务也是一样。通过了解并使用 Excel 中已经封装好的强大功能，在遇到问题时就能够事半功倍。所以本章将会为大家介绍 9 种 Excel 中比较"炫酷"同时也实用的功能模块，这些功能模块中有些功能可以防止一些问题的出现，有些功能可以解决一些问题，还有些功能可以提高工作效率。

本章主要涉及的知识点有：

- 冻结窗格、视图拆分、窗口副本。
- 绘图选项卡、照相机功能、复制为图片。
- 三级文件加密、定时保存、自动保存。

4.1 1、2、3，不许动

首先介绍的是最为常用的"视图三兄弟"，前三节将分别演示"冻结窗格""视图拆分"以及"窗口副本"功能的使用以及在实际操作中的注意事项。

此三项功能均关乎视图，控制的都是软件界面的显示效果。其中最为常用和为大家所熟知的就是"冻结窗格"效果，它可以让表格的一部分内容（通常是表格的横纵标题栏）固定显示，不受水平和垂直滚轴的滑动影响，形成一种被"冻结"的感觉，因此被称为冻结窗格。但在实际运用过程中，有一部分同学对形成的原理和效果没有一个清晰的理解，接下来就来看看面对不同的情况，正确的冻结方法是怎样的吧。

1. 常规记录表（单层水平标题一维表）

在第 3 章最后的录制宏案例中所使用的"每日销售记录"就是一张典型的记录表，具有单层的水平标题行，以及若干数据记录，如图 4.1 所示。现以这张表的扩充版为原始数据进行表头标题的冻结窗格的演示。

该工作表中共有 16 行记录，由于屏幕对窗口尺寸的限制只能显示前 10 行内容，如果想查看后续内容需要向下进行滚动，但此时标题行会被"挤掉"。单击"视图"→"窗口"→"冻结窗格"按钮，在展开的下拉菜单中选择"冻结首行"命令，就可以保证在向下调整视窗时，第一行的标题会一直保持显示，冻结前后的滚动效果如图 4.2 所示。

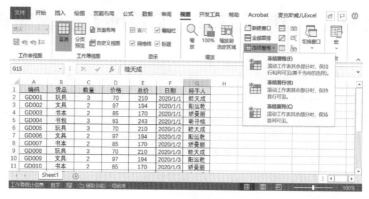

图 4.1　原始数据

📢说明：

　　"冻结首列"功能与"冻结首行"类似，可以完成首列的冻结，使列标题不受水平滚轴拖动的影响持续显示，操作方法类似，此处不再演示。

	A	B	C	D	E	F	G
13	GD012	文具	2	97	194	2020/1/3	阳运乾
14	GD013	书本	2	85	170	2020/1/4	矫曼丽
15	GD014	玩具	3	70	210	2020/1/4	眭天成
16	GD015	文具	2	97	194	2020/1/4	阳运乾
17	GD016	书本	2	85	170	2020/1/4	矫曼丽
18							

	A	B	C	D	E	F	G
1	编码	货品	数量	价格	总价	日期	经手人
14	GD013	书本	2	85	170	2020/1/4	矫曼丽
15	GD014	玩具	3	70	210	2020/1/4	眭天成
16	GD015	文具	2	97	194	2020/1/4	阳运乾
17	GD016	书本	2	85	170	2020/1/4	矫曼丽
18							

图 4.2　冻结首行前后效果对比

2. 2×3 的二维表（双层水平垂直标题二维表）

　　除了常规的一维表有冻结需求外，通过横纵两个字段确定数值的二维表格也存在冻结的需求，而且需要行列方向上的同时冻结，如课程表。这个时候单纯地冻结首行或者首列是无效的，因此需要应用"冻结窗格"的原始版本，灵活控制"起冻点"。

　　为了更加突出冻结窗格的应用逻辑，将原始数据调整为一张 2 层水平标题和 3 层垂直标题的 2×3 二维成绩表，如图 4.3 所示。

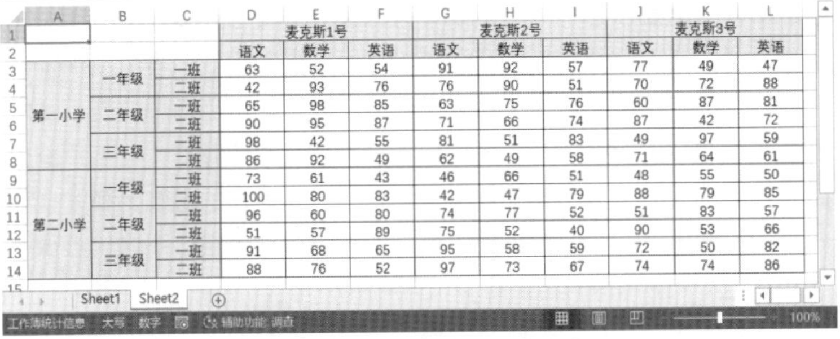

			麦克斯1号			麦克斯2号			麦克斯3号		
			语文	数学	英语	语文	数学	英语	语文	数学	英语
第一小学	一年级	一班	63	52	54	91	92	57	77	49	47
		二班	42	93	76	76	90	51	70	72	88
	二年级	一班	65	98	85	63	75	76	60	87	81
		二班	90	95	87	71	66	74	87	42	72
	三年级	一班	98	42	55	81	51	83	49	97	59
		二班	86	92	49	62	49	58	71	64	61
第二小学	一年级	一班	73	61	43	46	66	51	48	55	50
		二班	100	80	83	42	47	79	88	79	85
	二年级	一班	96	60	80	74	77	52	51	83	57
		二班	51	57	89	75	52	40	90	53	66
	三年级	一班	91	68	65	95	58	59	72	50	82
		二班	88	76	52	97	73	67	74	74	86

图 4.3　2×3 二维成绩表原始数据

在原始数据中，水平横轴标题共两层，分别代表学生姓名和科目两个字段；垂直数轴标题共三层，分别代表学校、年级和班级 3 个独立的维度，因此称为 2×3 二维成绩表。虽然图 4.3 中给出的数据不多，但是可以想象，如果成绩数据包含了 5 所学校，每所学校各 6 个年级，每个年级各 5 个班级，每个班各 40 位同学，每位同学各有 5 科的成绩的表格数据量有多少。在这样的情况下，表格在阅读时就很容易出现标题行被“挤掉”的情况，如果需要冻结窗格需要进行如下操作。

首先选中单元格 D3，然后单击“视图”→“窗口”→“冻结窗格”按钮，在展开的下拉菜单中选择“冻结窗格”命令即可，冻结前后的效果对比如图 4.4 所示。

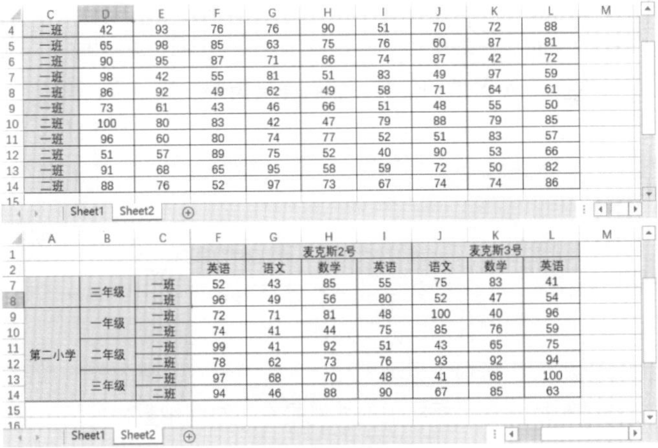

C	D	E	F	G	H	I	J	K	L
二班	42	93	76	76	90	51	70	72	88
一班	65	98	85	63	75	76	60	87	81
二班	90	95	87	71	66	74	87	42	72
一班	98	42	55	81	51	83	49	97	59
二班	86	92	49	62	49	58	71	64	61
一班	73	61	43	46	66	51	48	55	50
二班	100	80	83	42	47	79	88	79	85
一班	96	60	80	74	77	52	51	83	57
二班	51	57	89	75	52	40	90	53	66
一班	91	68	65	95	58	59	72	50	82
二班	88	76	52	97	73	67	74	74	86

				麦克斯2号			麦克斯3号		
			英语	语文	数学	英语	语文	数学	英语
	三年级	一班	52	43	85	55	75	83	41
		二班	96	49	56	80	52	47	54
第二小学	一年级	一班	72	71	81	48	100	40	96
		二班	74	41	44	75	85	76	59
	二年级	一班	99	41	92	51	43	65	75
		二班	78	62	73	76	93	92	94
	三年级	一班	97	68	70	48	41	68	100
		二班	94	46	88	90	67	85	63

图 4.4　2×3 二维成绩表冻结前后效果对比

可以看到，冻结之后查看内容的标题部分都不会被遮挡，可以清楚地看到目标数值对应的横纵标题属性，有效地减少了阅读障碍。

效果明确了之后，还有一个疑问：为什么会选择 D3 单元格？

首先对比图 4.4 冻结前后的两张图，可以看到在冻结后表中出现了一组十字交叉线，这组十字线将表格分为 4 个部分，其中，左上角部分既不受水平滚轴也不受垂直滚轴的影响；右上角部分不受垂直滚轴的影响；左下角部分不受水平滚轴的影响；右下角部分均受垂直滚轴和水平滚轴的影响，和常规表格区域是一样的，通过这 4 个区域形成了最终的冻结窗格效果。而这一组十字交叉线的交点就是 D3 单元格的左上角。

总结：在冻结窗格前选择的单元格会决定冻结的范围，以选中单元格的左上角为交叉点画十字交叉线，冻结其上方和左侧的单元格。

◀》说明：

> 还有一种特殊的情况是对多行水平标题或多列垂直标题表格的冻结，逻辑类似多行多列，只需要选中整行整列就可以进行冻结，如选择第 3 行整行会冻结第 1 行和第 2 行。列方向上类似。

4.2　表格分两半，还能一块看

扫一扫，看视频

"视图三兄弟"中的"二哥"是"视图拆分"，它同样是工作表级别的视图功能，可以实现以两个视角同时查看一张相同的工作表的功能。现在假设在工作中有一张较为复杂的表格，信息量非常大，而此时你需要对这张表格的两个部分进行核对，而参照其中一部分调整另一部分的内容会发现有点困难。一般的做法是首先查看 A 区域的信息，然后凭借大脑记忆下来，再通过滚轴调整至 B 区域，进行分析处理并修改，中途很可能发生遗忘或是不确定的问题，那么则需要返回 A 区域确认，然后再返回 B 区域进行二次修改，如此往复直到任务完成。

虽然只是通过简短的文字描述，相信大家也不难看出这个过程的问题所在：A/B 区域的频繁切换，会导致效率低下和信息对照的高出错率。因此面对这样的问题，应当首先开启"视图拆分"功能再进行核对比较。

还是以此前的"每日销售记录表"为例，这次在表格底部增加汇总栏目，原始数据如图 4.5 所示。目标实现的功能是在调整明细数据的同时可以看到总计变化的情况。

在原始状态下查看表格可以通过水平和垂直的滚轴进行调整，但在数据量增加之后滚轴的调整会导致标题以及下方的汇总数据被"挤出视野范围外"，不利于日常工作的开展。所以在这里首先选择汇总行，即第 18 行，然后单击"视图"

→ "窗口" → "拆分" 按钮，应用后效果如图 4.6 所示。

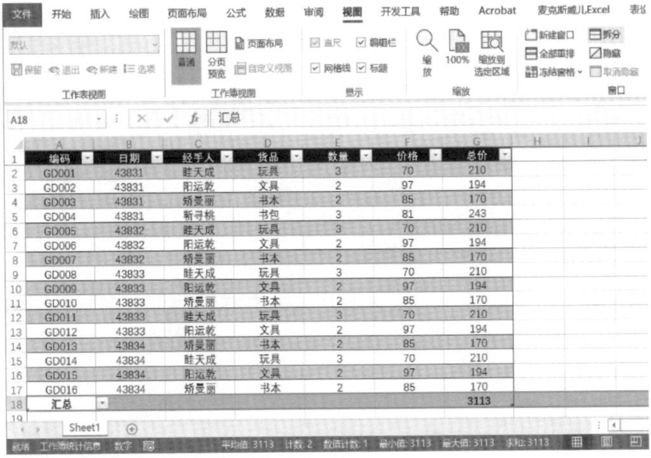

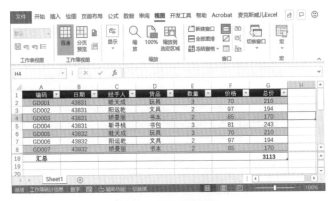

图 4.5　原始数据

图 4.6　视图拆分效果

拆分后可以观察到表格数据区域被一分为二，以粗空心横线划分，变成两块可以单独控制滚轴的区域（右侧垂直方向有两个滚轴，分别控制上下两个区域）。经过拆分视图后可以随意调整上半部分表格显示的内容到合适位置（注意看左边的行号从 8 直接跳转到了 18），同时不会影响下半部分表格的显示，目标达成。

◆》说明：

　　在运用拆分视图前选择的是第 18 行，因此视图拆分的位置在第 17 行和第 18 行之间，基本原理和冻结窗格一致，此处不再赘述。通过拆分可以将表格最多拆分为

4 个区域，通过 4 个滚轴进行视图范围的控制，请根据实际需求选择要拆分的数量。

最后对比一下"冻结窗格"和"视图拆分"功能的区别，希望大家在实际应用中能够更准确、更灵活地使用这两项功能。

对于这两项功能而言，在设置和效果上都有相似之处。

（1）"视图拆分"得到的是两个或者四个可以控制的视窗，而无论从哪个视窗进行查看，看到的内容都是同一张表格的不同部位。在任意一个视窗中修改，在其他视窗中也会同步改变，因为本质的实体表格就是一张，只是相当于有多个人从不同的窗口观察，看到的区域不同。

（2）"冻结窗格"则是固定住表格的前若干行列，剩余部分可以自行控制。核心区别在于冻结窗格被"冻结"的部分，对应在视图拆分中是可以调整的，"视图拆分"功能的灵活性会更高。

📋 技巧：

> "冻结窗格"和"视图拆分"还存在一种组合技巧。因为有时需要同时冻结标题行和汇总行，遇到这种首行和尾行都需要固定显示的情况时，就可以先使用"冻结窗格"来锁定表头，然后利用"视图拆分"来锁定汇总行。不过要注意该技巧在部分版本中适用，在新版本中可能存在兼容性冲突，不允许同时在一张表格中应用"视图拆分"和"冻结窗格"功能。

4.3 表格的分身之术

"视图三兄弟"中的"三弟"是"副本窗口"，它可以说是"视图拆分"的升级版本，是工作簿级别的视图功能，为什么这么说呢？因为在 4.2 节中出现的同一表格中的对比需求在工作表之间对比时也同样存在。例如，有时编写一张表格需要反复查看其他若干个表格的信息，而"视图拆分"只能完成单张表格内部的对比分析。所以这个时候就可以通过"副本窗口"实现完整表格的"分身"，再通过重新排列功能同步进行对比查看。

实现操作非常简单，如果想要同时查看如 Sheet1 和 Sheet2 表格中的内容，可以单击"视图"→"窗口"→"新建窗口"按钮，如图 4.7 所示。

图 4.7 单击"新建窗口"按钮

通过该功能可以实现软件操作界面的副本新增，如图 4.8 所示。此时注意观察软件界面的抬头文件名部分，在原始名称的基础上会依次根据副本建立顺序添加后缀"-1""-2""-3"……以区分各副本窗口。但要注意所有这些副本窗口所显示的内容均为原始文件，任何在表格中的所作操作修改都将同步反映，因此"副本窗口"的本质类似"视图拆分"，即只有一个文件实体，但是允许通过多个窗口查看。

图 4.8　多副本窗口效果

通过"新建窗口"功能建立多个副本窗口就可以轻松实现工作簿中多个表格之间数据的对比查看。但是，默认新建的副本窗口都是"层叠"排列的，并不适合对比查看，因此在新建若干副本窗口后通常会运用"视图"→"窗口"→"全部重排"功能，自动实现窗口的平铺排列，不需要手动调整各个窗口大小，此处以 3 个副本窗口为例进行演示。在选择"全部重排"命令后会弹出"重排窗口"对话框显示排列方式，如图 4.9 所示。

图 4.9　"重排窗口"对话框

在"重排窗口"对话框中选择"垂直并排"后单击"确定"按钮即可获得如图 4.10 所示的显示效果，所有窗口按统一的大小从左到右依次排开，并填充全屏。

在排列方式中，"平铺"模式将由系统自动将所有表格窗口进行全屏填充；"水平并排"模式将所有窗口从上至下均匀分布并填充全屏；"层叠"模式则是默认状态采用的显示模式，会将所有窗口从左上到右下依次错位一定距离后层叠放置，不适合对比查看。各模式排列示意图如图 4.11 所示，从左向右，从上到下依次为"垂直并排""水平并排""平铺"和"重叠"。

图 4.10 "垂直并排"重排效果

图 4.11 4 种重排模式演示效果

📝技巧:

若新增了多个副本窗口,并使用批量工作表关闭技巧(在 3.3.1 小节中学习过的技巧,即按住 Shift 键单击"关闭"按钮)关闭所有工作簿,多窗口副本的状态会保留下来,方便后续持续性的工作。

4.4 表格化身绘图板

如果说"视图三兄弟"都是比较容易想到的功能,那么接下来介绍的 4 种与图片相关的"预设"功能可能不容易想到,但它们却能在特殊场景下有效助力你的工作,这就是"图片四兄弟"。

首先介绍的一个兄弟是 Excel 中一项较新的功能组——"绘图"选项卡。在该选项卡下存在一系列与绘图相关的功能按钮命令。利用这些命令,操作者可以选择心仪的画笔颜色和笔型,然后在表格区域随心绘制,同时系统会记录下鼠标或触控笔的绘制轨迹,最终转化为图片使用。因为这组功能的出现,使得在表格区域自行绘制示意图成了可能。

◀))说明:

堀内立男（Tatsuo Horiuchi）来自日本长野县，于 2000 年开始使用计算机创作数字绘画。因使用 Excel 绘画而闻名，其代表作之一《雪の大倉》如图 4.12 所示。

图 4.12　堀内立男的作品

同时在"绘图"选项卡中还附加了公式识别功能，用于转化手写数学公式，解决了演示说明和公式输入的两大难题。"绘图"选项卡如图 4.13 所示。

图 4.13　"绘图"选项卡

◀))说明:

"绘图"选项卡是 Microsoft Office 团队统一推出的功能模块，如有需要，在 Word、Excel、PowerPoint 中均可以按照相同方式设置和使用，并不仅限于 Excel。

1. 开启"绘图"选项卡

因为该功能模块较新，默认状态下该选项卡处于禁用状态。打开工作簿后需要进入"文件"选项卡选择"选项"命令，在打开的"Excel 选项"对话框中选择"自定义功能区"，在右侧的"自定义功能区"下拉列表中选择"主选项卡"，然后在"主选项卡"列表框中勾选"绘图"复选框后单击"确定"按钮即可启动"绘图"选项卡，如图 4.14 所示。

图 4.14 中"删除工作表上的所有墨迹"和"删除工作簿中的所有墨迹"两项功能为自定义添加功能，因为与"绘图"功能关系密切，建议在开启"绘图"选项卡时一并添加。

图 4.14　启用"绘图"选项卡

2. 基本应用

开启"绘图"选项卡后就可以正式进入绘制过程，单击任意笔型即可进入绘图模式，表格的数据区域将成为画布，可以在此范围内任意绘制（相当于为绘图新增一个图层覆盖工作表区域）。

如需擦除可以选择如下 4 种方式：

（1）橡皮擦笔型直接擦除。

（2）利用套索工具选择后按 Delete 键删除。

（3）单步骤也可以直接应用撤销快捷键 Ctrl+Z 进行回退清除。

（4）可以一键清除笔迹，即直接使用"删除工作表上/簿中的所有墨迹"功能。

以上就是绘图功能的基本应用，在演示讲解表格时偶尔会使用到，可以有效增强讲解效果，如图 4.15 所示为实际书写效果及各笔型效果演示。

📑技巧：

> 所有的书写过程都会在后台记录，并可以通过"墨迹重播"功能进行绘制过程的再现。此功能可以用于梳理讲解思路，回顾绘制过程，增强说明效果。

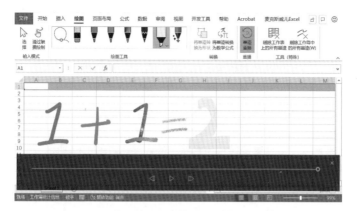

图 4.15　实际绘图、各笔型以及墨迹重播效果

3. 绘图与选择状态

掌握了"绘图"的基本应用之后，在操作过程中时常会出错、混淆的一个地方就是不知道该如何切换绘图和选择状态。在初次选择画笔进行绘图时系统会自动进入绘图模式，此时可以在表格区域进行绘制，鼠标无法对单元格继续操作，像是在表格上方覆盖了一层透明的画布一样。绘制完成后需要转换回原始状态对单元格进行操作时，常规的切换方法是通过单击"绘图"→"输入模式"→"选择"按钮完成切换，如果后续需要继续绘制则可以单击"通过触摸绘制"按钮返回绘制状态。两种不同状态下选项卡的情况如图 4.16 所示。

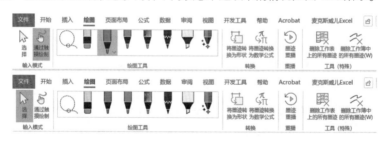

图 4.16　绘制与选择状态下的选项卡情况对比

在多数情况下，处于哪个状态下，输入模式组中哪个功能按钮就会处于激活状态。若两者都未处于激活状态，则默认为单元格的选择状态，通过此特性可以判断表格的当前状态。

◀))说明：

通常在绘图状态下画笔处于选中状态，因此图标中笔尖会稍微突出；而在选择状态下画笔没有被选中，因此画笔处于平齐状态。

4. 拓展功能应用

除基础功能外，"绘图"选项卡还提供了"将墨迹转换为形状"和"将墨迹转换为数学公式"两项特殊的绘制功能。其中，"将墨迹转换为形状"可以在演示时快速绘制标准图形而不需要专门切换到"插入"选项卡中选择形状进行插入，而"将墨迹转换为数学公式"则可以快速地输入包含有特殊符号的公式，通过书写的方式进行，所见即所得。

首先来看一下"将墨迹转换为形状"的效果，如图4.17所示为开启与禁用"将墨迹转换为形状"状态的绘制对比。其中第一排图形为在禁用状态下绘制，即使使用触控笔认真绘制线条也无法避免扭曲且图形不正，使用鼠标更是如此。而第二排则是在启用状态下进行的类似图形绘制，系统会自动对每一笔内容进行图形判断纠正，得到标准的图形形状。

📢说明：

> "将墨迹转换为形状"并不是应用型功能，不可以在绘制完后再单击该命令对已绘制的形状进行修改，而更像是一个状态开关，在打开开关的情况下进行绘制才会触发形状纠正，将墨迹转换为形状，使用时需要注意。

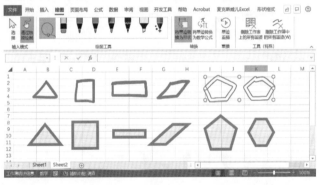

图4.17 开启和禁用"将墨迹转换为形状"效果对比

这项功能可以有效地提高在图形绘制方面的准确性，但在使用时请注意，一旦启用了"将墨迹转换为形状"功能，墨迹就从绘图板上撤离下来，被转化成独立的形状对象，只能在"选择"状态下选中和调整。例如，在图4.17中可以使用"套索"工具将五边形和六边形选定，墨迹部分可以选中，但已转化的形状因位于不同图层无法选中。

再看第二项功能"将墨迹转换为数学公式"。在使用计算机进行公式书写的早期，无论是Word，还是Excel，都是通过直接插入符号在文本中构建公式的，很多数学、物理符号难以找到，甚至无法找到，即使找到了显示效果也不好。到后来出现了"公式编辑器"（通过单击"插入"→"符号"→"公式"按钮打开），可以以一系列预设好的格式符号为模板编写公式，插入模板公式如图 4.18 所示，插入后的公式如图 4.19 所示。

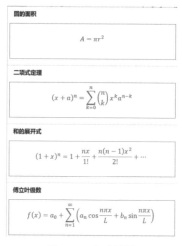

图 4.18　公式模板

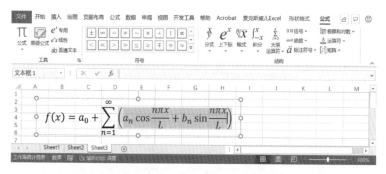

图 4.19　使用"公式编辑器"插入公式

但是到了现在，Excel 已经可以通过手写识别的方式快速完成复杂公式的输入，软件使用者也随着技术进步获得了更高的效率。"将墨迹转换为数学公式"功能演示效果如图 4.20 所示，单击该功能按钮后可以在"数学输入控件"面板的黄色区域中书写公式，对应识别结果就会在上方显示。同时配合下方"擦除""选择和更正"以及"清除"功能可以对公式不准确的部分进行校正。

以上便是"绘图"选项卡功能最为核心的部分，使用简单，效果出众，为原本单纯的数据处理维度增加了不一样色彩，常用于演示讲解和公式的输入。

$$f(x) = a_0 + \sum_{n=1}^{\infty} \left(a_n \cos\frac{n\pi x}{L} + b_n \sin\frac{n\pi x}{L} \right)$$

图 4.20　手写墨迹转换为数学公式演示

4.5　摆个 POSE 来照相

扫一扫，看视频

图片四兄弟中第二位要介绍的是"照相机"功能，它可以将单元格区域的任意显示内容实时地反映到一张图片上。乍看之下毫无特色甚至不知道可以解决什么问题，但是结合实际情况使用会有奇效，可以应用于图表的旋转、商用仪表盘多图表的合并、多表格内容的合并打印上。除此以外还有其他一些使用场景，本节以图表的旋转和商用仪表盘多图表合并应用为案例进行讲解说明。掌握一项功能的核心特性就可以在实际工作中灵活运用。

在默认状态下"照相机"功能按钮也处于隐藏状态，因此第一步需要在"文件"选项卡中选择"选项"命令，在打开的"Excel 选项"对话框中选择"自定义功能区"，在左侧的"从下列位置选择命令"下拉列表中选择"所有命令"，然后在下方列表框中选中"照相机"，并单击"添加"按钮添加到右侧自定义功能按钮组中，如图 4.21 所示。

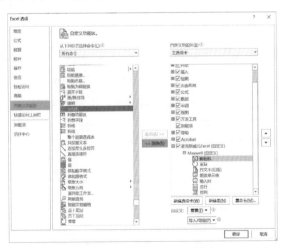

图 4.21　添加"照相机"功能按钮

◀))说明：

> 本书中涉及的很多强力的高级功能均隐藏在 Excel 后台，使用时需要预先在自定义功能区调出。因此再次说明，"所有命令"中包含的所有功能按钮清单是按照拼音首字母排序的，虽然数量众多，但是根据拼音排序和功能名称可以快速定位（也可以直接参考图示中滚轴的大致位置去寻找）。

开启"照相机"功能后在菜单栏对应选项卡位置可以找到该功能，接下来首先演示"图表旋转"案例。

1. 图表旋转

在 Excel 中制作数据图表用于工作汇报是很多职场人士的常规工作之一，而在选择数据图表类型时，Excel 已经提供了预设的十多种基础图表类型，可以满足多数情况的图表需求。但在精致的高级图表的制作过程中是不够用的，而在这些不足的情况中，有一种"横向瀑布图"就需要使用到"照相机"功能来完成图表的旋转。如图 4.22 所示为《经济学人》2019 年 2 月刊曾使用过的一张横向瀑布图（由笔者使用 Excel 图表模块仿制）。

◀))说明：

> 本案例重点想展示的是"照相机"功能的特性以及在实际工作中是如何灵活应用来完成任务的，不需要过分纠结自己是否能用上的问题。

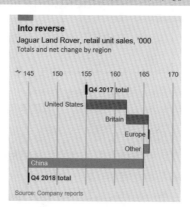

图 4.22　横向瀑布图（《经济学人》，2019 年 2 月）

首先应用 Excel 预设瀑布图类型完成基础图形的制作。选中原始数据 B2 到 C6 单元格区域后，在"插入"选项卡下的"图表"组中选择要插入的图表类型，此时选择"瀑布图"，插入图表后删除图表中的多余元素，如标题、图例等，如图 4.23 所示。

📢说明：

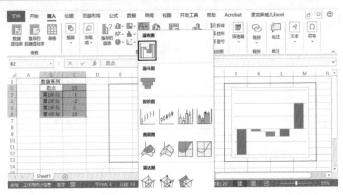

图 4.23　插入常规"瀑布"图

然后选择图表放置的区域，即 J2:M13，在自定义的位置单击"照相机"按钮，待鼠标指针变为十字形后单击 E2 单元格即可生成一张一模一样的图表，如图 4.24 所示。

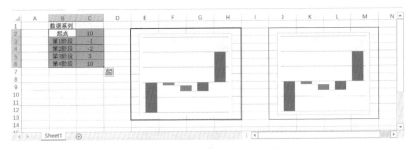

图 4.24　应用"照相机"功能的效果

单击新图表后会发现原来的"图表对象"转变为"图片对象"，该图片可以实时反馈所选区域范围内的信息。在 Excel 中图表本身不允许旋转，但图片可以，因此利用"照相机"功能将图表转化为图片显示后就可以完成旋转的任务。右击新图表的图片，在弹出的快捷菜单中选择"大小和属性"后，在右侧的"设置图片格式"窗格中将"旋转"设置为 90°，效果如图 4.25 所示。

📋技巧：

如何区分对象是图片还是图表？单击对象后注意观察菜单栏新增的灵动选项卡。若新增为"图标设计和格式"选项卡则为图表；若新增为"图片格式"选项卡则为图片。与之类似的还有对形状对象的判断等，可以自行探索。

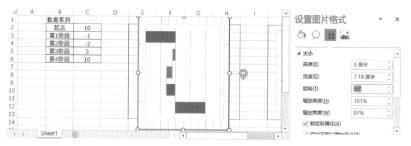

图 4.25　设置图片的显示效果

至此，利用图片的可旋转特性就完成了将常规瀑布图转化为横向瀑布图的任务。再补充说明以下两点：

（1）真实的图表中是存在文字的，如果一并旋转就无法正常阅读。对于这个问题一般的做法是提前将原图中的文字方向进行调整。如图 4.26 所示是制作纵向折线图的过程，同样，在 Excel 中的所有图表预设类型中并没有纵向折线图，可以先将文字方向调整再整体进行旋转。

📢说明：

图表中不同元素中蕴含的文字都有专门的参数可以调整，具体可以打开对应元素的文本参数窗格进行设置。

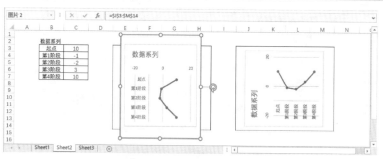

图 4.26　调整文字方向

（2）原始图表更新后新的图表会不会同步进行更新？答案是会的。虽然此功能的正式名称是"照相机"，但实际表现更像是"摄像机"或"摄像头"。与其将图片称为照片，不如称为"监控器"更准确，选定区域的所有变化都会如实地、实时地反映在图片上。举个简单的例子，如果现在将新图表与原始选择区域重叠一部分，可以看到如图 4.27 所示的样子，因而"照相机"具有实时反馈特性（也可以直接修改表格原始数据查看两张图表的变化是否同步）。另外，不建议重叠过多，这样很容易形成无限循环。

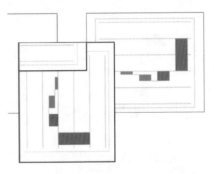

图 4.27   "照相机"实时更新的特性

2. 商用仪表盘多图表合并显示

利用 Excel 制作仪表盘作为数据分析结果的呈现是常见需求，但是复杂图表的数据组织过程本身就比较复杂，因此难以在一张表格中兼具数据存储、数据可视化和仪表盘的制作全流程。通常的做法是在一系列表格中，每张表格各自完成一个模块的数据存储与可视化工作，最终对图表进行汇总，形成专用的仪表盘工作表。商用报告仪表盘范例如图 4.28 所示。

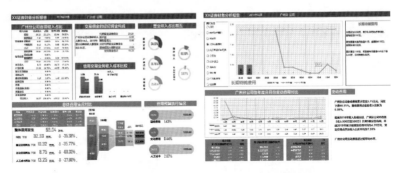

图 4.28   商用报告仪表盘范例（来源互联网）

由于数据图表均位于分散的工作表中，单纯通过复制粘贴完成仪表盘报表的汇总会产生以下问题：

（1）数据一旦发生变化就需要再次操作，造成重复工作。

（2）图表的格式调整容易出错，在选择对象时容易误操作。

（3）无法对原始数据进行保护。

遇到上述问题最好的办法就是使用"照相机"功能。接下来以一种全新的方法来完成相同的效果。现以图 4.24 和图 4.26 中两张图表作为子表合并为总仪表盘为例进行演示（案例演示较为简单，实际仪表盘的图表数、摆放比较复杂）。

首先选中 Sheet1 表格中图表所在区域，然后跳转到 Sheet3 汇总表格的目标位置后直接右击，在弹出的快捷菜单中选择"选择性粘贴"中的最后一项"粘贴为带链接的图片"。位于 Sheet2 表格中的图表也采取相同的操作完成，操作过程如图 4.29 所示。

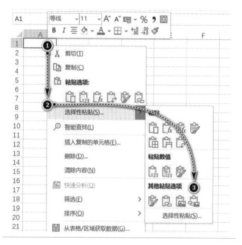

图 4.29　选择性粘贴为带链接的图片

☀ 注意：

　　常见的错误是直接复制图表本身，虽然图表本身可以直接粘贴为图片，但是无法粘贴为带链接的图片。两者有本质区别，前者不会实时更新原图的变化，而后者可以（这也是"带链接"的含义，图片和图表是相通的）。所以在复制时一定要选择图表所在的区域而非图表本身。

　　最终效果如图 4.30 所示。那么带链接的图片和照相机是什么关系？二者功能相似，但通过对照相机的讲解能更加深入和更容易理解其基本概念，而后者在应用层面会更便利。

　　至此，汇总的仪表盘获得了以下能力：①直接对各模块图表的图片进行调整，轻松且不容易出错；②自动更新分表对图表做出的新修改，无须手动再次汇总，提高效率。

📇 技巧：

　　在制作仪表盘的过程中，建议操作顺序为：首先规划总表盘，分模块且确定各模块大小后，在每张分表中设置专门的图表"照相"区域，如 A1:F10，后续只需要在分表中将图表插入该区域，通过"照相机"功能就可以实现自动汇总到总表的过程。

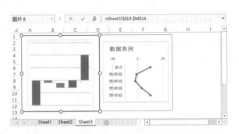

图 4.30　选择性粘贴为带链接的图片的效果

3. 引申说明（进阶部分）

不知道你有没有进一步思考，无论是"照相机"还是链接图片，其更本质的形式是什么？其实细心的同学可能在前面就已经发现，无论是通过"照相机"还是选择性粘贴为带链接的图片生成的图片，其公式栏中都存在特定的公式，如图 4.31 所示是在旋转图表案例中使用的结果图。

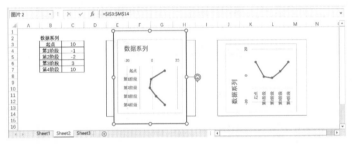

图 4.31　选择性粘贴为带链接的图片（公式）

不用纠结为何图片也可以书写公式，先来看看公式的内容，就是很简单地引用了之前选定的区域，在图中为 J3:M14 单元格区域，也就是原始图表的区域。有了这样的观察后甚至可以举一反三：随便绘制一个形状后输入公式，理应也可以创建出带链接的图片，实际操作进行验证，发现确实可以，如图 4.32 所示。

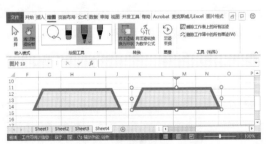

图 4.32　绘制任意形状并转化为图片

在"绘图"选项卡下的"转换"组中选择"将墨迹转换为形状"命令,利用绘图功能绘制一个任意的形状(也可以直接插入形状,目的为简单复习一下所学知识点),然后切换到选择状态复制形状,右击该形状,在快捷菜单中选择"选择性粘贴为图片"命令。

📢))说明:

> 形状和图片在 Excel 中是两种具有一定差异但很相似的对象,因为只有图片接受公式形式,因此要先将形状转换为图片后再输入公式。

接下来选中右侧的图片,在公式编辑栏中输入"=Sheet3!$A$1:$G$13"后按 Enter 键即可完成链接图片的构建,效果如图 4.33 所示。

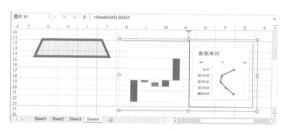

图 4.33　公式法构建带链接的图片

可以看到 Excel 会忽略原图片尺寸去适应公式中所引用的区域。使用公式法构建带链接的图片,分别可以提升图片管理能力和图标制作能力,这里简单为大家介绍一下。

(1)按条件读取图片。可以通过在图片中输入条件判定或查询函数来读取在单元格中存储的图片。因为本书侧重点并非函数公式,因此此处仅简单展示实现效果和关键步骤。如图 4.34 所示为通过改变性别条件,自动读取存储的性别图标。

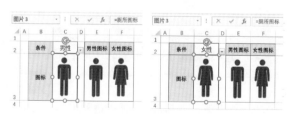

图 4.34　按条件读取图片

上述案例中图片的公式为"=厕所图标"。复杂公式的实现需要借助名称定义器进行名称的定义,此处的"厕所图标"即为已经定义好的名称。单击"公式"→"定义的名称"→"名称管理器"按钮，在弹出的"名称管理器"对话框中新建"厕所图标"，并将该名称的地址填写为：

=IF(Sheet5!$C$2="男性",Sheet5!$E$3,Sheet5!$F$3)

该公式逻辑判断 C2 单元格是否为男性，若是，则返回 E3 单元格；若不是，则返回 F3 单元格，这两个单元格已经分别存储了对应性别的图标。因此在图片中应用上述名称时就触发了公式法构建带链接的图片效果，直接返回对应图标。公式中的逻辑可以根据需要进一步复杂化，该功能最常见的具体应用是管理员工信息表中员工照片的查询读取（根据工号或名字读取照片）。

（2）图表标题的自动化读取。可以令图表的标题随单元格内容的变化而自动变化，免去手动修改的烦琐操作，如图 4.35 所示。

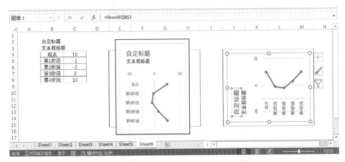

图 4.35　自动引用图表标题

通过在图表的标题元素中输入对应单元的引用即可实现标题自动化更新。如图 4.35 中所示的"自定标题"是通过在图表标题元素中输入公式"=Sheet6!$B$2"实现的，而非手动输入。若标题在后续的调整中发生了变化，可以直接在表 Sheet6 中的 B2 单元格进行修改，甚至可以直接在 B2 单元格中输入相关函数公式自动构成标题。

 技巧：

　　因为图表自带的标题元素调整限制较多，采用文本框手动构建标题是更好的选择。而在图 4.35 中的"文本框标题"就是通过相同逻辑构建的自动引用标题，也可以运用上述的技术。

以上就是对"照相机"功能及其相关技术的讲解和说明，因为逻辑链条较长所以在此简单总结。本节首先简单介绍了"照相机"功能的开启方式，然后分 3 个部分依次演示如何使用"照相机"功能进行图表的旋转、如何利用粘贴为带链接的图片达成相同效果合并构建仪表盘以及最后的引申说明。"照相机"功能的本质是引用链接，并讲解了图片引用和自动更新的图表标题这两种实际应用案例。

4.6 用图片分享表格

第三位出场的图片功能是"复制为图片"，是复制粘贴的一种附属功能。和 4.5 节中的选择性粘贴为带链接的图片以及"选择性粘贴"中的"其他图片"类别有紧密的联系。能够实现的效果就是将单元格区域转化为位图、矢量图等图片格式。

那能解决什么问题呢？最常见的一个应用场景就是表格内容的分享。常规情况下 Excel 文档的分享就是文档本身的发送、接收、传递。但是文件的传输通常步骤较多，管理不便。因此若是简单的信息传递常会通过图片或截取部分数据供预览、讨论、查看等，这种方式在多数情况下能基本满足要求，但通过截图分享会存在以下问题：

（1）范围受屏幕大小限制，长表格或是宽表格无法一次性截图。

（2）由于硬件设备的差异，图片清晰度会受影响。

（3）图片类型单一，无法形成无背景的透明图片。

技巧：

虽然绝大多数同学的计算机中都有各自熟悉的截图软件，但是在临时需要截图时可能需要专门去打开并不是很方便，而使用 Excel 中自带的截图功能（"插入"选项卡下的"插图"组中的"屏幕截图"命令，如图 4.36 所示），再配合本节所介绍的"复制为图片"功能，可以很好地满足日常工作需要而且比较高效。

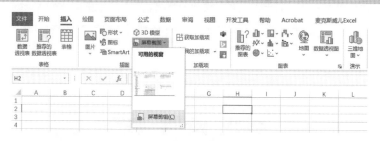

图 4.36　Excel 自带的截图功能

而使用"复制为图片"功能则可以很好地解决上述问题，并增强分享效果。这里以一张有 30 行的长表格分享为例进行演示。因为长表格一屏显示不全，无法一次性截图分享，同时即便应用缩放比例（参见 3.2.5 小节显示内容缩放比例相关内容）也会导致显示内容过小看不清，所以在全选表格区域后，单击"开始"→"剪贴板"→"复制"按钮，在展开的下拉菜单中选择"复制为图片"命令，原始数据与操作过程如图 4.37 所示。

> 此功能也有专用的功能按钮，可以在"Excel 选项"对话框中添加。

单击按钮应用后弹出"复制图片"对话框，如图 4.38 所示。这里提供了 3 种"外观"和"格式"的组合模式："如屏幕所示+图片""如屏幕所示+位图"和"如打印效果"。

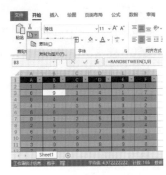

图 4.37 "复制为图片"按钮 　　　图 4.38 "复制为图片"模式选择

1. "如屏幕所示+图片"模式

此处选择"如屏幕所示+图片"的默认状态即可。复制完成后在任意位置进行粘贴即可，效果如图 4.39 所示。不难发现，原表中未填充的部分在图片化之后也保持着透明的状态，这是图片模式最大的一项特征；另外也可以看到图中的图片在放大后并没有出现失真、模糊的情况，因为复制的图片是 Vector 矢量图（图例中表格图片缩放率为 300%）。因此这种模式适用于将 Excel 中的成品表格分享至 Word 文稿以及 PowerPoint 幻灯片中，可以保证格式不变，并保持完美的清晰度。

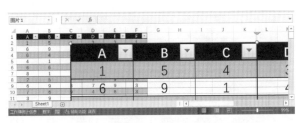

图 4.39 "如屏幕所示+图片"模式效果图

 技巧：

> 若不希望图片出现透明部分，可以统一对表格所有部分进行白色底色填充后再进行其他格式的设置，或对透明部分单独使用白色底色填充。

📑**技巧：**

> 粘贴生成的图片也可以保存为独立文件，Excel 本身不支持表格内的图片直接"另存为"。"另存为"的独立图片文件依旧可以保持透明背景的特性，但要求格式为.png。如果有将复制得到的图片独立保存的需求，可以借助 Word 文档/PowerPoint 幻灯片或系统原生的"画图"软件，其中 Word 和 PowerPoint 本身支持直接将图片"另存为"。

2. "如屏幕所示+位图"模式

接下来按照相同的操作，改变"复制图片"模式为"如屏幕所示+位图"再进行一次表格的图片化复制，效果如图 4.40 所示。

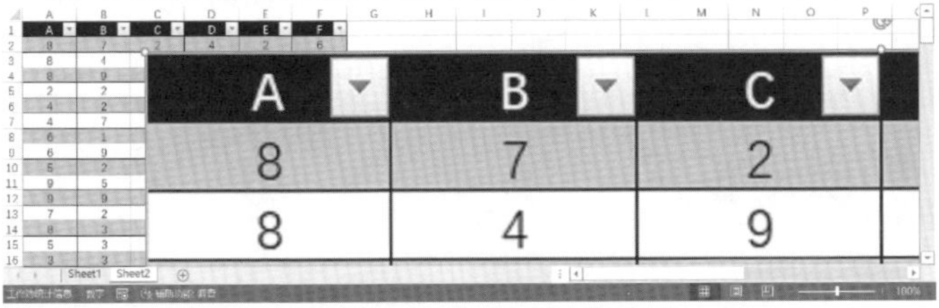

图 4.40　"如屏幕所示+位图"模式效果图

位图（Bitmap）也称为点阵图、栅格图等，日常截图得到的图片就是位图，而此前选择的"图片"格式更准确地说是矢量图，最终呈现效果的差异也可以说是这两种类型图片的特性区别。

在同样的数据源和缩放比例下，可以清晰地看到图 4.39 和图 4.40 中两张图片在清晰度上的差异，位图在放大后会逐渐模糊，而矢量图不会；原始表格中未进行填充的部分在"位图"格式下会自动填充为白色。

位图的优势是通用性更强。并非所有软件都支持矢量图的传播，在一些最常见的社交、工作沟通软件中，默认都是以位图的形式进行图片传输。所以在选择使用何种格式的图片时，要考虑到图片的目标使用场景。

📑**技巧：**

> 在一部分社交软件中，可以直接识别"剪贴板"中的表格内容，因此可以复制表格中的单元格区域后粘贴到聊天框，快速完成图片分享。

3. "如打印效果"模式

改变"复制图片"模式为"如打印效果"再进行一次表格的图片化复制，效果如图 4.41 所示。可以看到透明情况和清晰度与矢量图相同，但是相关的功能模块被隐藏了，如筛选按钮，更符合直观的阅读需求。

🔊说明：

除此以外其他的一些显示特性均会以"打印预览"效果为标准进行调整，如网格线在此模式下复制为图片时不会显示出来。

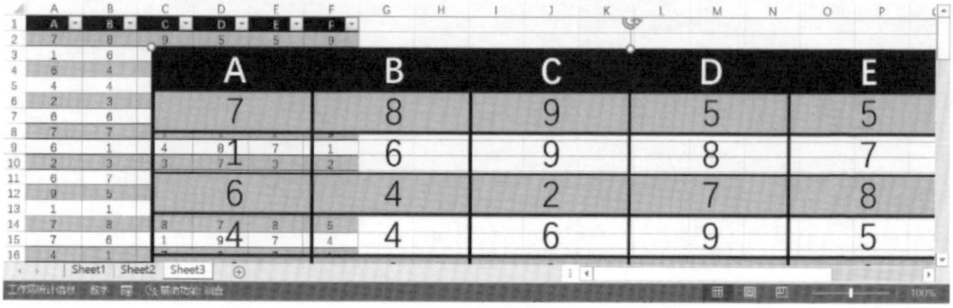

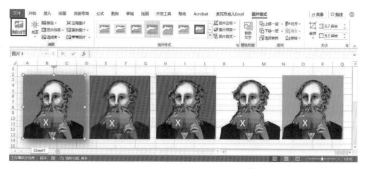

图 4.41　"如打印效果"模式效果图

4.7　自动抠图

最后一位出场的图片功能是"自动抠图"，作为"小弟"功能，与前 3 位"大哥"相比，逻辑上会简单很多。它所发挥的效果和它的名称一样，可以为导入的图片删除背景，完成自动抠图的效果。其中最为常见的应用就是为证件照更换底色，不需要 PS，不需要专业的照片处理软件，不需要注册登录在线抠图网站，直接使用 Excel 就能完成。

如图 4.42 所示为一张待换底色的照片头像，单击选中图片后在新增的"图片格式"→"调整"组中单击"删除背景"按钮即可开启抠图功能。

图 4.42　开启"删除背景"功能

应用"删除背景"后进入抠图模式，可以看到图片中出现大量自动识别的紫色区块，同时选项卡结构与功能发生改变，如图 4.43 所示。

图 4.43　抠图模式下的选项卡与图片

图 4.43 中人像周围的阴影区域为系统自动识别的"要删除的区域",若图片本身颜色对比强烈,可以较为准确地判定抠图边缘(一般是背景识别)。若存在大色块也能够更加迅速和准确地进行判定。若效果不理想则可以使用功能按钮"标记要删除的区域"进行增加,使用方法为单击按钮后在图中对应需要保留的部位"画线",Excel 会在小范围进行纠正。若要删除的区域过多,可以使用功能按钮"标记要保留的区域"进行恢复。最终将图片标记至合适范围后单击"保留更改"按钮即可完成抠图,所有标记删除的区块会显示为透明。最后只需要选中图片后在"开始"选项卡下的"字体"组中应用目标填充颜色即可。如图 4.44 所示为更改填充底色操作过程以及不同底色的效果图。

图 4.44　更改照片底色

4.8　三重加密更安心

本节主要介绍数据安全的问题,Excel 也提供了一组功能来满足这部分需求。保护数据安全分为两类:主动保护和被动防护,本节主要介绍如何主动保护数据的安全。在 Excel 中,主动保护分为 3 个级别,从内向外分别是工作表级别、工作簿级别和文档级别。

1. 工作表保护

"保护工作表"和"保护工作簿"功能按钮都位于"审阅"选项卡下的"保护"组中，如图4.45所示。

图 4.45 "保护工作表"和"保护工作簿"按钮

在默认状态下只需要单击"保护工作表"按钮，并在弹出的"保护工作表"对话框中输入密码和确认密码后就可以对本工作表的全部单元格进行保护。通过此项功能，可以确保没有密码的操作者无法对表格内容进行修改，仅拥有查阅权限，若强行修改则会弹出警告提示。工作表保护功能应用和效果如图4.46所示。

图 4.46 工作表保护功能应用和效果

📑技巧：

> 若仅为防止误触，可以不输入密码直接开启工作表的保护。

除了上述基础的保护功能外，通过详细设置还可以自定义保护的表格范围、保护程度以及设置独立的区域保护密码。

（1）自定义保护表格范围。首先选择表格中的任意位置并右击，打开"设置单元格格式"对话框，切换至"保护"选项卡（打开"设置单元格格式"对话框的快捷键为Ctrl+1），可以看到两个复选框，分别是"锁定"和"隐藏"，如图4.47所示。

图 4.47　切换至"保护"选项卡

在默认条件下"锁定"选项处于选中状态,而"隐藏"选项不选中,这代表的含义是所有单元格在默认状态下都接受"保护工作表"的保护,而且单元格中的公式会在公式编辑栏显示不进行隐藏。简而言之,"锁定"复选框控制保护工作表的保护范围,而"隐藏"复选框控制在保护状态下是否隐藏公式编辑栏中详细的公式内容。"锁定"与"隐藏"的选中状态与保护效果说明见表 4.1 所示。

表 4.1　保护状态与保护效果概述

是否锁定	是否隐藏	效　　果
锁定	不隐藏	默认状态,该单元格受保护工作表影响会被保护,但单元格内公式内容会显示于公式编辑栏
锁定	隐藏	最强保护,该单元格受保护工作表影响会被保护,且单元格内公式内容会隐藏,保护状态下无法查看
不锁定	不隐藏	不受保护
不锁定	隐藏	虽然未处于锁定状态,但因勾选了隐藏属性,该单元格依旧会受到工作表保护功能的影响。效果和常规单元格类似,虽然不受操作限制,但无法查看单元格公式内容

📢说明:

关于保护工作表对输入范围限制的详细应用将会在 5.1.1 小节中进一步讲解。

(2)保护程度设置。在应用工作表保护时,"保护工作表"对话框中存在非常多的复选框,勾选相应复选框可以调整保护的严格程度,如图 4.48 所示。

图 4.48　设置工作表保护程度

可以看到默认选中项为"选定锁定单元格"和"选定解除锁定的单元格"。这里一定要注意的是选中项为允许执行的操作，而未选中项则是一律禁止的操作。因此在默认状态下选中的两项代表即便进入了保护状态也依旧可以选择表格中的任意单元格，不论是否在锁定状态。而通过选中其他选项可以自定义保护的开放程度，如选中"使用自动筛选"则可以在保护状态下依旧正常使用筛选功能，具体需要根据实际的需求进行保护程度的设置。

（3）设置独立区域保护密码。在"审阅"选项卡下的"保护"组中还可以看到"允许编辑区域"功能按钮（见图4.45），该按钮可以辅助实现对表格内独立区域独立密码的管理。单击该按钮后，会弹出"允许用户编辑区域"对话框，如图4.49所示。

图 4.49　"允许用户编辑区域"对话框

在"允许用户编辑区域"对话框中单击"新建"按钮，在弹出的"新区域"对话框中输入对应的标题、引用范围和密码，然后单击"确定"按钮即可设置若干独立的专用管理区域，在工作表被保护时可以使用独立的密码进行锁定的解除，以实现专人用专用密码在专用区域进行数值录入以及其他操作的管理，修改效果如图4.50所示。

图 4.50　"允许用户编辑区域"的设置效果

图 4.50 中对表格中的 H5 单元格进行了独立允许编辑区域设置，然后启用工作表保护。在修改常规单元格时会弹出警告提示，而在修改 H5 单元格时会提示"请输入密码以更改此单元格"。此功能适用于防止通过特殊渠道获得表格的人员随意修改表格内容。

📢说明：

> 工作表的保护表与表之间是独立的，多表的保护和取消保护需要单独设置。如果工作簿中表格数量较多，需要批量保护或取消保护，则推荐安装使用市面上的 Excel 功能插件进行功能拓展。

2. 工作簿保护

　　第二层级的表格保护是工作簿保护，主要保护的是多个工作表的结构，防止随意对工作簿内的表格进行增删、修改，"保护工作簿"按钮位于"审阅"选项卡下的"保护"组中（见图 4.45）。一般情况下，会在工作簿中各工作表操作完成后开启。单击"保护工作簿"按钮可弹出"保护结构和窗口"对话框，如图 4.51 所示。

图 4.51　"保护结构和窗口"对话框

　　在此对话框中输入密码后单击"确定"按钮即可开启工作簿保护。默认是开启对工作簿"结构"的保护，包括不允许随意增删工作表、不允许更改工作表标签颜色、无法重命名和移动表格、无法隐藏和取消隐藏表格等。除此以外可以看到存在另一种"窗口"模式，目前是处于灰色的禁用模式。该模式在早期的 Excel 版本中可以使用，可以完成对 Excel 窗口大小的保护和锁定，不允许调整窗口大小、不允许进行最大化或最小化等，但在目前新版本中均已默认禁用，处于闲置状态。

📋技巧：

> 日常工作中建立复杂的综合表格或是汇报表格，对于原始数据以及一些辅助数据通常会采取隐藏的措施，同时也不希望阅读者主动去恢复查看。因此经常在对表格隐藏后同步进行工作簿保护，利用密码确保无关人员无法查看后台数据信息。

3. 文档密码保护

最后一层保护为文档密码保护，即直接为文档设置专用密码。设置密码的文档在打开时会提出询问，要求输入密码，若无正确密码则无法对文件进行阅读，是最外层也是最严格的保护。文档级别的功能设置一般位于"文件"选项卡中，而文档开启密码的设置需要单击"文件"→"信息"→"保护工作簿"按钮，在展开的下拉菜单中选择"用密码进行加密"命令，如图 4.52 所示。弹出的"加密文档"对话框如图 4.53 所示。

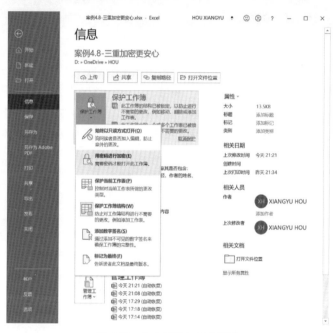

图 4.52　为文档添加开启密码

图 4.53　"加密文档"对话框

☀注意：

　　尽量避免将密码设置为如 000000、123456、111111 以及出生日期等简单且泛滥的形式，也尽可能避免与个人信息相关。此类密码是极容易被攻破。日常工作中的密码可以采取"公司/部门/项目字母缩写+与项目相关的数字"的形式。尤其注意，要保存好密码谨防丢失，因为无法恢复。

如图 4.52 所示，除了严格的文档密码保护外，在"保护工作簿"下拉菜单中还提供了"保护工作表"和"保护工作簿结构"的选项，并显示了对应的状态，同时还额外提供了 3 种辅助保护或提示措施："始终以只读方式打开""添加数字签名"和"标记为最终"。

（1）始终以只读方式打开。选择"始终以只读方式打开"选项后，在文档打开过程中 Excel 会弹出"只读提示"，如图 4.54 所示。用户可以自行选择是否以只读形式开启，并没有强制保护，仅作为提示，主要用于防止误操作修改数据。

图 4.54　只读提示

若以只读方式开启文档则不允许将修改的内容直接保存在源文件中，需要使用"另存为"命令保存，保存提示如图 4.55 所示。

图 4.55　只读文档保存提示

（2）标记为最终。若开启文档的"标记为最终"功能，则相当于作者对文档进行了最终版标记，也不建议后续修改，因此会禁用编辑相关的功能，标记为最终的文档保存提示如图 4.56 所示。

图 4.56　"标记为最终"文档保存提示

提示方式与开启只读模式有些许区别，在重新开启文档后可以看到在公式编辑栏上方提示"标记为最终"，如图 4.57 所示。在此状态下，与编辑相关的功能都不能使用，菜单栏也被自动部分隐藏。但因为并非强制性保护，属于善意提醒，可以通过单击右侧"仍然编辑"按钮恢复常规状态进行修改、编辑。

📢**说明：**

> 很多外部分享、下载的文档在打开时会出现相关不允许编辑的提示，其实就是因为开启了上述"始终以只读方式打开"和"标记为最终"两种模式。

图 4.57   "标记为最终"编辑阻止提示

值得注意的是，在单击"仍然编辑"按钮，恢复常规状态之后，若执行了"保存"操作，则所做的最终标记会清空，需要重新标记。标记状态可以在"文件"选项卡下的"信息"栏中的"保护工作簿"右侧详细信息中查看，如图 4.58 所示。

图 4.58   查看标记状态信息

（3）添加数字签名。最后一种附加的保护方式比较特别，叫作"添加数字签名"。数字签名的作用类似于实体签字，用以证实文件的真实性。在 Excel 或其他 Office 套件中用于证明该文件出自本人之手并且没有修改。在微软官方给出的支持文档中给出的定义如下：

数字签名是电子邮件、宏或电子文档等数字信息上的一种经过加密的电子身份验证戳。签名用于确认宏或文档来自签名人且未经更改。

💡**注意：**

> 正规的数字签名要求公认的证书颁发机构登记授权出具后方可发挥效果，并非

简单地将个人签字或印章"数字化""图片化"。例如，部分银行网银"U 盾"也兼具个人数字签名的功能。若需要在 Excel 中运用数字签名，可以向微软官方合作证书颁发机构申请。

以上就是 Excel 中进行数据主动保护的大多数功能与服务，因为总体种类比较多，现简单地进行总结回顾，并梳理逻辑。首先简单回顾一下本节介绍的 7 种保护方式，如图 4.59 所示。

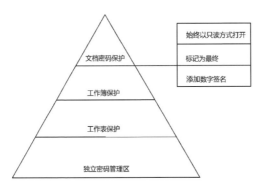

图 4.59　Excel 中的 7 种主动保护方式

从图 4.59 可以看出，文档密码保护、工作簿保护和工作表保护为主体，是最为常用的保护手段。在最内层的"工作表保护"上拓展了"独立密码管理区"的衍生功能；在最外层"文档密码保护"级别，除了常规的文档密码保护外，还额外介绍了 3 种标记文档状态的保护方式。

在初步了解了三级保护的使用方法后，可以从更宏观的层面去感受各种保护方式。对比此前的保护逻辑，不难发现在最初介绍的"密码保护"属于强制性保护，没有密码就无法查看，无法进行操作；"始终以只读方式打开"和"标记为最终"属于提示性保护，简单提示不做要求；而"添加数字签名"属于验证性保护，可以确保数据的来源和准确性。每种方式各有特色，需要根据实际场景进行选择。

4.9　定时保存，杜绝意外

除了主动保护外，还需要为文档添加一些"被动保护"。被动保护主要防范的是软硬件层面的意外情况，如软件的崩溃、运算量过大导致的崩溃、忘记保存、意外关闭、断电、硬盘部分扇区损坏等"黑天鹅"事件。在上述情况下，数据本身很容易在未保存的状态下损毁甚至是直接消失。因此在使用 Office 套件以及任何其他带定时保存的软件时，请开启"文档定时保存"功能，并将定时间隔设置在合理范围内。

1. 定时保存

选择"文件"选项卡下的"选项"菜单项，打开"Excel 选项"对话框，在"保存"栏中找到"保存工作簿"区域，勾选"保存自动恢复信息时间间隔"复选框，具体间隔时间设置得越短，系统运算负担就会越重，可以结合计算机性能进行设置，一般为 3~5 分钟，案例中使用的是 1 分钟间隔，最后单击"确定"按钮即可，如图 4.60 所示。

图 4.60 设置间隔时间，开启定时保存

通过设置定时保存功能，Excel 会在后台间隔固定时间后自动对文档进行保存。此时即便出现上述的任意情况导致在未手动保存的情况下关闭了软件，数据也不会丢失。Excel 会在下次打开时自动恢复至最后一次自动保存的文档，最后只需要提取该文档执行"另存为"即可恢复正常工作。如此一来丢失最多的工作量就被限制在了设置的间隔时间范围内，有效地保护了数据安全。

定时保存的临时文件均默认存储在 C 盘，如有需要可以直接在以下目录中提取文件。默认地址为 C:\Users\XXXXX\AppData\Roaming\Microsoft\Excel\。

☜ 注意：

手动保存的良好习惯依旧要保持，并不能完全依赖定时保存。定时保存是意外情况突发时的后备措施。

2. 自动保存

对于 Microsoft 365 版本订阅用户，建议除本地定时保存外，再配合微软 OneDrive 云盘进行文件的自动保存，可以进一步提升文档的安全性和分享效率。例如，可以实现对文件的不同历史版本恢复，设定只允许在云端删除文件，在其他任意联网计算机上直接开始工作，可以高效地通过链接分享工作文件等。OneDrive 功能非常强大，而且使用方便，在本地映射文件夹后使用方式和日常管理文件并无区别，此处简单介绍其大体的使用流程。

为了便于使用，首先将 Microsoft 365 订阅配套的 OneDrive 云盘映射至本地文件夹，具体按软件指示操作即可，也可以查看官方 OneDrive 使用指南，映射后的效果如图 4.61 所示。

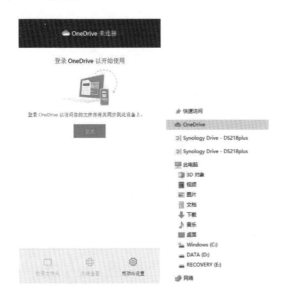

图 4.61　OneDrive 管理界面及本地映射效果

◀))说明：

"映射"是指建立服务器文件目录和本地文件目录的对应关系。

映射完成后可以看到在本地资源管理器的文件目录下新增属于 OneDrive 的目录。登录账户后就可以按照正常文件夹的使用方式来使用 OneDrive 文件夹。与之不同的是，在该文件夹下的所有文件都会经由互联网自动后台同步至微软 OneDrive 云服务器（可以自定义详细同步设置，且文件类型不仅限于 Office 文档）。

云端保存的最大优势有两点：一是保证了文件的安全性，本地的任何问题都不会影响到云端文件的存储，云端服务器的维护由专业团队负责，稳定性高于个人维护；二是文件的共享性和迁移性提高，在任意地点、任意设备上可以轻松地继续工作，文件的分享也可以直接通过链接传递给工作伙伴。但总体劣势是隐私性有一定程度的降低，且较为依赖网络条件，可以根据自身工作环境的实际情况选择。

对于 Excel 本身以及其他 Office 套件文档来说，在开启 OneDrive 同步后可以在软件左上角开启"自动保存"功能，获得文档实时自动更新备份的能力，如图 4.62 所示。

图 4.62　开启"自动保存"

第 2 篇

数 据 分 析 篇

第 5 章　输入不规范，同事两行泪

工作中数据处理的过程主要分为数据导入、清理、分析和可视化 4 个主要的环节，实际操作中还会根据分析结果进行决策并发现新的问题，再循环进行数据的收集、导入，最终形成一个完整分析闭环，并不断地重复整个流程。其中的数据导入是后续分析的基础，就好像大厨烹饪需要先采购食材一样。

为什么突然说这个呢？因为从本章开始将介绍如何使用 Excel 完成数据分析的相关工作，此处先带大家了解主要的流程，后续章节也是大体依据数据分析工作流程进行的划分。本章作为数据处理篇的开篇，将带大家学习和掌握在 Excel 中关于提高输入效率、预防错误数据输入的常用操作技巧和功能命令。

本章主要涉及的知识点有：

- 输入提示以及限制重复值等其他非法输入。
- 下拉及多级下拉菜单的制作。
- 规避数字有效位数的输入限制。
- 记录单输入、记忆式输入、特殊符号插入以及数据核对。
- 填充柄的特殊填充、模式切换和快速填充。

✎提示：

本章在功能学习的基础上也提供了大量提升效率的技巧。

5.1　闲人免进，限制非法输入

本节首先介绍 Excel 中为提升输入数据质量而采取的各种限制非法数据输入的方法。限制非法数据输入可以限制输入的单元格范围，可以限制输入内容的长度范围，可以限制其是小数还是整数，可以限制小数的位数，可以限制日期时间范围，甚至还可以创建多级下拉菜单通过选择选项进行准确输入，防止重复值的出现。综上所述，使用 Excel 的操作和功能命令来提高数据输入质量就是本节的学习目标，一起出发吧！

5.1.1　限制允许输入的范围

实际工作中有一个常见的场景：自己设计好了一张表格需要分发给部门同事填写，但是表格的表头、日期等框架部分并不希望被有意或者无意地修改。这个时候作为表格的设计人员就需要限制表格允许输入的范围，即设定哪些区域允许修改、哪些区域不允许修改。

这项功能可以通过在 4.8 节中讲解过的"保护工作簿"和"保护工作表"两个功能按钮结合完成。前者可以防止表格本身被删除或者移动，后者可以设置不允许修改单元格区域。接下来，通过实例操作讲解其中的原理。

步骤 1：准备好分发填写的表格。在这里以一个简单的活动调查问卷表为例。

步骤 2：全选整张表格并设置单元格格式。可以通过单击表格横纵轴坐标栏左上角的交叉处全选或者使用快捷键 Ctrl+A 全选表格。全选表格后可以在表格任意位置右击，在快捷菜单中选择"设置单元格格式"命令，或按快捷键 Ctrl+1，即可打开"设置单元格格式"对话框。原始表格和操作过程如图 5.1 所示。

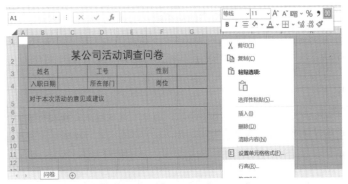

图 5.1　全选表格并打开"设置单元格格式"对话框

☀注意：

> 输入法可能影响快捷键的正常使用。

步骤 3：在打开的对话框中切换至"保护"选项卡，勾选"锁定"和"隐藏"复选框后单击"确定"按钮，如图 5.2 所示。这里的"锁定"代表所选的单元格区域在"保护工作表"时会被纳入保护范围，如果不勾选，则在保护工作表时不会对这个单元格生效。勾选"隐藏"复选框的作用是在保护工作表状态下，单元格内的公式不再可以通过公式编辑栏查看，是对公式内容更加彻底的保护。

图 5.2　勾选"锁定"和"隐藏"复选框

步骤 4：选中允许输入的单元格区域按步骤 2、3 操作取消勾选"锁定"复选框，如图 5.3 所示。步骤 3 中已将整张表格范围进行了锁定设置（相当于所有范围都不允许修改），因此这一步需要开放允许输入的区域，如图 5.3 所示。同时选取多个不连续的单元格区域，可以按住 Ctrl 键再进行选择，或应用快捷键 Shift+F8 进入连续选取状态进行选择。

图 5.3　反选设置允许输入的区域

 技巧：

　　如果允许输入的区域较少，则先全选"锁定"再解锁允许输入的区域；如果允许输入的区域较多，禁止输入的区域较少，则先全选解除"锁定"再对禁止区域进行"锁定"。操作策略取决于实际需求。

步骤 5：开启保护工作表和保护工作簿。在"审阅"选项卡下的"保护"组中分别单击这两个按钮，可以打开不同的对话框，分别如图 5.4 和图 5.5 所示。这两项功能都可以输入自定义的密码（也可以不填写），根据实际需求设置即可。如果需要取消保护，再次单击对应的按钮即可。

📢说明：

　　使用保护工作表功能在设置密码时还可以选择其他的限制选项，进行更加灵活的工作表保护，但这不是本节重点，可以自行选择使用，这些选项控制的是保护的程度。

图 5.4 保护工作簿

图 5.5 保护工作表

步骤 6：尝试输入和修改。在开启保护工作表功能后，可以进行输入。在输入过程中会发现如果尝试修改所有刚才锁定的区域，系统将不允许修改并弹出警告提示，如图 5.6 所示。所有取消锁定的区域则可以自由修改，不受影响。

图 5.6 警告提示

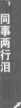

保护工作簿发挥的作用则是不再允许对工作簿结构进行修改，如新增表格、对表格进行重命名、复制移动表格等，相关操作功能按钮或命令将呈灰色，如图 5.7 所示。

图 5.7　开启保护工作簿后不允许进行的操作

5.1.2　限制数据输入的类型

5.1.1 小节中介绍了对输入范围的控制，以保证数据不会被输入不允许的区域。那么针对某个单元格内所输入的内容是不是也可以进行约束呢？毕竟在实际工作中，还有大量的不规范数据是在内容上存在问题，如手机号多输了一位或少输了一位、选择号码时需要整数却输入了小数、输入一个会议预约的日期不小心写成去年的某一天等。这些问题都可以通过"数据有效性"得以解决。详细操作步骤如下。

步骤 1：打开本小节对应的案例文件，原始数据表格如图 5.8 所示。为了更好地说明问题，案例文件将上述 3 个问题合并在一个文件中。实际问题会独立出现在综合性表格中，但基本逻辑是一致的。

说明：

建议跟随步骤操作练习以加深印象，达到更好的学习效果。因为很多操作细节方面的信息无法通过文字一一呈现，但是可以通过操作过程弥补。

图 5.8　原始数据

步骤 2：为"录入手机号"列设置输入长度的限制。首先选中 B 列内容，单击"数据"→"数据工具"→"数据验证"按钮（也可以在下拉菜单中选择），如图 5.9 所示。"数据验证"是 Excel 中用于约束数据输入的一项非常重要的工具，很多输入问题都可以通过它解决。

☀ 注意：

很多初学者容易犯的错误是不选择列内容直接打开数据验证设置规则，最终发现设置没有效果。所以要注意提前选择好设置规则的区域，选择了哪些区域进行数据验证，哪些区域才会被限制。

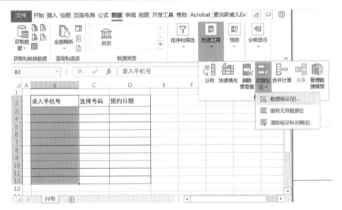

图 5.9　开启"数据验证"

在"数据验证"对话框中，切换至"设置"选项卡下依次完成"允许""数据"和"长度"字段的设置，如图 5.10 所示。在这里需要约束手机号码的输入，因此依次选择和填入"文本长度""等于"和 11，其含义为在选中的单元格区域中，只允许输入文本长度等于 11 位的内容。这样就能够有效防止在输入手机号的过程中出现多一位或少一位的情况。

📣说明：

> 在"设置"选项卡中还有两个选项需要说明：①"忽略空值"的含义是允许存在空白单元格而不受数据约束影响，如果取消勾选则不允许单元格为空；②"对有同样设置的所有其他单元格应用这些更改"的作用是，如果在很多地方都设置了一样的约束规则，后续想要批量修改时可以直接选中该选项，则对该约束规则的调整会应用到具有相同规则的所有单元格中。

图 5.10　限制文本长度等于 11

除常规约束外，还可以为约束条件设置"提示信息"和"出错警告"。其中"提示信息"可以实现在鼠标光标悬停在单元格上方时给出提示语句的功能，如提示"请您输入手机号码。"，设置方法与实现效果如图 5.11 所示。

图 5.11　输入提示信息设置和效果

"出错警告"则是在输入不满足要求的数据时弹出的窗口，如显示"数据不符合要求，请重新输入 11 位长度的手机号码！"，设置方法与实现效果如图 5.12 所示。

📢说明：

> "出错警告"信息的设置的样式有：停止样式，该样式下错误数据严格不允许输入；警告样式，输入不规范数据时会弹出提示，可以选择是否保留不规范数据；信息样式，会在弹出提示的同时直接保留不规范数据。三种方式约束严格性逐步下降，根据实际需求选择即可。

图 5.12　出错警告信息设置和效果

步骤 3：为"选择号码"列设置输入整数的限制。首先选中整列内容，单击"数据"→"数据工具"→"数据验证"按钮（还可以按快捷键 Alt-A-V-V，按键需依次按下）。

在"数据验证"对话框中，为选中区域设置"整数"的允许输入范围，并将具体的要求设置为"介于 0 到 99"。如此一来，所有在 0～99 范围外的数据都不再允许输入，同时范围内的也必须是整数才可以输入，如图 5.13 所示。

图 5.13　限制只允许输入 0～99 范围内的整数

📢 注意：

　　步骤 4：为"预约日期"列设置输入日期范围的限制。操作方法同样在"数据验证"对话框中完成。

　　在打开"数据验证"对话框后，依次设置"允许"为"日期"，"数据"为"介于"，"开始日期"为 2021/1/1，结束日期为 2021/12/31，如图 5.14 所示。设置时请注意输入规范的日期格式，年月日间可以使用斜杠"/"或短横线"-"，非法格式无法正确生效。例如，使用"."，则会弹出数据无效的提示信息，如图 5.15 所示。

图 5.14　限制只允许输入 2021 年范围内的日期

图 5.15　无效的日期数据

　　除了上面介绍的三种限制方法外，Excel 所能提供的限制条件及类型见表 5.1。所有的设置方法均相同，大家可以根据实际的数据要求进行约束、提示和警告。其中，较为特殊的"序列"类型和"自定义"类型，将会在接下来的几个小节中，结合具体工作中的问题进行说明。

表 5.1 数据验证的所有类型、限制条件和说明

类 型	限制条件	说 明
任何值	无	默认状态，相当于无任何限制可以随意输入数据
整数	介于/未介于、等于/不等于、大于/	仅允许输入整数，具体范围可以通过限制条件进行设置
小数	小于、大于等于/小于等于	允许输入整数和小数，不允许输入文本，具体范围可以通过限制条件进行设置
序列	自定义列表	只允许输入自定义列表中的内容，如1、2、3
日期	介于/未介于、等于/不等于、大于/小于、大于等于/小于等于	允许输入日期类型，具体范围可以通过限制条件进行设置
时间		允许输入时间类型，具体范围可以通过限制条件进行设置
文本长度		限定允许输入的内容长度，具体范围可以通过限制条件进行设置
自定义	自定义公式	只有当输入的内容经过公式判断为真才允许记录

5.1.3 精准输入不出错（下拉菜单）

在前两个小节中已经依次解决了输入范围的限制和输入内容类型的限制问题，已经很好地规避了大量不规范数据的输入，但即便如此还是会发现汇总的数据中有一些"调皮捣蛋"分子会输入千奇百怪的内容。例如，利用 5.1.2 小节学习的数据验证功能约束了"婚姻状况"单元格的填写文本长度必须为 2，这样虽然有效地规避了填写"已结婚""还在考虑"等不统一的内容，但是无法进一步约束填写"已婚""未婚""单身"的情况。面对这样的问题，可以通过数据验证中的"序列"限制类型，严格要求这个单元格只能够填写"已婚/未婚"或者是"已婚/单身"的选项，而且用户可以直接通过下拉菜单进行选取。这样既提升了输入的效率，也为后续的数据统计分析奠定了良好的基础（数据非常规范，相同的含义填报的内容是完全一致的），也就再也不会出现填写调查问卷答案既有大写 A 也有小写 a，填写性别时既有"男性/女性"也有"男/女"的复杂情况，做到精准输入不出错。具体如何完成和设置呢？一起来看看吧。

步骤 1：准备原始表格，如图 5.16 所示。实际工作中字段多在综合性表格中的某一列或几列，这里就只挑选其中重要的部分演示，具体操作方法是一样的。

图 5.16　原始表格

步骤 2：选择"婚姻状况"列，打开"数据验证"对话框，如图 5.17 所示。在"允许"下拉菜单中选择"序列"，并勾选右侧的"提供下拉箭头"复选框，最后在"来源"文本框中直接输入合法选项，选项之间用英文输入法下的逗号"，"间隔即可。

◀**说明：**

> 明确一下概念，序列的限制类型是约束单元格只能输入清单中的内容，本身和下拉菜单没有任何关系。下拉菜单的开启需要勾选右侧的"提供下拉箭头"复选框。但是因为下拉菜单非常重要，一般都默认勾选，所以在日常使用时会心照不宣地认为序列的限制类型等同于下拉菜单。

图 5.17　设置"序列"限制类型

设置完成后单击"确定"按钮返回，可以看到单元格下拉菜单的效果，如图 5.18 所示。单击单元格后在单元格右侧会产生一个小的倒三角符号，单击后可以看到之前所设置的选项以下拉菜单的形式呈现，通过直接单击选择相应选项即可完成输入，精准又高效。

图 5.18　下拉菜单效果

　　除了上述直接输入序列选项的方法外，还可以引用单元格地址进行序列的读取，甚至还可以通过定义名称的方式将表格中的清单内容存储起来一并放到序列中，该方法可以更加方便地修改下拉菜单中的内容，所以更适用于变动较为频繁的选项。接下来的步骤就用这种设置方法完成对"性别"列选项的设置。

　　步骤 1：在表格中输入"性别"列的选项清单并为其创建名称，如图 5.19 所示。添加选项清单内容，并选中选项区域，选择"公式"→"定义的名称"→"定义名称"命令，在弹出的"新建名称"对话框中依次输入名称和引用位置，为下拉菜单创建名称。

📢说明：

　　还记得在 3.1.6 小节中已经使用过的定义名称吗？此处也是名称的一项应用，简单复习一下：是对某个单元格区域单独命名，方便后续引用。可以类比理解为军队中为部分士兵进行编队，这个编队的过程就相当于"定义名称"。

图 5.19　为下拉菜单定义名称

　　步骤 2：选中"性别"列，打开"数据验证"对话框完成设置，如图 5.20 所示。可以直接在选择完"序列"的限制类型后在来源中设置名称（需要在名称前面加上"="，如果没有等号会认为是以第一种方法进行选项的输入）。

Excel 会自行判断有没有这个名称的数据，如果有就整体引用过来，在案例中就是"男性/女性"，最终实现的效果和第一种方法相同，但此时如果修改单元格中的内容，下拉菜单中的内容会自动同步修改，非常便利。

📑技巧：

> 实际操作中，下拉菜单的制作经常会是批量的。这个时候我们会新建一张空表格用于存放所有下拉菜单中的数据，并在定义完名称之后隐藏该表格。如果需要修改下拉菜单中的内容，可以恢复隐藏的表格，直接对单元格的内容进行修改，非常方便。也符合前后台数据分开的理念，工作簿整体会更加工整。

图 5.20　在"数据验证"中引用名称

5.1.4　多级联动下拉菜单

在看过了 5.1.3 小节的下拉菜单之后，肯定有一部分善于联想的同学会想：下拉菜单在市面上的各个 App 中还有网页中都出现得非常频繁，现在能够在自己的表格中应用已经非常好了。但是实际上下拉菜单还有一种升级版，叫作多级联动下拉菜单。例如，在网上购物填写地址时就经常出现，先在第一列中选择省份，然后第二列出现该省份下对应的地级市清单供使用者进行选择，非常方便。而在我们自己的工作中其实也面临相同的需求，能否使用 Excel 实现呢？当然可以。所用到的技巧是 5.1.3 小节的升级版：批量定义名称和引用函数。现在一起来看看如何实现吧。

步骤 1：准备各级清单数据，如图 5.21 所示。为便于演示，这里做三级的联动菜单，打开对应的案例文件即可，所使用的数据是从省份到地级市再到各

Excel 高效手册

大区。更高级别的下拉菜单使用相同的原理可以制作，但操作量会偏大，在 Excel 中并不推荐这种方法。

技巧：

不同级别的下拉菜单选项需提前制作好，并按照一定的规律进行放置会更便于后续增删、修改，建议每个级别单独放置，不容易混淆也方便批量创建名称。

	A	B	C	D	E	F	G	H	I	J
1										
2		省份		广东省	浙江省	福建省				
3		广东省		广州市	温州市	福州市				
4		浙江省		深圳市	宁波市	厦门市				
5		福建省		东莞市	杭州市	泉州市				
6										
7		广州市	深圳市	东莞市	杭州市	温州市	宁波市	福州市	厦门市	泉州市
8		荔湾区	罗湖区	莞城区	上城区	鹿城区	海曙区	鼓楼区	思明区	鲤城区
9		海珠区	福田区	东城区	下城区	龙湾区	江北区	台江区	翔安区	丰泽区
10		天河区	南山区	南城区	江干区	瓯海区	鄞州区	仓山区	湖里区	洛江区
11										

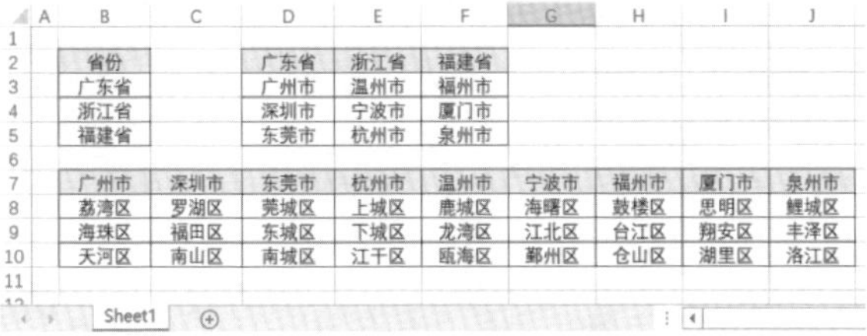

图 5.21　原始数据

步骤 2：为各级别下拉菜单批量创建名称，如图 5.22 所示。所有的下拉菜单数据信息都存放在名称中，便于后续制作下拉菜单时引用而不需要逐个选取，提高工作效率。

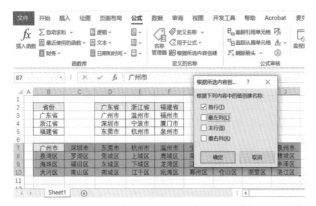

图 5.22　批量创建名称

因为 Excel 有批量根据首行/首列创建名称的功能，数据设置成类似的格式可以快速完成几个、几十个名称的创建（名称本身要位于首行或首列等）。

先选中下拉菜单区域，单击“公式”→“定义的名称”→“根据所选内容创建”按钮，打开相应对话框。因为标题都放在首行，因此只需要勾选“首行”选项单击“确定”按钮即可。完成后可以在同组下的“名称管理器”中找到批量定义的名称。第一、二级名称的定义按照相同方式完成，这里就不演示了。如果数据源采取的是水平平铺的形式，可以一次性将所有下拉清单名称定义完成。

技巧：

在定义完名称之后，建议大家在"名称管理器"中查看名称定义是否正确，因为可能会遇到部分标题名称是不被系统所允许的情况。通过检查可以有效避免这类错误的出现。

步骤 3：创建第一级下拉菜单，如图 5.23 所示。这一步可以直接参考 5.1.3 小节相关内容完成，也可以通过纯操作方法来引用下拉菜单。

首先选中目标区域，打开"数据验证"对话框，设置"允许"为"序列"类型，"来源"不需要手动输入，选择"公式"→"定义的名称"→"用于公式"命令，在相应的下拉菜单中选择对应的字段名称即可。

图 5.23　引用名称添加序列来源

步骤 4：创建第二级下拉菜单，如图 5.24 所示。这一步同样使用"数据验证"对话框，对"序列""来源"进行设置时，需要使用到 INDIRECT 函数，先应用该函数再讲解其工作原理。单击 I3 单元格，因为需要将二级下拉菜单应用在 I3 单元格，并打开"数据验证"对话框，在"来源"文本框中输入公式"=INDIRECT(H3)"。

注意：

如果在设置完成单击"确定"按钮后出现提示"源当前包含错误，是否继续"，直接单击"是"按钮即可。出现原因是第一级暂时没有从下拉菜单选择内容，无法返回结果。

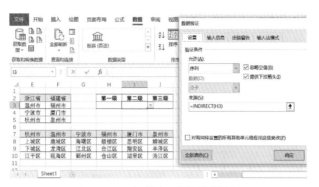

图 5.24　二级联动下拉菜单的添加

　　为什么要输入这个公式呢？H3 单元格代表的就是第一级下拉菜单中选择的项目，既然第二级的内容需要联动第一级的选择结果，所以要对上级的输入有一个判断的依据。

　　这里可以假设在第一级选择了"广东省"，第二级应当出现的是广东省下面的地级市清单，所以把 H3 单元格放进来是要得到第一级的选择结果。但是要注意，直接输入"=H3"是行不通的，虽然从表面上看 H3 单元格等于"广东省"，"=H3"就应该等同于"=广东省"，按照下拉菜单的逻辑就应该把广东省这个名称所代表的内容作为第二级下拉菜单的选项。可是实际上 Excel 并不会这么认为，这是因为 H3 单元格读取来的内容是一个普普通通的"字符串"，也就不会作特殊判断，不会想到有一个定义好的名称就叫"广东省"。

　　看到这里会不会觉得软件挺傻的呢，所以我们要把它"叫醒"，明确地告诉 Excel 我们读取的内容是很重要的，不是文本，你需要按正式流程先判断它是不是名称再进行后续的处理，这个地方的"叫醒"它，使用的就是 INDIRECT 函数，详细说明见表 5.2。

表 5.2　INDIRECT函数说明

语　　法	定义	说明
INDIRECT (ref_text, [a1])	返回由文本字符串指定的引用，此函数立即对引用进行计算，并显示其内容。如果需要更改公式中对单元格的引用，而不更改公式本身，请使用函数INDIRECT	定义是微软官方提供的，比较晦涩，简单来说就是把文本转化成引用。区别在于，对于后者系统会判断输入的内容是不是定义的名称，而前者不会

　　因此在 H3 单元格中套用 INDIRECT 函数后，系统会将读取到的"广东省"视为一个特殊的引用，优先判定名称管理器中是不是已经定义了这样的名称，如果有就进行读取。因为在步骤 2 中已经为所有的二级下拉菜单定义了名称，

所以系统会将"广东省"这一名称所代表的"广州市、深圳市、东莞市"返回，下拉菜单最终的呈现也会是这三项，并且随着一级下拉菜单的选择结果而联动变化，完成二级下拉菜单的制作。

📢说明：

> 另外常用的情况是激活文本地址，如 A1 单元格中存放了文本字符串 666，H3 单元格中存放了文本字符串 A1，那么这两个公式分别返回什么结果呢？① =INDIRECT(H3)；②=INDIRECT("H3")。可以当作思考题想一想，答案②返回 A1，①返回 666。函数不是讲解重点，这里拓展一点点知识目的是加深大家对多级下拉菜单的理解。

步骤 5：创建第三级下拉菜单并查看效果，如图 5.25 所示。使用步骤 4 相同的方法可以完成第三级以及更大层级的多级联动下拉菜单的制作。这里介绍一个可以快速完成的方法，无论多少层级都可以直接使用，1 秒创建完毕，即直接使用填充柄（鼠标移动到第二级单元格右下角，待鼠标变为十字形），按住鼠标左键向右拖动即可，有多少层拖动到多少层。原理是公式中刚才输入的 H3 在向右拖动一次之后自动变成 I3，恰恰好在第三级读取了第二级的选择结果，其他什么都不需要调整。

✎提示：

> 到了更大的级别后下拉菜单设置的操作上不会更加复杂，拖动即可，但原始数据的准备会更烦琐（级数增长），因此建议的使用级别一般在 3~4 级及以下。

图 5.25　三级联动下拉菜单效果

至此就完成了一个简单的三级联动下拉菜单的制作，如果后续要进行内容的修改，直接在表格下拉菜单数据源的部分修改即可。如果要增加下拉内容，需要在定义名称里面调整所代表的范围。如果删除了部分内容，要注意下拉菜单也会相应地出现空白选项。

5.1.5　防止重复输入

到目前为止我们已经掌握了不少强力的提高输入质量的方法了，可以使用下拉菜单、多级联动下拉菜单来精准输入，也可以限制输入的范围和类型。这个时候有同学可能要提问：我的数据有很多重复项都是多余的，能不能规避掉呢？这个问题得分两种情况，如果是外部的数据有重复值怎么处理，我们将会在第 6 章教大家让数据变干净的方法；另外一种情况就是数据源是由自己输入的，那么就需要提前规避防止重复数据在输入的过程中产生。虽然说可以当个"事后诸葛亮"，在输入完之后再清除重复项，但在输入过程中就规避了问题也能够更节省工作量。运用到的技巧是"数据验证"的最后一项"公式约束"，以下是详细步骤说明。

步骤 1：要直接对某一列进行重复值的限制，如 A 列，是目标输入列，也就是要求在此列中输入过的内容不允许第二次输入。

在正式制作之前要搞清楚重复值的本质是什么。重复值就是在一列中做计数统计，其中结果超过 1 的都是重复值。我们要做的事情就变成了每当一个新的内容输入之后，就判断这个内容在整列中有没有出现过，如果算上自己是 1 那么可以，请进；如果算上自己是 2 那就不好意思了，一张票还想进来两个人，想得美，请您再买张票回来。基本逻辑就是这样，我们要借助一个统计函数 COUNTIF 来看看这张"票"到底有没有被人用掉，COUNTIF 函数说明见表 5.3。

表 5.3　COUNTIF 函数说明

语　　法	定　　义	说　　明
COUNTIF(range, criteria)	一个统计函数，用于统计满足某个条件的单元格的数量。例如，统计特定城市在"客户"列中出现的次数	统计符合条件的内容出现的次数，range 为要统计的范围，选择一个单元格区域即可，在案例里面是 A 列；criteria 为条件，表示要统计满足什么条件的单元格数量，在案例里面选择当前单元格即可，表示统计当前单元格中的内容在整列中出现的次数

步骤 2：设置重复值限制的数据验证规则，如图 5.26 所示。先选择范围，打开"数据验证"对话框，并选择"允许"类型为"自定义"。在这个模式下可以使用公式来完成条件的限制，是最为灵活的模式，相应也需要更大的学习成本。为了规避重复值，可以在公式栏中输入"=COUNTIF(A:A,A1)=1"。

这条公式使用 COUNTIF 函数统计 A 列中 A1 出现的次数，如果等于 1 则允许进行输入。也就是说，如果是第一次输入才允许，之前如果输入过内容则统计结果会返回 2，因此不允许输入。这里面有一个同学常有的理解困惑：明明公式中只写了 A1，为何可以对整列的内容生效？这是因为公式中的 A1 单元格没有锁定，如果单独选中 A2 单元格，打开其"数据验证"对话框会发现"公式"栏中写的是"=COUNTIF(A:A,A2)=1"，其他单元格以此类推，逻辑上是没有问题的。选中整列输入公式的核心目的是批量输入公式，工作更有效率。

📽️技巧：

> 选中区域去输入公式、条件格式、数据验证规则时，其实都只是在区域的左上角单元格中输入公式，注意看图 5.26 中的第一个单元格的颜色和其他不同，它就是活动单元格，盯住它。而其他公式可以理解为系统自动通过填充柄拖动形成的，可以给我们省去不少时间（因为地址采取了相对引用的方式，所以拖动之后会对应改变目标引用地址）。

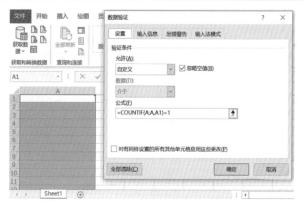

图 5.26　设置重复值限制规则

设置完成之后可以简单测试一下效果，正常输入是没有问题的，但是一旦出现重复值，就会自动弹出出错警告不允许输入，如图 5.27 所示。

🕯️注意：

> 数据验证的判定时间是在输入完内容后，即按 Enter 键的那一瞬间。所以告诉大家一个小秘密，如果你在其他地方填写好内容，再使用复制的方式粘贴到应用了约束规则的单元格，数据验证不会发现它是重复值。对的，你没有看错，它不会发现。这也引申出一个问题要注意，不要认为数据验证是绝对的、极其严格的，它不像保护表格的密码那样，它更多的是辅助我们更好地管理数据，可以理解为防"君子"的失误，不防"调皮捣蛋"的行为。

图 5.27 防止重复值输入的效果

扫一扫，看视频

5.1.6 标记重复值

之前没遇到这样的技巧，重复值都被输进去了，能不能找出来再逐个排查，保留正确的项呢？当然可以，如果你不希望在输入的过程中被警告提示打断，也可以使用"标记重复值"的方法完成重复值的提示，直接规避重复值的输入，操作步骤如下。

步骤 1：数据准备。一列已经输入并且存在重复值的数据，如图 5.28 所示。这一次直接从输入的状态开始，并且在不知情的情况下已经产生了重复值。

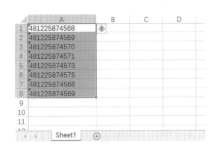

图 5.28 标记重复值原始数据

📢说明：

有同学可能不理解数据的输入有那么容易出错吗？先不说比较特殊的情况，正常情况下人的犯错概率就是偏高的，即便有 95%的正确率，在重复了 100 次之后，完全不出错的可能性也极低，大家可以猜一下概率大概是多少？ $P_{(完全不出错)}$=0.0059，也就是 0.6%，还没算上如果马虎一点、输入的过程中逐渐眼花、输入次数再多上一百次，再遭遇一下如图 5.28 所示的这种输入货单号的情况，那出现错误可以说是在所难免。因此，如果能够通过系统、机器的方式帮助我们在一定程度上降低输入错误，可以有效提高工作成果的质量（财会等对数据有严格要求的行业，可能还会对数据进行双倍输入，最终通过对比两次输入的结果来判定出错情况）。

步骤 2：设置标记重复值条件格式，如图 5.29 所示。选择 A 列数据部分（也可以整列选取），在"开始"→"样式"→"条件格式"下拉菜单中找到"突出显示单元格规则"，在级联菜单中选择"重复值"选项。在弹出的"重复值"对话框中设置突出显示的格式，根据需要自行设置即可。这里选用默认的"浅红填充色深红色文本"，最终效果如图 5.30 所示。

图 5.29　添加重复值突出显示条件格式

图 5.30　重复值突出样式和标记效果

设置完成后可以看到所有的重复值都被突出显示，这时候只需要关注重点重复项即可。使用这种方法不会弹出任何弹窗干扰输入。如果输入过程中出现了特殊标记，停下来检查即可。

如果实际的数据量很大，有 100 行、1000 行，乃至 10000 行，即便标注出来，效果也可能会相差非常大。所以在此基础上可以细微调整，通过"双层排序"来解决这个问题。

步骤 3：规范表格结构开启"筛选"功能，如图 5.31 所示。因为后续要利用"筛选"进行排序，所以首先在顶部插入一行空行，添加标题，选中整个 A 列，单击"数据"→"排序和筛选"→"筛选"按钮。

图 5.31 规范数据结构开启筛选功能

步骤 4：对数据应用降序/升序排序，如图 5.32 所示。先执行第一次排序，因为出现了重复值，所以在排序的过程中，相同的内容会自动聚集在一起，这就是我们的目的。

图 5.32 对数据进行排序

"排序"功能可以在"数据"选项卡下的"排序和筛选"组中找到，单击"升序"和"降序"按钮，也可以使用完整排序功能，这里比较简单，直接使用"降序"即可。更方便的是通过筛选应用排序功能。

步骤 5：对数据应用颜色排序，如图 5.33 所示。第二次排序，就是针对颜色进行排序。对的，颜色也是可以排序的，可以利用这个特性把"天各一方的朋友们"都送到眼前。

具体操作就是单击"筛选"按钮，然后单击单元格右侧的按钮⬇，在下拉菜单中选择"按颜色排序"命令，选择对应的色块就可以了，多个颜色也可以进行排序，既可以按照单元格的填充排序也可以按照字体的颜色排序。

📢说明：

关于排序更详细的说明，可以参见 7.2.1 小节中的内容。

图 5.33　按颜色排序

最终效果如图 5.34 所示，可以看到相同的重复值排列在了一起，并且所有的重复值都在顶部，可以非常方便地进行比对、挑选、删除，保留目标数据。

🔔注意：

在进行排序之前，一定要确认是否需要恢复原始顺序，以及现有数据能否直接恢复。如果不能，则需要提前建立索引列以恢复排序，操作详情见第 7 章。

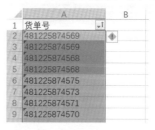

图 5.34　按颜色排序最终效果

5.1.7 身份证号输入错误

除了上述提到的由人为操作习惯导致的输入问题外，还有一种常见的数据输入错误是由系统所引发的，这就是数据字段超 15 位有效数字问题。最典型的就是身份证号的输入，还有单据或者编码是纯数字而且比较长，也会遇到相同的问题。这些长数字，无论是直接输入还是通过复制粘贴的方式，在输入后都会丢失一部分信息，如图 5.35 所示。

图 5.35 身份证号输入错误

可以看到 18 位的身份证号在输入单元格后，自动使用了科学记数法表示；同时可以看到编辑栏中最后 3 位数均变为了 0，原值应是 111111222222223345，存在信息丢失的问题。

而这一切都是数值类型"惹的祸"。在 Excel 中对超过 11 位的数据会自动使用科学记数法表示，而且数值的最大有效位数只有 15 位，因此对于长数字编号而言，应使用"文本类型"。

◀))说明：

> 科学记数法表示不只针对正的大数字，也针对负数和非常小的数字。绝对值大于 10^{11} 或者小于 10^{-9} 时会自动转变，一般这类数字可以通过缩小/放大单位的方式来处理。

对于具体超长数字代码输入的问题的解决方法很多，在此介绍最常用的两种方法。

1. 使用文本引导符"'"强制文本输入

在正式输入数据前使用英文输入法下的单引号进行引导后，数据就会被 Excel 识别为文本进行存储，如图 5.36 所示。这里仔细看会发现，在本案例中编辑栏中有单引号，但是单元格中并不会显示，这是文本识别符生效的标志，如果输入中文状态下的单引号则无法生效。虽然因为单引号的加入整体变成了文本字符串数据保留了下来，但是因为单引号是作为文本出现的，依旧会显示出来，不方便使用，所以在输入时必须注意。

🔊 注意：

> 除了文本引导符外，在公式编辑栏中输入的所有非文字内容，即这些功能性符号，如运算的数字、引号、括号、运算符等，都必须要求是半角的、英文输入法下的才可以生效。在使用 Excel，尤其在输入公式时请务必谨记这一点！

图 5.36　强制文本输入

2. 调整单元格格式为"文本"后输入

步骤 1：预设单元格类型为文本型，如图 5.37 所示。在正式输入数据前，选中待输入数据的区域，找到"开始"选项卡下的"数字"组中的单元格类型下拉菜单，选择其中的"文本"类型即可。通过这一步操作直接将单元格类型设置为"文本"，然后再输入。

步骤 2：粘贴或输入超长数值，最终效果如图 5.38 所示。之后在这个准备好的单元格区域中，无论是直接输入还是复制粘贴都可以完美地把超长数据完整地存储下来。

图 5.37　调整单元格格式

图 5.38　文本类型输入效果

总的来说，对于少量的数据推荐使用第一种方法，在输入的过程中顺手就调整了，而且还不受外界的影响。第二种方法则在数据比较多的情况下使用，如一整列的编码都是这种情况，可以选中整列进行类型变更之后再粘贴。

📢说明：

> 　　你可能会发现无论采取哪种方法解决问题，在单元格的左上角都有一个绿色的小三角。这是 Excel 发现异常点在提示你，因为在 Excel 中数值才是正规的被接纳用于后续统计分析的类型，文本型的数值虽然由数字组成但是在很多函数中无法识别，容易产生不易察觉的错误。因此 Excel 发现了这种问题会好心提醒是否需要将他们转化成数字，如果需要，单击"！"后选择转化为数字就可以了。这一点在后续的章节中会进一步探讨。

5.1.8　语音朗读防出错

扫一扫，看视频

　　你知道吗？Excel 还会念书朗读，所谓只要客官胆子大，来段 Rap 都不怕。打住打住，现实没那么夸张，但这是真的。而且如此高大上的功能早在 2007 版的 Excel 中就已经推出，但是隐藏得比较深，知道的人少，使用的也少，可以说是被"雪藏"到了今天。

　　为什么要介绍这个功能呢？和数据的输入有关，是因为我们可以使用该功能来辅助我们输入，提高输入数据的准确率。常规输入过程中最容易出现的问题就是输入错误，而防止这类问题最常见的方式是，输入两次再拿结果作比对，我们在注册 App、网站账户时输入的密码和确认密码就是这个意思，虽然很有效但成本较高，5.2 节也会讲到这个比对的方法。

　　但是在这儿，通过 Excel 语音朗读，就可以在输入的过程中同步朗读输入的内容进行确认，就好像两个频道都在讲一件事，交叉印证会更保险。或者是在闭目养神的过程中通过语音进行复核。接下来就来看看如何设置和使用。

　　步骤 1：打开后台选项设置添加功能，如图 5.39 所示。从"文件"选项卡中的"选项"中进入"自定义功能区"或者"快速访问工具栏"，这里选择"自定义功能区"。然后在左侧的命令列表中选择"所有命令"，保证当前版本所有功能按钮都包含在内。

　　步骤 2：添加语音朗读相关功能，如图 5.40 所示。功能列表中的功能都是通过拼音进行排列的，通过输入关键词"朗读"查找到以下 4 项功能并添加到右侧选项卡列表中。

图 5.39　添加自定义功能准备

步骤 3：开启输入时朗读单元格，如图 5.41 所示。跟输入相关的朗读功能是 "输入时"，也称为 "按 Enter 开始朗读单元格"。单击后开启，开启朗读状态后，任意输入内容后按 Enter 键，系统会自动将输入的内容朗读出来（这个过程无法图示，对这个功能感兴趣的同学可以自行尝试一下）。

图 5.40　添加朗读相关功能

图 5.41　开启朗读

📢说明：

　　其余的 3 个朗读功能按钮实际上是一个非实时的朗读。可以在选择好需要朗读的单元格区域后单击 "朗读单元格" 按钮开始朗读，"按行" 和 "按列" 按钮是用于控制朗读的顺序方向。

5.2　质量不放过，效率也别想跑

　　5.1 节专门针对如何提升数据输入质量给大家介绍了几种在实际工作中最容易遇到的问题场景以及对应的解决方法和技巧，质量是上去了，但是效率也不能放过。所以本节将会对一些在输入过程中可以提升效率的小技巧进行说明，如利用记录单进行数据输入、活用记忆式输入、快速插入日期时间/特殊符号以及关于数据复制粘贴的不同模式。综上所述，本节的目标是提高数据输入的效率，现在起航出发！

5.2.1　记录单输入数据

扫一扫，看视频

先给大家介绍一种专用于输入数据的 Excel 内置表单功能。现在有一张 5 个字段的表格需要输入数据，如图 5.42 所示，正常的输入顺序是在表格中一行行地填写，如果知道使用 Tab 键和 Enter 键的切换操作倒还好，但即便如此，在输入数据多了之后就会面临一些问题：①容易误操作到非目标单元格；②不能准确地对应当前字段要填写什么内容，字段越多越容易看错。记录单可以很好地解决这些问题，提升输入的效率。

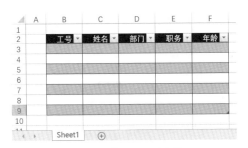

图 5.42　待输入原始表格

步骤 1：Tab 键和 Enter 键操作到底是什么？在正式说明记录单功能之前，先讲解一下常规的输入操作方法。这是日常基本操作，理解其运行规律是很有必要的。尝试用三句话说明白：

（1）按 Tab 键使活动单元格向右走一步，按 Enter 键向下走一步。

（2）快捷键 Shift+Tab 和 Shift+Enter 分别对应向左和向右走一步。

（3）连续按 Tab 键向右移动后按 Enter 键，除了会向下走一步外，会回到第一次按 Tab 键的那一列，也就是跳到下一行的开头处，如图 5.43 所示。

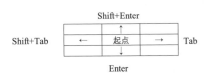

图 5.43　Tab 键和 Enter 键操作说明

步骤 2：开启记录单输入数据，如图 5.44 所示。记录单和照相机、语音朗读等功能一样，都不是 Excel 的"门面"功能，因此需要在后台选项设置中添加，基础的设定方法在前面已经详细说明，按照类似的操作找到"记录单"添加即可。如果你使用的 Excel 版本是 2016 版及以上，也可以在选择好表格字段后在软件界面的搜索栏中搜索"记录单"直接开启。

☝注意：

如果在开启过程中遇到提示"这无法应用于所选区域。请选择区域当中的单个单元格，然后再试。"可以通过正确选择表格输入区域解决。允许的选择方式有：①选中整张表格；②选中所有标题。建议直接套用表格格式，升级表格为智能表，如此可以选择在表格的任意位置开启记录单。

图 5.44　利用功能搜索开启"记录单"

📄技巧：

对于常用的不在默认选项卡中的功能按钮，一般会选择添加到自定义功能区或快速访问工具栏。对于不常用的非默认选项卡功能有时想要使用，临时打开比较麻烦。这些时候都会使用到"搜索"功能来完成，非常方便。全过程只需要记住几个简单的关键字即可，如照相机、朗读等。另外已经在选项卡中的功能按钮，如果实在找不到了也可以进行搜索，但是建议对于默认的布局尽量少使用"搜索"，多熟悉按钮放置的逻辑会对功能有更深入的理解，也能提升工作效率。

步骤 3：记录单开启后效果如图 5.45 所示。可以看到记录单界面分左右两个部分，左边用于输入，右边放置功能。其中最大的特色就是每次输入的都是一条记录（指原表中的一行），而且改为纵向，字段名称都显示在左侧。提示清晰，输入的准确度和效率就上去了。右侧功能包括记录的一些操作，如记录选择、切换、新建、删除等，可以自行尝试。

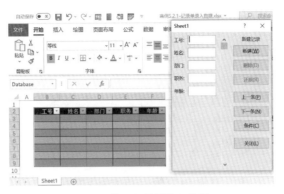

图 5.45　使用记录单输入数据 1

步骤 4：开始输入，如图 5.46 所示。尝试在记录单中输入一些数据，你会发现操作依然是使用 Tab 键和 Enter 键，连逻辑都和步骤 1 中说明的差不多，四个方向全都可控，使用 Tab 键可以进行记录内左右字段的切换，使用 Enter 键可以进行记录内上下字段的切换，每输入完一条记录进行确认之后内容就会自动更新到表格中。

◄))说明：

记录单功能和 5.1 节使用的数据验证不冲突。

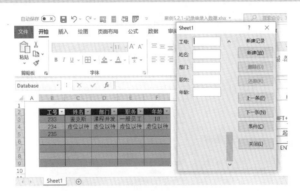

图 5.46　使用记录单输入数据 2

5.2.2　快速输入带单位的数据

在日常工作中，经常能够看到不同的表格中会出现带单位的数据，如 1 吨、2 米、3 个、4 件等，如图 5.47 所示。虽然有一部分是数值和单位分开两列存储，但也有大量的数据和单位两者混淆在一起。这样带来的问题是：①输入麻烦，每次要单独输入；②后续的数据统计会受到影响，最终还是要将数据和单位拆分。

数量	单位
12	km
43	km
456	km

数量
12km
43km
456km

图 5.47　带单位的数据样本

可以利用数字格式的方法，使数据输入完成后自动添加单位。这样既没有输入单位的烦恼，也没有后续影响数据分析的担忧。操作如下：

利用单元格格式为 A 列设置统一的单位 km，如图 5.48 所示。首先选中目标单元格区域，案例中是 A 列，然后打开"设置单元格格式"对话框，在"数字"选项卡中找到"自定义"选项，在"类型"栏中输入代码 0" km"，其中 0 代表的是数据部分，英文输入法下双引号的内容代表自动在数字后面添加的内容，这里添加的是一个空格加单位 km。

图 5.48　自定义格式代码设置

完成设置之后，在 A 列任意单元格中输入数据都会在后面自动添加单位，而实际数据不会受到影响。可以使表格更美观，提升易读性，效果如图 5.49 所示。

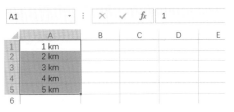

图 5.49　自动添加单位效果

📑技巧:

所有的自定义格式、条件格式功能都不会对实际数据造成影响，它们只是数据穿上的不同外衣。要想辨别真伪可以通过公式编辑栏进行，在公式编辑栏中存储的内容永远都是真身，数据、公式都是如此。在单元格中显示的内容都是最终效果，是披上外衣和公式计算的结果，对比两者是否相同即可。

5.2.3　快速输入选项

自定义格式除了可以解决带单位的数据的快速输入外，还可以解决另一个快速输入问题。在前面学习了下拉菜单的建立，虽然通过下拉菜单选择进行输入速度已经很快了，但如果想直接输入"1/2"来代替下拉菜单中的"同意/不同意"，输入的过程就更简便，更能节省时间，而且直接通过键盘操作就可以完成。具体操作步骤如下。

步骤 1：对 A 列应用自定义条件格式，如图 5.50 所示。在"类型"栏中输入一个比较规范的四段式自定义格式代码（通用规则）：

[=1]"同意";[=2]"不同意";"-";"-"

不要被复杂的外观所迷惑了，看自定义格式代码首先要看分隔符。三个分号分隔符";"把格式代码划分成了四段，这就是自定义格式的基本四段式结构。其中，第一段默认描述的是正数的格式，第二段描述的是负数的格式，第三段描述的是 0 值的格式，最后一段描述的是文本的格式。无论输入数值还是文本，就都可以对内容按照格式代码进行规范。

这里给出的代码的第三段和第四段都是短横线"-"，是用来对不小心输入了 1、2 以外的不规范内容进行屏蔽的，也就是如果输入了零值和文本值会自动转化成短横线。而前两段内容通过条件部分"[]"重新设定了判定范围，从原本的正负数判定改为了判定是否等于 1 或 2，如果满足等于 1 则返回文本"同意"，如果满足等于 2 则返回文本"不同意"。

📢说明：

四段式代码格式是通用的，其他自定义代码也要遵循这个规则。

图 5.50　设定输入选项自定义格式代码

设定完成之后就可以直接应用了，可以自己尝试一下输入 1、2 和其他值，最终效果如图 5.51 所示。

图 5.51　快速输入选项效果

遗憾的是，上述方法只适用于"不是 A 就是 B"的情况，选项再多就无法应用了。因为其本质是利用自定义格式代码的条件分支完成的，无法完成更多选项的快速输入。既然知道了自定义格式代码发挥的是条件作用，其实完全可以使用函数来复制这个逻辑，而且一点儿都不困难，直接使用几个 IF 函数就完成了。

步骤 2：在 B1 单元格中配置判断逻辑，如图 5.52 所示。这里首先复制了步骤 1 的要求，两个选项选择同意与不同意。

图 5.52　IF 函数转化输入选项

公式如下：

=IF(A1=1,"同意",IF(A1=2,"不同意","-"))

这段公式是如何完成这效果呢？总体运行逻辑要从外往里看。首先看到的是一个 IF 条件判断函数，判断 A1 单元格中输入的是不是 1（第一个逗号前的语句），如果是 1 就返回"同意"；如果不是 1，就再进行一次判断，判断是不是 2，如果是就返回"不同意"；其余所有情况返回"-"。IF 函数说明见表 5.4。

表 5.4　IF函数说明

语　法	定　义	说　明
IF(logical_test, value_if_true, [value_if_false])	IF函数是Excel中最常用的函数之一，它可以对值和期待值进行逻辑比较。因此IF语句可能有两个结果：第1个结果是比较结果为TRUE的分支；第2个结果是比较结果为FALSE的分支。例如，=IF(C2="Yes",1,2) 表示如果C2 = Yes，则返回1，否则返回2	IF用来进行条件判断，根据条件判断结果得两种反应，这就是IF函数。其中条件判断是第1个参数，第2、3个参数分别为判断正确的反应和判断错误的反应

步骤 3：重新调整表格结构，在 D1 单元格中配置 3 个选项的判断逻辑，如图 5.53 所示。为了更加清楚地对比各种方法的效果，在工作表的最前插入了一列显示输入的内容。按照类似的逻辑使用多一层 IF 函数就可以完成 3 个选项的快速输入，逻辑和步骤 2 完全相同，但是多了一层判断，留作思考，大家可以自行理解，公式如下：

=IF(A1=1,"A",IF(A1=2,"B",IF(A1=3,"C","-")))

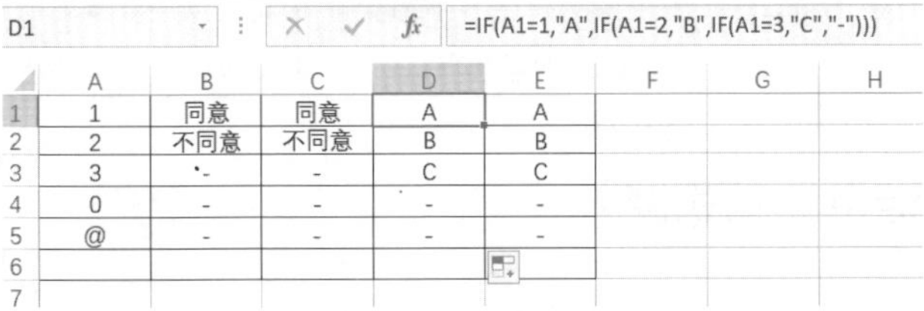

图 5.53　IF 函数转化输入三种选项

📢 **说明：**

层次过多可以使用 IFS 函数代替。

步骤 4：在 E1 单元格配置 3 个选项的判断逻辑，如图 5.54 所示。对于这种选项判断匹配的逻辑选项稍微多一点就会比较麻烦，所以这里简单介绍另外一个更为常用的 SWITCH 转换函数来完成选项匹配，实现快速输入。

E1			× ✓ fx	=SWITCH(A1,1,"A",2,"B",3,"C","-")		
	A	B	C	D	E	F	G
1	1	同意	同意	A	A		
2	2	不同意	不同意	B	B		
3	3	-	-	C	C		
4	0	-	-	-	-		
5	@	-	-	-	-		
6							
7							

图 5.54　SWITCH 函数转化输入 3 种选项

公式如下：

`=SWITCH(A1,1,"A",2,"B",3,"C","-")`

第 1 个参数控制选择的项目，后面的参数都是成对出现的，每一对参数的前者是标志，相当于路牌，后者是房屋，是要找的目标。根据前面第 1 个参数给的地址找到对应路牌进屋就可以了。最后一个参数不是成对的，它表示如果给的地址是错的，没有路牌没有房屋，那就去休息室待着。SWITCH 函数说明见表 5.5。

📢 **说明：**

比较遗憾的是该函数目前只能在 Excel 2019 及以上版本中运行。

表 5.5　SWITCH函数说明

语　　法	定　　义	说　　明
SWITCH(expression, value1, result1, [default or value2,result2], …[default or value3, result3])	SWITCH 函数根据值列表计算一个值（称为表达式），并返回与第1个匹配值对应的结果。如果不匹配，则返回可选默认值	第1个参数是地址，从第2个参数开始的每两个参数是门牌号与房屋，目的就是根据地址找到门牌号进屋，没有找到就去最后落单的休息室

5.2.4　活用记忆式键入

名字看上去很正经，其实就是去百度、谷歌搜索时刚输入个开头，页面就

Excel 高效手册

已经开始琢磨你到底要输入什么，然后给出来一系列可能的结果列表供你选择。在 Excel 中输入也有这样的效果，但是相对没有那么高级。因为 Excel 能给出的只有将你已经输入过的内容作为输入参考，而搜索引擎是结合了所有人的搜索历史记录再从中挑选进行推荐，数据源级别、算法都更高级。但是利用好这项功能，也可以为我们输入相同字段内容节省不少时间，具体操作如下。

步骤 1：首先确认记忆式键入功能开启，如图 5.55 所示。如果是第一次使用可以到"文件"→"选项"→"高级"一栏中找到"为单元格值启用记忆式键入"并勾选就可以了。

图 5.55　开启记忆式键入功能

步骤 2：随意输入一些内容作为已输入数据，如图 5.56 所示。记忆式键入是依据已输入的内容和当前已输入的内容进行预测输入的，因此需要有历史数据提供。

图 5.56　准备历史输入数据

步骤 3：在 A4 单元格中输入 ABCE，如图 5.57 所示。输入后会发现系统自动添加了一部分内容，即预测你即将输入 ABCEFG。不过这个时候虽然编辑栏已经显示完整 ABCEFG，但并非已经确认输入。如果预测值恰好是要输入的内容，可以直接按 Tab 键或 Enter 键确认输入；如果不是，可以不用理会继续正常输入。如此一来，通过一键输入剩余部分，可以节省输入的时间。

📢说明：

> 此处同学常有的一个疑惑是，为什么在输入 ABCD 时并不会像输入 ABCE 那样弹出预测提示。这是因为 Excel 的预测值还没有锁定唯一结果。我们可以看到此前的历史记录中存在两种由 ABCD 开头的选项，因此不会自动弹出预测结果。

步骤 4：调出预测清单选择输入，如图 5.58 所示。当仅剩唯一结果时记忆式键入会自动触发，但是实际上记忆式键入一直在背后运转，只是最后一下才出现在我们面前。如果想提早选择所有相关历史数据，可以使用快捷键 Alt+↓调出预测清单进行精准选择（也可以右击从快捷菜单中选择，效果是一样的）。

| 图 5.57 记忆式键入功能生效 | 图 5.58 记忆式键入预测清单 |

📢说明：

> 不知道大家有没有注意到，图 5.58 所示的下拉备选清单中并不存在 B1 单元格中的 ABCD，而当前单元格下方的 A5 中存储的 ABC 则在列。这是因为记忆式键入读取的历史数据是和当前单元格相连的同一列中的内容（如果在第 5 行前面插入一行则下拉列表中就不再有 ABC 了，因为没有相连），使用时请注意。

5.2.5 快速插入日期时间

扫一扫，看视频

输入过程中免不了对日期时间的输入，我们先来模拟一下很多同学输入日期的样子，首先想一想：诶？今天到底几号了？看了一下电脑上的日期。哦，是 2222 年 2 月 22 号啊，赶紧在单元格中输入 2222/2/22。乍看没什么问题，万一输入一个 2222.2.22 这种 Excel 不认可的格式，后续对数据的处理会增加麻烦。如果这位同学知道用快捷键就可以直接输入当前系统的日期和时间时，可能就会觉得以前的流程有问题了。让我们看看如何完成吧。

1. 快捷键插入

首先演示使用快捷键插入当前日期和时间，效果如图 5.59 所示。系统当前的日期可以直接使用快捷键 Ctrl+;进行输入。而且除了日期以外，当前时间的输入这类常用的操作也有对应的快捷键，可以直接使用 Ctrl+Shift+;完成输入。如果要输入当前系统的日期时间，可以直接组合上述两种快捷键：先插入日期按空格键后插入时间，Excel 会自动识别成规范的日期时间格式，非常方便。

图 5.59 快速插入当前日期时间

2. 函数插入

除快捷键外，在 Excel 中也提供了相关的日期时间函数，可以直接返回实时的系统日期时间，相较于快捷键来说不再是一次性的，会随着文件的刷新而不断刷新，需要输入日期时间时可以结合实际情况选取，函数说明见表 5.6 和表 5.7，这些都是不需要输入参数的函数，直接使用即可，这里就不再单独演示了。

表 5.6 TODAY函数说明

语　法	定　义	说　明
TODAY()	返回当前日期的序列号	直接在单元格中输入 "=TODAY()" 即可返回当前日期

表 5.7 NOW函数说明

语　法	定　义	说　明
NOW()	返回当前日期和时间的序列号	直接在单元格中输入 "=NOW()" 即可返回当前日期和时间。注意和TODAY函数的区别，这里所返回的当前信息既包括时间也包括日期

技巧：

　　如果只想返回当前时间但不包括日期部分，一般操作方法是通过格式修改为时间类型（日期部分还在但是不显示出来），要真正删除日期部分可以使用"=NOW()-TODAY()"公式完成。因为两者本质都是数字，而单位 1 代表一整天，其中时间的部分是小数，因此差值就代表除去日期后的纯时间。

5.2.6　快速插入特殊符号

谈到特殊符号就不得不提最为常用的对错符号、方向箭头、数字序号等。而在 Excel 中想要快速插入这些特殊符号，使用"插入"选项卡下的"符号"组中的符号基本可以完成任务，问题在于这些符号每次找起来太费劲，如图 5.60 所示。

图 5.60　常规符号的插入方法

因此，在 Excel 中的符号插入经常使用的是"字体变换"的方法，其中最为著名的就是 Wingdings 字体家族：Wingdings/Wingdings 2/Wingdings 3，Office 自带了该字体库，可以放心使用。表 5.8 ~ 表 5.10 是这三套字体较为常用的英文大小写所对应的特殊符号，使用时请注意：

（1）通过对照表找到需要的目标符号。

（2）输入对应的英文字母，注意区分大小写。

（3）将字体修改成对应的 Wingdings 字体即可。

◀))说明：

这种方法不仅在 Excel 中有用，只要有相关字体的应用软件都可以依据此方法插入特殊符号，而且相对比较快速。

表 5.8　Wingdings1 字母符号对照表

字母	符号	字母	符号
A	✌	a	♋
B	✋	b	♌
C	☝	c	♍
D	☝	d	♎
E	☜	e	♏
F	☞	f	♐
G	☝	g	♑
H	☟	h	♒
I	✋	i	♓
J	☺	j	er
K	☻	k	&
L	☹	l	●
M	💣	m	○
N	☠	n	■
O	⚐	o	□
P	⚑	p	◼
Q	✈	q	❑
R	☼	r	❒
S	◆	s	◦
T	❄	t	◆
U	✞	u	◆
V	✠	v	❖
W	✢	w	◆
X	✤	x	⊠
Y	✡	y	⊡
Z	☪	z	⌘

第5章　输入不规范，同事两行泪

表 5.9　Wingdings 2 字母符号对照表

字母	符号	字母	符号
A	☛	a	ᗧ
B	☟	b	ᘉ
C	☞	c	ᘉ
D	☛	d	ᗡ
E	☜	e	ᔊ
F	✍	f	ᔊ
G	✎	g	ᔊ
H	☝	h	ᔊ
I	☝	i	⓪
J	☟	j	①
K	☜	k	②
L	☟	l	③
M	☝	m	④
N	✋	n	⑤
O	✗	o	⑥
P	✓	p	⑦
Q	☒	q	⑧
R	☑	r	⑨
S	☒	s	⑩
T	☒	t	❶
U	⊗	u	❶
V	⊗	v	❷
W	⊘	w	❸
X	⊘	x	❹
Y	er	y	❺
Z	&	z	❻

表 5.10　Wingdings 3 字母符号对照表

字母	符号	字母	符号
A	↳	a	⇨
B	↵	b	⇦
C	↴	c	⇨
D	⇄	d	⇦
E	↕	e	⇨
F	↹	f	←
G	↯	g	→
H	⇇	h	↑
I	⇉	i	↓
J	⇈	j	↖
K	⇊	k	↗
L	↷	l	↙
M	↻	m	↘
N	↳	n	↔
O	↺	o	↕
P	↻	p	▲
Q	↺	q	▼
R	↺	r	△
S	⌢	s	▽
T	⌒	t	◀
U	⌐	u	▶
V	⌣	v	◁
W	⌣	w	▷
X	⇧	x	◣
Y	⇧	y	◤
Z	⇦	z	◢

在特殊符号中最为常用的是"对错符号"，可以用 Wingdings 2 中的大写字母 O ~ V 表示；"序号字符"可以用 Wingding 2 的小写字母 i ~ z 表示；箭头可以用 Wingdings 3 的小写字母 f ~ o 表示。使用 Wingdings 字符快速插入特殊符号如图 5.61 所示。

	A	B	C
1	对错符号 ▼	序号字符 ▼	箭头符号 ▼
2	✕	⓪	←
3	✓	①	→
4	☒	②	↑
5	☑	③	↓
6	☒	④	↖
7	☒	⑤	↗
8	⊗	⑥	↙
9	⊗	⑦	↘
10		⑧	↔
11		⑨	↕
12		⑩	
13		❶	
14		❶	
15		❷	
16		❸	
17		❹	
18		❺	
19		❻	
20			

图 5.61　使用 Wingdings 字体快速插入特殊符号

🔊说明：

> 除了上述提到的普通"符号"对话框插入法、特殊字体插入法外，插入特殊符号还可以使用 CHAR/UNICHAR 函数，但是需要知道特定符号在国际通用编码表中的编码，而特殊符号的编码一般比较独特，不易记忆，感兴趣的同学可以自行了解。另外，很多的输入法也可以辅助进行特殊符号的输入，非常方便，可以一试。

5.2.7　一键核对数据

扫一扫，看视频

在数据输入中降低错误率的一种常用方法是重复输入，也就是对每个数据都快速输入两遍，最终再进行核对，可以有效降低错误率（虽然看上去两次输入会多花费一些时间，但实际上单次输入模式花费的检查时间会比再输入一遍更多，正可谓"欲速则不达"）。

在 Excel 中，核对的过程可以通过软件内置的数据对比功能快速完成，其触发快捷键为 Ctrl+\和 Ctrl+Shift+\，分别对应水平对比和垂直对比。接下来介

Excel 高效手册

绍几种最常见的核对问题解决方法。

1. 核对两列数据的差异

假设已输入两列相同的数据，想要核对这两列数据哪些地方有差异，可以直接选中这两列数据然后使用数据对比快捷键 Ctrl+\（注意此处是反斜杠并非斜杠）。Excel 会自动识别出两列的差异并选中这些差异，效果如图 5.62 所示。

	A	B	C	D	E
1					
2		1	1		1
3		2	2		1
4		3	3		
5		4	4		1
6		5	3		1
7		6	6		1
8		7	7		1
9		8	4		1
10		9	9		1
11		10	10		1
12					1

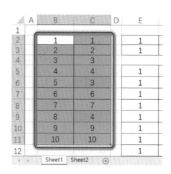

图 5.62 对比两列数据差异的效果

技巧：

通常在定位得到数据列差异后，为方便后续核对，会对这些单元格区域进行涂色标记，可以改变底色，也可以改变字体颜色，否则选中状态很容易被取消，需要再次对比。

2. 核对两行数据的差异

再输入两行数据进行对比，可以选中数据区域应用快捷键 Ctrl+Shift+\进行两行数据的差异对比，效果如图 5.63 所示。这里需要强调的是，如果按照从左上到右下的顺序选择数据区域，在两行数据中会以第 1 行为标准，查找第 2 行中的差异，列的对比也遵循类似的规律。

	A	B	C	D	E	F	G	H	I	J	K	L	M	N
1														
2		1	1		1	2	3	4	5	6	7	8	9	10
3		2	2		1	2	3	4	3	6	7	4	9	10
4		3	3											
5		4	4						2	1	1			
6		5	3		1	1	1	1	1	1	1			
7		6	6		1	1	1	1	1	1	1			
8		7	7		1	1	1	1	1	1	1			
9		8	4		1	1	1	1	2	1	1			
10		9	9		1	2	2	1	1	1	1			
11		10	10		1	1	1	1	1	1	1			
12					1	1	1	1	1	1	1			
13					2	1	1	1	1	1	2			
14					1	1	1	1	1	1	2			

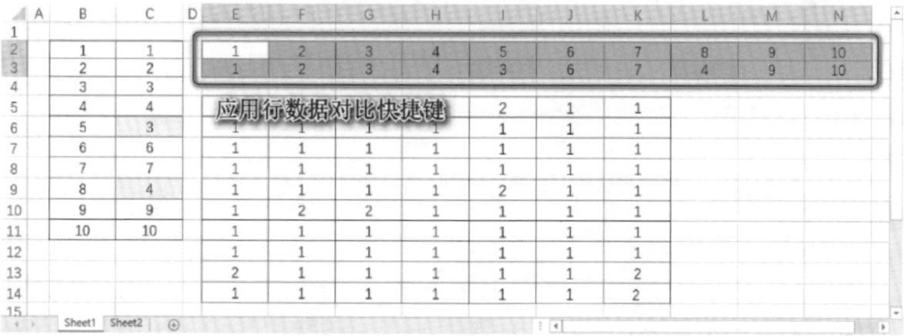

图 5.63 对比两行数据差异的效果

3. 核对多行多列数据的差异

最后介绍一种特殊情况：多列数据和多行数据的对比，通过这个情况给大家说明核对功能的两个特点，也是两个重要的使用注意事项：唯一的标准和选择顺序决定对比标准。

（1）从左上角到右下角选择数据区域并应用快捷键 Ctrl+\对比列差异，最终效果如图 5.64 所示。此时以第 1 列为标准，对比其他列和第 1 列的差异并进行标记。

1	1	1	1	2	1	1
1	1	1	1	1	1	1
1	1	1	1	1	1	1
1	1	1	1	1	1	1
1	1	1	1	2	1	1
1	2	2	1	1	1	1
1	1	1	1	1	1	1
1	1	1	1	1	1	1
2	1	1	1	1	1	1
1	1	1	1	1	1	2

图 5.64　多列数据差异对比（左侧第 1 列为标准列）

（2）从左上角到右下角选择数据区域并应用快捷键 Ctrl+Shift+\对比行差异，最终效果如图 5.65 所示。此时以第 1 行为标准，对比其他行和第 1 行的差异并进行标记。

1	1	1	1	2	1	1
1	1	1	1	1	1	1
1	1	1	1	1	1	1
1	1	1	1	1	1	1
1	1	1	1	2	1	1
1	2	2	1	1	1	1
1	1	1	1	1	1	1
1	1	1	1	1	1	1
2	1	1	1	1	1	1
1	1	1	1	1	1	2

图 5.65　多行数据差异对比（上方第 1 行为标准行）

注意：

有不少同学会认为核对数据的操作是在一片数据里面找不同的选项，在某些情况下看确实是这样的，很多教程甚至也就告诉大家这两个快捷键是用来“1 秒找不同”的，如图 5.66 所示。但稍微严格一点说就是错误的。如果第 1 行或者第 1 列中有 2 出现，那么就不是“找不同”的问题了，所以在使用时必须注意。

	A	B	C	D	E	F
1						
2		1	1	1	1	1
3		1	2	1	1	1
4		1	1	1	1	1
5		1	1	1	1	1
6		1	1	1	2	1
7		1	1	2	1	1
8		1	1	1	1	1
9		1	1	1	1	1
10		1	1	1	1	1

图 5.66　利用核对数据功能找不同

（3）从右下角到左上角选择数据区域并应用快捷键 Ctrl+\对比列差异，最终效果如图 5.67 所示。这时候大家会发现标准列变为了最右侧的第 1 列，这是因为我们从最右侧列开始选择。因此，记住标准列是当前选中区域活动单元格所在的位置，活动单元格的位置取决于你的选取方式。

1	1	1	1	2	1	1
1	1	1	1	1	1	1
1	1	1	1	1	1	1
1	1	1	1	1	1	1
1	1	1	1	2	1	1
1	2	2	1	1	1	1
1	1	1	1	1	1	1
1	1	1	1	1	1	1
2	1	1	1	1	1	1
1	1	1	1	1	1	2

图 5.67　多列数据差异对比（右侧第 1 列为标准列）

（4）从右下角到左上角选择数据区域并应用快捷键 Ctrl+Shift+\对比行差异，最终效果如图 5.68 所示。除最后一行外的所有 2 被标记选择，最后一列中所有 1 被选中标记。这是因为从右下角往左上角选择，活动单元格位于右下角，行差异对比以最后一行为标准行。

1	1	1	1	2	1	1
1	1	1	1	1	1	1
1	1	1	1	1	1	1
1	1	1	1	1	1	1
1	1	1	1	2	1	1
1	2	2	1	1	1	1
1	1	1	1	1	1	1
1	1	1	1	1	1	1
2	1	1	1	1	1	1
1	1	1	1	1	1	2

图 5.68　多行数据差异对比（下方第 1 行标准行）

4. 使用函数对比区域数据的差异

除了使用快捷键进行对比外，在 Excel 中还可以使用公式或函数进行对比，主要有两种方式：①直接对比：例如，在单元格中输入公式"=A1=A2"就可以直接判断 A1 单元格内容和 A2 单元格内容是否相同（其中第 1 个"="是公式的开头，第 2 个"="才是对比判断）；②使用函数 EXACT 进行对比：例如，输入公式"=EXACT(A1,A2)"就可以判断 A1 和 A2 两个单元格是否完全相同。EXACT 函数说明见表 5.11。

表 5.11　EXACT函数说明

语　法	定　义	说　明
EXACT(text1, text2)	比较两个文本字符串，如果它们完全相同，则返回 TRUE，否则返回 FALSE。函数EXACT区分大小写，但忽略格式上的差异。使用EXACT可以检验在文档中输入的文本是否相同	如果需要区分字母的大小写，则需要使用EXACT函数，"="有时不能区分字母大小写

使用函数的方法进行对比的好处就是可以直接对两张相同结构的表格进行对比并得到判定结果，使用快捷键进行对比其实都是针对单列或单行数据，适合小范围数据。使用函数则可以更加灵活地进行大范围数据对比，效果如图 5.69 所示。

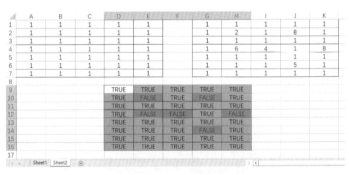

图 5.69　使用函数进行数据对比

5.2.8　表格数据的复制

表格数据的复制主要分为两个层次，第一层是对表格整体建立副本和移动，第二层是表格内的部分数据的复制粘贴。这两种层次的复制都是日常必不可少的操作，其中也有很多细节需要掌握。

1. 工作表级的移动复制

工作表的移动复制是表格的基础操作之一，可以将整张表格进行复制并移动到本工作簿的末尾或者新工作簿中。操作方法是直接右击表格的标签然后在快捷菜单中选择"移动或复制"命令即可打开"移动或复制工作表"对话框，如图 5.70 所示。

"移动或复制工作表"对话框中共有 3 个重要参数需要设置，如图 5.71 所示。

（1）工作簿：默认移动或复制到本工作簿，也可以选择其他已经打开的工作簿直接将表格传送过去，甚至可以直接选择新工作簿，Excel 会自动创建一个新的工作簿并移动工作表。

（2）下列选定工作表之前：默认的移动位置是在当前工作表之前，在选定工作簿之后可以指定放在这个工作簿的哪个位置，通过选择工作表标签可以定位当前工作表，表格插入的位置均为选中工作表之前。注意，此处有个"移至最后"选项是非常常用的。

（3）建立副本：如果想要复制表格则需要勾选"建立副本"复选框，不勾选则默认直接移动工作表，同样是非常常用的功能，一般默认会勾选。

图 5.70　移动或复制表格

图 5.71　"移动或复制工作表"对话框

2. 复制可见单元格

表格开启"筛选"功能之后部分不需要的数据会被隐藏，但是如果想要一次性复制粘贴可见的单元格，可能会遇到一点问题。在使用快捷键 Ctrl+C 进行复制时会把不想要的隐藏的行列数据也一并给复制出来，这个时候就需要利用快捷键 Alt+;完成可见区域的选择后再进行复制粘贴，如图 5.72 所示。

说明：
说明：

> 快捷键 Alt+;无法使用时，可以使用"定位"功能中可见单元格的定位条件代替。

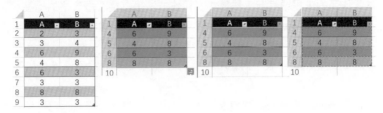

图 5.72　复制可见单元格

图 5.72 中 4 个部分分别是原始数据、筛选 A 列不等于 2 和 3 的数据、选中可见单元格、复制可见单元格的情况。筛选完的数据左侧部分的行是被隐藏的，因此行号不连续（图 5.72 中第 2 部分）。在全选表格后可以看到各区域中间是没有分割线的（图 5.72 中第 2 部分），但是一旦使用快捷键 Alt+;定位可见单元格后，不相邻的选区之间会有一条非常细微的白线作区分（图 5.72 中第 3 部分），这点在最后复制的"蚂蚁线"中也能看出来，蚂蚁线划分了几个独立的区域，代表它们之间的不相连（图 5.72 中第 4 部分）。如果是直接复制会将整片区域都复制，则不会产生分隔的情况。

说明：

> 目前比较新的 Excel 版本已经调整了这方面的设置，在复制的同时就自动选择可见区域，不再有此类问题。另外"蚂蚁线"是指单元格区域处于复制状态时周边绿色的并且不断移动的虚线，因形似"蚂蚁在列队中走动的样子"而得名。

3. 选择性粘贴

另外除了表格本身的复制，表格内的数据复制也存在多种模式，如最为常用的数值粘贴、格式粘贴、粘贴为图片等，是可以根据需要选择性粘贴数据的某一个部分或者几个部分使用，非常便利。接下来介绍几种表现突出的类型。

（1）仅粘贴为数值：这可谓是最"佛系"的粘贴选项，字体大小、颜色、格式、公式通通"含泪吻别"，只问自己到底是谁，只保留本心（内容是什么就只保留什么），这就是粘贴为数值。这也是最受大家欢迎的类型，可以算是经常使用，对应快捷键为 Ctrl+C-Ctrl+V。

说明：

> 再次说明，快捷键中的"+"代表同时按下，"-"代表依次按下。

日常使用常用于摆脱函数公式的链接，这里简单举例说明。首先使用随机函数 RANDBETWEEN 创建一组随机数，如果直接进行复制粘贴，这个结果依旧是因为公式的存在而不断随机产生，所以如果想要固化这一组随机数，就需要使用"粘贴为数值"或"仅粘贴数值"功能来完成，操作如下：首先复制随机数区域，然后在目标粘贴区域上右击，在快捷菜单中选择"选择性粘贴"→"粘贴数值"→"值"命令即可，如图 5.73 所示。

图 5.73　选择性粘贴为数值

　　此模式还常用于清除外部数据的特殊格式以及摆脱公式的联动特性，与之类似的其他粘贴选项还有：仅粘贴格式、仅粘贴公式、仅粘贴边框、保留源列宽等，使用方法相同，可以自行尝试怎么使用以及体验它们的效果。

　　（2）转置粘贴：是另一种常用的粘贴选项，单独拿出来说明是因为其功能地位太特殊了，它可以将表格横纵轴方向进行对调，如图 5.74 所示。

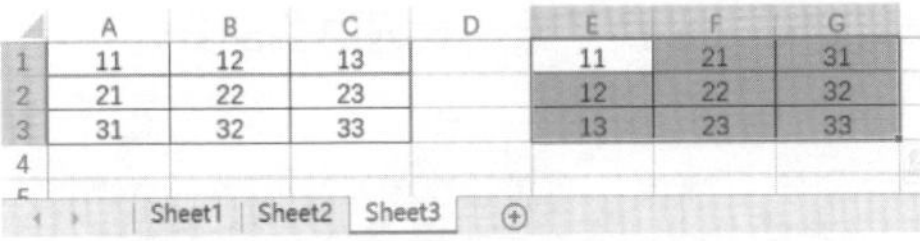

	A	B	C	D	E	F	G
1	11	12	13		11	21	31
2	21	22	23		12	22	32
3	31	32	33		13	23	33
4							

Sheet1　Sheet2　Sheet3　⊕

图 5.74　转置粘贴效果

📢说明：

　　也可以理解为将表格沿主对角线（左上到右下方向）进行对称后再粘贴。

　　（3）跳过空格合并粘贴：这种复制粘贴数据的模式很智能，会让人有一种不用函数公式、数据透视表、VBA，仅靠操作 Excel 也可以很方便的感觉。不是感觉，是确实很方便。它可以实现的功能是跳过空白单元格进行粘贴，而原有数值不受影响。如图 5.75 所示，假设原始数据是 C 列，现在要求修改其中的部分信息，如将 1 改成 A、2 改成 B、6 改成 F 和 7 改成 G，常规操作还是比较麻烦的，需要一个个进行修改。但是利用选择性粘贴中的"跳过空单元"模式则可以迎刃而解。

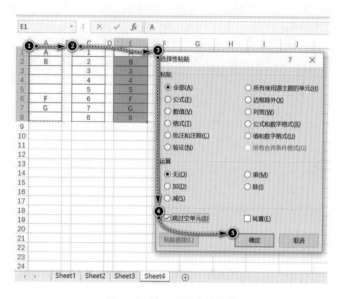

图 5.75　跳过空格合并粘贴

将图 5.75 中 A 列的数据复制，然后右击目标单元格，在快捷菜单中选择"选择性粘贴"命令，在打开的"选择性粘贴"对话框中勾选"跳过空单元"复选框，粘贴到 C 列的数据中就可以获得类似 E 列的结果。可以发现 A 列中空格的部分都被跳过，没有粘贴到目标数据中，因此这部分数据不会受到影响，这样就完美地按照特定需求替换了原始数据中的部分内容。

📢说明：

> 这项功能常用于数据的修改以及合并，具体的应用案例可以参考 7.2.3 小节内容。

5.2.9　不可小觑的填充柄

扫一扫，看视频

"填充柄"应该是初学 Excel 时就会用到的最为实用的小工具之一了，使用灵活、功能强大。可惜的是好像很多同学只用填充柄来复制和填充数据，难免辜负了开发者们的一片苦心。所以接下来列举几个在日常工作中常常遇到的、可以用填充柄直接解决的问题。

1. 等差/循环序列的填充

常规的数值在向下或向右拖动时会自动按照步长为 1 递增，反之，向上或向左拖动时递减。但如果我们想输入的内容其实是 1.1、1.2、1.3 这样的数列，如文章的小标题，甚至更加复杂的 1.33、1.66、1.99 这样的等差数列，就需要添加"一勺"技巧来完成。

普通的拖动操作无法实现是因为没有提供相关信息，并不是填充柄不具备这样的能力，所以我们需要提供两个数为起始值，同时选中两个数后鼠标光标悬停在选择的区域右下角，待鼠标光标转变为"十字形"图标后再长按鼠标左键向下拖动，完成目标，如图 5.76 所示。

📢说明：

> 该技巧的实际应用，可以参看 10.2 节制作工资条的内容。

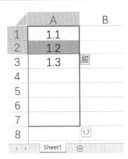

图 5.76　填充等差序列

循环序列的构建则更为简单，首先手动输入需要循环的数据范围，全选后直接向下拖动进行复制即可。如果发现填充的序列在默认递增，通过拖动完的填充柄悬浮窗口调整填充模式为"复制单元格"即可，如图 5.77 所示。

📢说明：

> 此外其他可选的模式也经常使用，如"填充格式"和"不带格式填充"，类似于我们此前提到的复制可以仅复制粘贴格式也可以不带格式。还有一类"快速填充"，它属于特殊功能，在 6.3.1 小节中会专门进行讲解，也是一项非常强力的功能。

图 5.77　填充序列

2. 填充模式的切换

填充柄的填充还有一个特别的秘密：实际上它会根据数据类型的不同采用不同的默认填充模式。例如，如果输入的是一个数字 1，那么向下填充自动生成的就是 1、1、1、…，默认是复制；但如果输入的是文本 A1，那么向下填充自动生成的就是 A2、A3、A4、…，默认是序列。数字和文本的默认填充模式是相反的，除此以外，日期格式默认也是序列。

除了默认模式之外，想要更改填充模式就需要打开填充柄浮窗调整模式；或者是通过快捷键 Ctrl 进行切换。切换逻辑为：在正常情况下，若拖动填充柄的默认模式为"复制单元格"，则在使用快捷键 Ctrl+填充柄拖动后会自动切换为"填充序列"的模式；反之亦然。若默认模式为"填充序列"，在使用快捷键 Ctrl+填充柄拖动后会自动切换为"复制单元格"的模式。

3. 双击快速填充

使用填充柄向下拖动填充数据时，有时难免遇到超长列表，这个时候的及时雨就是双击填充柄自动填充。将鼠标移动到单元格右下角，看到十字形图标出现后直接双击，你会发现无论表格多长，这一整列就都填充好了，如图 5.78 所示。

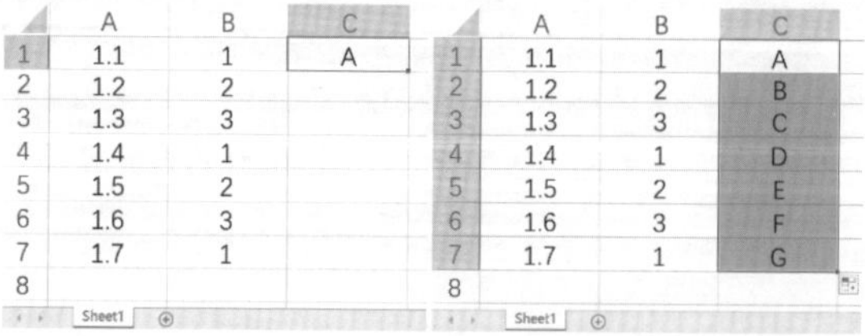

图 5.78　双击填充柄快速填充

☀️ **注意：**

没有哪个技巧是全能的，如果相邻的数据区域全是空的，那么填充柄其实也无法知道你到底要填充到什么位置才停止，没有目标，快速填充也就无从谈起了。所以双击自动填充到底中的这个"底"取决于周围数据的末行位置。

4. 日期序列的快速填充

日期作为一种特殊的数据类型，在日常的业务数据中基本上是必有的一项字段，因此 Excel 针对它在填充柄上做了一定程度的优化。常见的按年、按月和按日期填充的需求都已经通过填充柄解决了，除此以外还增加了专用的按工作日填充，如图 5.79 所示。所以无论是你想按照年/月/日递增，还是只想要一列有工作日的日期序列，都可以通过使用 Excel 为日期附加的填充柄功能完成。

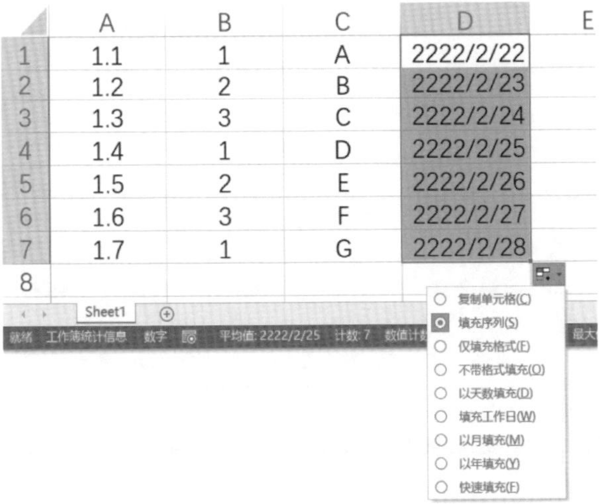

图 5.79　日期序列填充模式选择

图 5.80 为"工作日序列"的填充效果，可以看到星期六和星期日被自动抹去，只保留了星期一到星期五日期的递增填充。

除此以外，以上无论是数值还是日期都可以通过"开始"→"编辑"→"填充"下拉菜单中的"序列"对话框完成，如图 5.81 所示。其中可以选择序列的类型，如"等差序列""等比序列""日期"等，并且可以选择在行或列的方向上进行填充，甚至可以自定义设置终止值和步长值。但一般情况下还是建议大家直接用填充柄的操作办法完成，效率会更高。

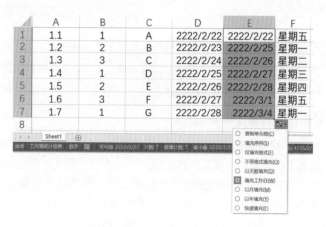

图 5.80 工作日序列填充

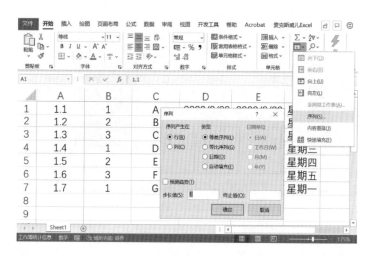

图 5.81 "序列"对话框

第6章 让脏乱差的数据干净起来

数据导入后并不能直接就可以分析，第一步要完成的工作通常是数据清理，换言之就是让脏乱差的数据干净起来。这是因为实际情况并不如想象中那么简单，通过外部得到的数据很多并不满足干净、整洁、清晰的要求，因而无法直接应用于统计和分析。

所以在本章将主要介绍数据清理的过程，并通过具体实例对 Excel 中常见的 4 大类数据清理难题（包括类型错误解除、冗余数据清除、拆分提取和数据合并拼接）进行分析，并提出解决办法。帮助各位同学通过简单的操作解决工作中棘手的问题。

本章主要涉及的知识点有：

- 日期类型纠错、文本型数字、全半角转化、固定位数编号。
- 清除重复数据、不可见字符、空行和错别字。
- 混合文本提取、依据符号与长度拆分数据、多行文本拆分。
- 快速填充、文本连接符、多表汇总、批量填充。

6.1 类型不对，找错崩溃

本节首先介绍数据源中常见的类型错误情况，如日期格式不合法不能被 Excel 正常识别、特殊的文本型和数字型数据的处理等。掌握基础的背景知识和对应问题的解决办法可以有效避免因类型错误导致后续的数据统计分析产生显性或隐性的错误，现在就一起迈出"清扫工作"的第一步吧。

6.1.1 快速纠正错误日期数据

扫一扫，看视频

要纠正错误的日期格式，首先得知道合法的、可以被 Excel 正常识别和运算的日期格式是什么样的。在 Excel 中，默认的日期格式基于"Excel 选项"对话框中的"地区"设定，如中国地区下默认的顺序为"年月日"，如 2021/2/3 是指 2021 年 2 月 3 日。年月日之间的分隔符采用短横线"-"或斜杠"/"均可，因此无论是输入 2021/2/3 还是 2021-2-3 都可以正确识别。

但是若原始数据是其他形式，则绝大多数情况都不可以正确识别，而是作为纯文本的形式进行存储，在工作中常见的日期格式见表 6.1。

表 6.1　常见的日期格式

序　号	形　式	说　　明
1	2021/2/3	最标准的日期格式，Excel自动识别合法日期格式并存储
2	2021-2-3	合法格式，会自动识别并转化为形式1存储
3	2-3	特殊合法格式，缺少的年份部分会在输入后由系统自动补齐系统当年年份
4	2021年2月3日	合法格式，中文地区下可以自动识别
5	2021.2.3	非法格式
6	2021,2,3	非法格式
7	20210203	非法格式，Excel中8位数字日期格式为非法形式，不会被正确识别（但在识别后若需要八位格式可以自行通过自定义格式或函数进行设置转化）
8	2021/02/03	可识别格式，转化为形式1存储

不过这里有一个疑问：即便系统不能够识别，读者能识别是否可以？这个逻辑本身是没有任何问题的，因为表格的一部分作用就是服务于读者的阅读，也确实可以看懂。但是无法识别的日期格式造成最大的困扰是会严重影响后续的数据统计分析工作。例如，需要统计销售记录表中本周的总销售额，要用到 SUMIFS 函数，如果是无法识别的日期，则无法完成正确的计算逻辑，因为 Excel 中所有函数能识别的都是标准的日期格式。因此在数据清理过程中对非标准的日期格式进行处理，其中一方面的原因就是"统一度量衡"。而另外一方面原因则涉及日期时间格式在 Excel 中的存储本质，识别成功的标准格式是以特殊数值格式存储的，而识别不成功的格式则是以文本格式存储的，二者的差异巨大。在关于日期时间的统计分析中，计算差值是最为常见的一种需求，如计算年龄、工龄、期限等，因此为了便于后续日期的运算，Excel 在设计之初就将日期这个概念数字化了。其中，单位 1 代表 1 天，而以 1900 年 1 月 1 日为起点第 1 天，2021 年 2 月 3 日就是第 44230 天，如图 6.1 所示，所以若系统无法识别日期并将其转化为数字，则无法进行运算。

如果数据源中的日期无法被正确识别，以文本的形式进行存储，那不仅仅是函数无法使用，连简单的日期之间的差值运算也无法正常进行，甚至是 Excel 中所有关于日期的功能都会无法正确操作，这个影响是巨大的。若工作中日期数据是手动输入的，请保证其符合规范，若遇到外部不标准的数据源请在清理后使用。

图 6.1 日期的存储本质

📢说明：

虽然可以识别的日期格式只有几种，但是显示方式可以通过数字格式进行自定义，因此并不会影响日常的使用。可以选择含有日期的单元格后进入"设置单元格格式"对话框（对应快捷键为 Ctrl+1），在"数字"选项卡下的"分类"列表框中选择"日期"选项，在右侧的"类型"列表中根据需要确定显示格式，如图 6.2 所示。系统中已经为不同类型的数值预设了多种格式，而且类型的设置不会影响单元格内的数值。

图 6.2 日期数字格式的设置

了解了 Excel 中关于日期格式的背景信息后，可以着手开始对数据源中的非法数据进行清理工作。清理主要分为"替换"和"分列"。

- 207 -

1. 替换

对于分隔符号不标准的日期格式,利用替换功能将非标准分隔符批量替换为系统支持的短横线"-"和斜杠"/"即可。在完成替换的一瞬间系统会再次触发自动识别,将其转化为标准形式进行存储。原始数据、操作过程和最终效果如图 6.3 所示。

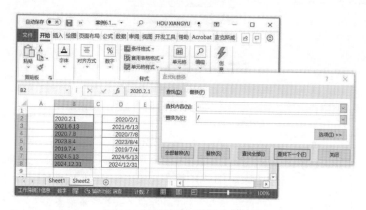

图 6.3　替换法纠正错误日期格式

案例中以圆点分隔日期举例,其他分隔符处理的操作步骤基本一致。

首先选中所有日期样本,然后使用快捷键 Ctrl+H 打开"查找和替换"对话框,切换到"替换"选项卡下,在"查找内容"栏中输入".",在"替换为"栏中输入"/"后单击"全部替换"按钮即可完成错误日期的批量纠正。

◀))说明:

> 通过对比修改前后的效果可以观察到一个细节,前文中提到了若数据是非法日期格式,则以文本的形式存储在单元格中;若是合法格式则以数值形式存储。这一点可以从左右对齐方式看出,默认文本左对齐,而数值右对齐。

2. 分列

对于分隔符的问题使用"替换"功能可以轻松解决,但是对于八位数字的日期格式问题解决起来就不容易了,因为冗余 0 出现的位置并不统一,而且不能单纯地将 0 值替换掉,10 月份、10 号里面也是带 0 值的,即便是通过函数的方法也并非能很轻松地解决。

不过 Excel 中的"分列"功能却能通过它的"附属小能力"轻松解决这个问题。具体操作如下:选中原始数据后,单击"数据"→"数据工具"→"分列"按钮,如图 6.4 所示。

图 6.4　分列法纠正错误日期格式：开启分列

　　"分列"的原始目的是将原本单列的内容依据特定的分隔符或是特定长度进行列的拆分，但同时也具备一定的数据整理能力。本案例就是利用这个看似不起眼的数据整理能力对无法识别的八位日期格式进行纠正。单击"分列"后打开"文本分列向导"对话框，如图 6.5 所示。

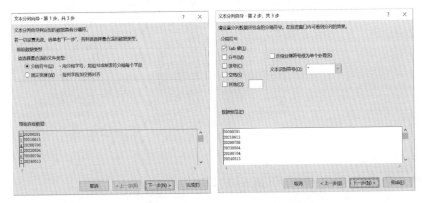

图 6.5　分列法纠正错误日期格式：模式选取

　　"文本分列向导"对话框的第 1 步和第 2 步负责选择分列的模式和设置一些细节信息，保持默认，单击两次"下一步"按钮后进入第 3 步，第 3 步的设置如图 6.6 所示。

　　在第 3 步中首先将"列数据格式"调整为"日期"类型并选择合适的年月日顺序，如 YMD 代表"年月日"。同时修改"目标区域"，案例中为 D2 单元格为起点。单击"完成"按钮返回，效果如图 6.7 所示，所有八位日期均被正确纠正。

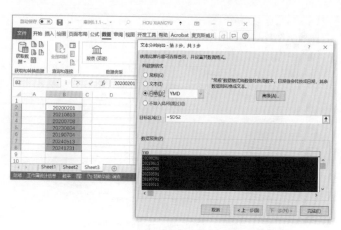

图 6.6　分列法纠正错误日期格式：数据格式设置

📢说明：

在本案例中仅仅是借用了"分列"功能第3步的数据格式设置完成错误日期的纠正。在前两步的"分列"模块中没有进行任何设置，代表不对数据进行任何的分列。所以最终返回的数据只是重新调整了数据格式，其他没有区别。

图 6.7　分列法纠正错误日期格式：纠正结果

6.1.2　火眼金睛识别真假数字

除了日期类型经常会产生不规范的情况外，数字也是错误源的常客。因为数字在 Excel 中存储时也有可能会被存储为"文本型"，导致函数无法识别，造成计算错误，同时也会影响到排序。在着手解决"数值型数字"和"文本型数字"的转化问题之前，先来看看两种数字各自的特性如何，以及为什么会造成这种区别。

📢说明：

实际工作中具体以何种形式存储并没有对错之分，多数情况下希望存储为常规的数值型，因为数字多用于计算；但在少数情况中可能会运用到文本型的数字，使用数字作为编码时应当根据实际情况确定。要明确两者概念上、特性上的区别，切勿混用导致错误。

如图 6.8 所示，准备了两组 1~20 的数据，其中 A 列存储的是常规的"数值型数字"，B 列存储的是特殊的"文本型数字"。注意观察，可以看到在存储文本型数字的单元格左上角都使用绿色小三角进行了标记，该标记是系统检测到文本型数字后，提示操作者这里有异常状况，可能会造成统计分析错误。如果在处理数据时看到了这个标记要注意预防错误，如果这些数据后续要应用于数据分析，那么就要提前清理或在使用时特别处理。不过因为用户存在故意使用文本型数字的可能性，因此设计团队并未强制自动修改，将选择权给予了用户。

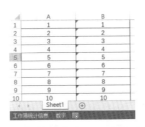

图 6.8　数值型数字和文本型数字

此时如果对 A 列和 B 列分别应用升序排序，可以看到排序逻辑上存在较大差异，排序结果如图 6.9 所示。很明显，数值型数字是按照数据大小升序排列，和原始数据排序一致；但文本型数据则是"按位排序"。首先看第 1 位的大小，第 1 位相同再看第 2 位，因此最终排序中 1 后面是 10，而不是 2，只有以 1 为开头的所有数字都排列完毕后，才开始对以 2 为开头的数据进行排序。

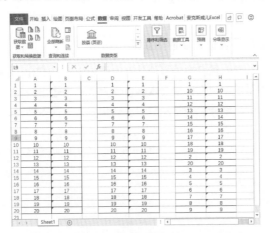

图 6.9　数值型数字和文本型数字排序特性差异

技巧：

> 　　若需要对文本型数字进行排序时，即按照数值大小升降序，则需要统一数字位数，如 1～10 应当写为 01、02、…、09、10，对数字缺少的位数用 0 补位。

　　除了排序特性上的差异外，在运算上的差异则更为重要。如图 6.10 所示是对两种类型数字的加法运算演示。

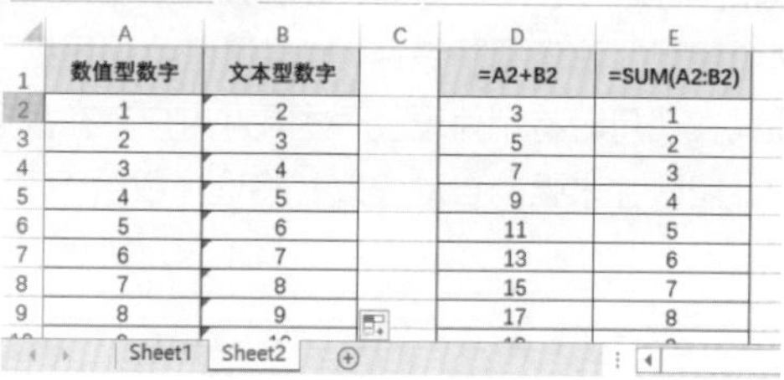

	A	B	C	D	E
1	数值型数字	文本型数字		=A2+B2	=SUM(A2:B2)
2	1	2		3	1
3	2	3		5	2
4	3	4		7	3
5	4	5		9	4
6	5	6		11	5
7	6	7		13	6
8	7	8		15	7
9	8	9		17	8

图 6.10　数值型数字和文本型数字运算特性差异

　　D 列和 E 列分别是使用加法运算符"+"以及求和函数 SUM 来完成对 A、B 两列不同类型数字的运算，对应的公式如图 6.10 所示。可以看到，虽然运算逻辑一样，但结果却不一样，使用 SUM 函数计算的结果是错误的，这里因为文本型数字并没有参与运算，直接被忽略了。这一点是想提醒大家，在使用函数计算数值时一定要关注数据的类型，如果是原始数据，建议先清理；如果是函数嵌套过程中产生的数据，则要仔细测试验证。那为什么加法运算符的结果是正确无误的呢？因为 Excel 自带的纠错功能将文本型数值直接转化为对应的常规数字再去运算。所以并不是正确，而是系统主动纠错。这种特性在后续函数以及 VBA 的编写中都会看到，是辅助使用的系统。

　　在理解清楚两种数据类型的差异和影响后开始解决相互转化的问题。

1. 文本型数字转化为数值型数字

　　实际工作中，因为很多数据是从外部的系统中（如 ERP、CRM、OA 等）导出的，在这些系统中习惯性用文本类型作为数据的输出类型，因此多数情况下需要将文本型的数字转化为常规数字。转化方法有很多种，这里简单介绍几种。

　　（1）利用系统自带的纠错功能进行恢复。首先选中要转化的数据，然后直接单击在图 6.8 中看到的任意一个绿色小标记，选择"转换为数字"命令即可完成转化，如图 6.11 所示。

 注意：

> 　　一种经常使用的错误转化方式是直接选中数据区域后，在"开始"→"数字"

图 6.11　利用错误提示转化为数字

图 6.12　修改数字类型

　　(2)利用选择性粘贴功能强制运算。这个方法的本质逻辑和在讲解运算特性中的加法运算符自动纠正数据类型是一样的。首先在空白单元格中输入一个 0 或者 1,然后复制该值。最后选中所有待转化的数值并右击,在快捷菜单中选择"选择性粘贴",在"选择性粘贴"对话框对应的模式中选择"加"或"减"(输入的数值若是 0),"乘"或"除"(输入的数值若是 1)即可完成转化,如图 6.13 所示。

在 5.2.8 小节中，并未对选择性粘贴的"运算"模式进行说明。这是一种特殊的粘贴运算模式，可以将复制的数据批量应用于粘贴的区域。例如，复制 1，选择"加"粘贴到一个自然序列"1、2、3、…"中，将会得到序列"2、3、4、…"，即目标区域中每个数值都增大了 1 个单位，使用方式与其他类型的选择性粘贴相同。

图 6.13　利用选择性粘贴强制运算

（3）使用 6.1.1 小节中的"分列"功能整理数据格式完成对文本型数字的规范化工作。具体的操作和此前讲解的基本一致，只需要在第 3 步将规范的类型调整为数值即可，在此不再展开说明。

2. 数值型数字转化为文本型数字

反向的转化需求量比较低，在实际中应用更多的是在函数中进行的转化。在此简单介绍几种方法。

（1）在输入数据前，将单元格的数字格式调整为"文本"类型后再输入数字就会得到"文本型数字"。

（2）利用简单的函数公式 "=A2&""" 将数值转化为文本后选择性粘贴为数值到新的单元格，如图 6.14 所示。

（3）使用"分列"功能的数据格式调整能力完成反向转化。

图 6.14　数值型数字转化为文本型数字

6.1.3　超 24 小时上限的时间格式

扫一扫，看视频

在最重要的日期和数值类型错误解决之后，接下来介绍几种常见的自定义格式需求如何实现。首先是"超 24 小时上限的时间格式"。在 Power Query（一个数据清理工具）中专门为"时间段"预设了一种数据类型，而在 Excel 中想要表示多少小时多少分钟多少秒的时间段，也必须使用时间的格式。这里面就会遇到一个问题，如果想要显示一个 72 小时的倒计时应该如何操作呢？因为时间格式每到 24 小时就归零，循环并进入下一天，无法显示多于 24 小时的数据。

这时，可以寻求函数的帮助，可以单独提取计算小时数再拼接成文本的形式显示，也可以通过格式的调整轻松完成，而这个格式和日期、数值这类严格的数据类型不同，是通过对自定义格式的调整实现显示效果的差异的。

📢说明：

此前也说过数据类型和数字格式的差异，这里复述再强调一次。在 Excel 当中大致将数据类型分为：数值（1/100/345）、文本（A/z/字/@）、逻辑（TRUE/FALSE）、错误（#N/A）四大类，日期时间可以视为特殊的数值类型。在数字格式下拉菜单中设置格式类别可以对应这几种类型，但是数字格式的本身更多的是对显示模式进行设置而不更改数据类型，也不会更改数值本身。

这里以 30 小时 20 分钟 10 秒为例，首先在 A1 单元格中输入 22:20:10，结果正常显示，但是一旦将 22 小时修改为 30 小时，系统就自动判定循环进入下一天显示为 6:20:10，如图 6.15 所示。

突破上限需要重新设置自定义的格式代码。首先选中 A1 单元格，然后打开"设置单元格格式"对话框，在"数字"选项卡中选择"自定义"选项，在"类型"中填入自定义格式代码[h]:mm:ss，单击"确定"按钮后即可解决问题，如图 6.16 所示。

图 6.15　超小时上限时间的循环特性　　图 6.16　超小时上限时间的自定义格式代码

"自定义"格式代码本质就是制定数值的显示规则，它有自己的一套语法规则来告诉 Excel 应该以何种形式显示单元格中的数值。当在 Excel 中为单元格设置不同格式时，其实在后台已经默认将对应的格式代码填入。如图 6.16 所示的"分类"栏下的不同分类中所蕴含的不同格式，其实就是 Excel 中预设的格式代码，只是没有显性地显示出来。而"自定义"的模块就是通过手动编写格式代码按照自己的想法显示数值。

📋技巧：

> 如果需要查看系统预设数字格式的对应代码，可以先在"分类"栏中选中相应的数字格式，然后再选择"自定义"就可以直接在"类型"栏中看到所选格式对应的自定义格式代码。实际操作中经常会运用这一技巧读取现有自定义格式代码，然后以此为基础再进行修改，而不是直接输入完整的自定义格式代码；也会使用该技巧进行自定义格式代码的书写参考。

在本案例中所提供的自定义格式代码为[h]:mm:ss，其中 h 代表小时，如 1 小时显示为 1，22 小时显示为 22；mm 代表强制用两位数表示分钟，如 1 分钟显示为 01；ss 代表强制用两位数显示秒数；三者之间使用冒号作为分隔。最后这个自定义格式代码的关键点在于方括号"[]"的应用，因为它的存在允许超 24 小时上限的时间正常显示。

6.1.4 编号实现固定位数

本节介绍另外一种常用于解决序号不对齐的自定义格式代码0000。

通常在做表格的索引列或是编序号时，因为不同位置的编码数字位数不同而显得不整齐，这时通常会将序号列整体的数字格式设置为0000。如此一来就可以自动实现0001、0002、…、0010、…这种效果的编号，如图6.17所示。

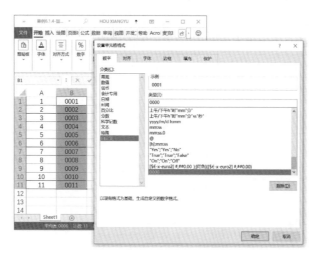

图 6.17 固定位数序号编码

如果需要更多或更少的位数，可以直接在代码处增删0的数量。通过对自定义代码的微调、修改、编写就可以实现多种多样的效果，如想要保留两位小数则可以输入0.00、想要显示为8位日期格式则可以输入yyyymmdd等。

自定义格式能够实现的格式效果多种多样、非常丰富，而且对应的语法、标识符也比较多，在这里限于篇幅不展开说明。下面提供给大家一些最为常用的自定义格式代码，在实际工作中遇到问题时可以根据需要直接输入对应的代码完成效果的呈现，见表6.2。

表6.2 常用自定义格式对照表

数　值	格式代码	效　果	说　明
任意值	;;;		屏蔽所有值
1	000	001	纯数字占位符补充前导0
123.45	0,000.0	0,123.5	一般数字占位符，该位置没有数字时用0替代

数　值	格式代码	效　果	说　　明
123.45	#,000.000	123.450	特殊数字占位符，只显示有意义的0，不显示无意义的0，如前导0不显示，只显示精度0
1月1日	yyyy/mm/dd	2019/01/01	标准日期格式
1	mmm	Jan	英文月份简写
1	mmmm	January	英文月份全拼
1	ddd	Sun	英文星期简写
1	dddd	Sunday	英文星期全拼
0.55	hh:mm:ss	13:12:00	标准时间格式
1.2	hh:mm:ss	04:48:00	标准时间格式
1.2	[hh]:mm:ss	28:48:00	超限额时间格式，如48小时不会被显示为0小时
1	[=1]正确	正确	满足条件显示特定值
11	[dbnum1]	一十一	中文小写数字
111	[dbnum2]	壹佰壹拾壹	中文大写数字
333	[dbnum3]	3百3十3	混合型数字
HR	@部门	HR部门	文本占位符
0.66	0%	66%	百分数

6.2　冗余数据，及时除去

　　冗余数据主要是指数据源中的空行、重复数据以及不可见字符，这些数据的保留都会影响后续的统计分析工作的正常执行，因此需要在正式分析前进行清理。本节将重点针对上述冗余数据的解决办法进行说明。

6.2.1　数据瘦身，删除空行

扫一扫，看视频

　　删除空行是一项非常常见的需求，在一些数据处理软件中甚至已经配备了独立封装的功能按钮专门用于清除数据中的冗余空行。虽然在 Excel 中没有内置的直接清除办法，但仍然可以通过查找定位空值的办法对空行进行删除。

　　实际工作中的数据，一般都可以找到某一列内容满足"除了空行为空外，其他行均有内容"条件的标准列，通过对这一列内容的"空值"进行定位，则可以很轻松地将空行删除，如图 6.18 所示。

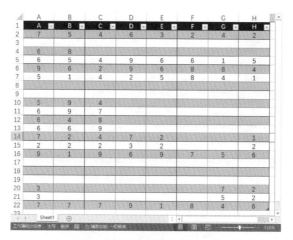

图 6.18　删除数据源表中的空行

可以看到图 6.18 的数据中，A 列满足上述要求。因此只需要在 A 列中定位"空白单元格"，并删除空白单元格所在的行就可以彻底清除空行。而其他列则不具备这种条件，因为部分空格所在行的其他列依旧有数据，如果直接定位删除会丢失一部分信息。大多数情况下都可以找到类似 A 列的关键列进行操作，对于无法通过定位操作列删除空行的情况将在后续补充说明。

定位空白单元格删除空行的具体方法如下。

1．"定位"功能删除空行

可以直接使用 3.1.7 小节中学习的"定位空白单元格"方法（按快捷键 Ctrl+G 打开"定位"对话框，选择"空值"定位条件）进行空格定位，如图 6.19 所示。完成定位后就可以直接右击，在快捷菜单中选择"删除"命令，在下级菜单中选择删除"整行"（快捷键 Ctrl+"-"），删除空白单元格所在的行，完成所有空行的删除。

2．"查找"功能删除空行

使用"查找"功能也可以完成对空格的定位，首先选中 A 列，然后按快捷键 Ctrl+F 打开"查找和替换"对话框，注意"查找内容"栏中什么都不填写，然后单击"选项"按钮，勾选"单元格匹配"复选框，单击"查找全部"按钮即可得到该列中所有空值的位置。最后只需要在结果框中按快捷键 Ctrl+A 全选结果即可定位该列中的所有空值，右击删除整行即可，如图 6.20 所示。

图 6.19 利用"定位"功能锁定空值进行空行删除

📢说明：

　　"查找"功能在默认情况下是对单元格的内容进行查找，一旦勾选"单元格匹配"复选框后，就只会以单元格的完整内容为最小单元去查找，就好像一家餐馆原来是允许单点的，勾选之后就只能购买套餐了。例如，要查找 2 所在的单元格，在勾选"单元格匹配"后，单元格值 123 就不会被找到。

图 6.20 利用"查找"功能锁定空值进行空行删除

📢说明：

　　外部来源的数据存在空白单元格表面为"空"实际不为"空"的情况（因为一些不可见字符及其他原因），在这种情况下使用"定位"功能可能无法锁定空格，而"查找"可以。因此建议掌握两种方法，遇到实际问题可以灵活处理。

3. "筛选"功能删除空行

使用"筛选"功能也可以将含有空白值的单元格屏蔽。对表格开启筛选（单击"数据"→"排序和筛选"→"筛选"按钮），然后在 A 列的筛选下拉菜单中取消勾选"空白"复选框后，直接复制可见单元格并粘贴到新的工作表中，可以完成空行的清除，如图 6.21 所示。

📑**技巧：**

> 筛选的逻辑是隐藏不需要的单元格行，因此在筛选结果中不符合要求的结果依旧存在，只是暂时被隐藏了。如果要复制剩下满足条件的数据就必须是复制"可见单元格"中的数据，隐藏的数据不要。对于较新的版本，选中区域后复制会默认复制可见单元格中的内容。但在老版本中，需要先使用快捷键 Alt+; 定位可见单元格后再复制。如何确定自己复制的区域是可见部分呢？在 Excel 中复制某区域后，该区域会有一圈"蚂蚁线"。如果复制的区域被几圈独立的蚂蚁线包围则说明中间存在隐藏区域，可以确保选中复制的是可见单元格，详情参见 5.2.8 小节相关内容。

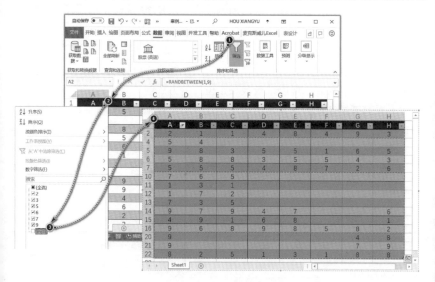

图 6.21　利用"筛选"功能锁定空值进行空行删除

4. 复杂情况利用函数标记删除空行

若原始数据比较混乱，无法通过单独的某列确定空行时应该如何处理？现将原始数据调高棘手程度，如图 6.22 所示。

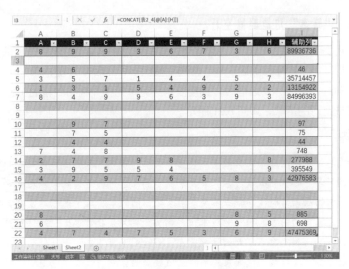

图 6.22 调高棘手程度的原始数据

针对空行问题，最彻底、最准确的解决办法是将每行的所有数据都纳入判断中。如图 6.22 所示，为原始数据添加一个辅助列，其中 I2 单元格内的公式为"=CONCAT(A2:H2)"。通过将所有列中同行的内容相连就可以比较轻松地判断本行是否全空。最后再通过"定位空值"的方法就可以对空行进行清除。但是由于填充了公式，所以"查找和定位"的方式就无法再直接应用（单元格表面上看起来是空白的，但其中存在公式，不会被判定为空值），因此如果使用查找定位，则需要将公式修改为"=IF(CONCAT(A2:H2)="",1,0)"，利用 IF 函数判定单元格是否为空，如果合并之后依旧为空则可以说明本行为空行，标记为 1，后续通过查找就可以很简单地确定位置并删除空行。CONCAT 函数说明见表 6.3。

表 6.3　CONCAT函数说明

语　　法	定　　义	说　　明
CONCAT(text1, [text2],…)	将多个区域或字符串中的文本组合起来	允许一次性输入多个文本字符串，并将它们连接后的结果输出。

✍提示：

　　需要注意的是，CONCAT 函数在 Excel 2016 及以后的版本才开始提供，如果是 Excel 的早期版本，可以使用 CONCATENATE 函数达到类似效果，但是需要逐个输入待连接的单元格，操作相对烦琐一些。

6.2.2 搞定错误制造机，清除不可见字符

在删除空行之后可以将重心放在有内容的数据部分，这个时候可能会遇到的一个问题就是内容中存在一些空白的分隔，即使使用“查找和替换”将空格替换掉之后依然存在。同时也需要清除不合理的换行，甚至是两个相同的内容使用等于逻辑运算符（=）去比较会得到不相等的结果。这些问题都是不可见字符对数据分析产生的干扰，其中最为常见就是“空格”“换行符”，以及其他非打印字符，接下来介绍如何清除这些不可见字符。

1. 清除冗余空格

如图 6.23 所示是一列被污染的英文名称列，其中存在很多冗余的空格，可能是数据来自不准确的 OCR 图像识别结果，也可能是从错误排版的网站上下载而来的。现在需要清除空格，将其整理成整齐的名称列。

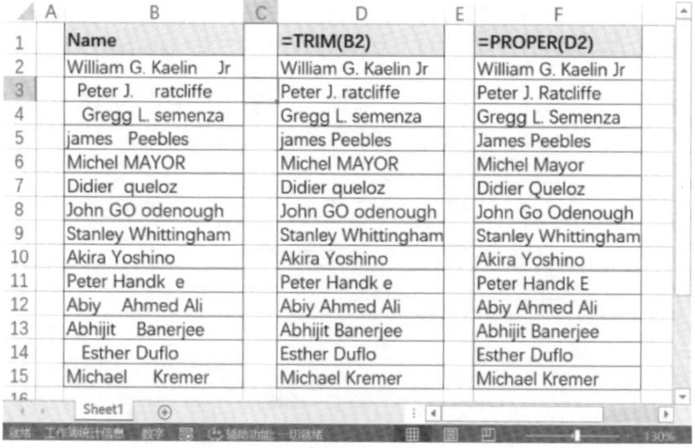

	A	B	C	D	E	F
1		Name		=TRIM(B2)		=PROPER(D2)
2		William G. Kaelin Jr		William G. Kaelin Jr		William G. Kaelin Jr
3		Peter J. ratcliffe		Peter J. ratcliffe		Peter J. Ratcliffe
4		Gregg L. semenza		Gregg L. semenza		Gregg L. Semenza
5		james Peebles		james Peebles		James Peebles
6		Michel MAYOR		Michel MAYOR		Michel Mayor
7		Didier queloz		Didier queloz		Didier Queloz
8		John GO odenough		John GO odenough		John Go Odenough
9		Stanley Whittingham		Stanley Whittingham		Stanley Whittingham
10		Akira Yoshino		Akira Yoshino		Akira Yoshino
11		Peter Handk e		Peter Handk e		Peter Handk E
12		Abiy Ahmed Ali		Abiy Ahmed Ali		Abiy Ahmed Ali
13		Abhijit Banerjee		Abhijit Banerjee		Abhijit Banerjee
14		Esther Duflo		Esther Duflo		Esther Duflo
15		Michael Kremer		Michael Kremer		Michael Kremer

图 6.23 原始数据

首先想到的是使用“查找和替换”功能清除所有的空格，但因为英文名称各个部分之间原本就有一个空格，如果直接替换会存在“误伤”的情况，且误伤后的结果难以恢复，因此不建议使用。在这里要使用 TRIM 函数进行清理，该函数专门服务于冗余空格的清除，TRIM 函数说明见表 6.4。

表 6.4 TRIM函数说明

语　法	定　义	说　明
TRIM(text)	除单词之间的空格外移除所有空格	TRIM函数对输入的文本进行空格移除，规则如下：将文本两端的所有空格都清除，无论数量是多少；文本内部有用空格分段的，若有多个空格也仅保留一个空格

因此图 6.23 中的 D 列直接使用 TRIM 函数就可以将名称左右两侧多余的空格删除，并且保留一个空格作为名称各部分之间的分隔符，完美解决问题。不过这组数据中还存在一个特殊问题，部分名称首字母没有大写，纠正这类问题使用相关的大小写函数 PROPER 即可解决，如图 6.23 中的 F 列所示。PROPER 函数说明见表 6.5。

表 6.5　PROPER 函数说明

语　　法	定　　义	说　　明
PROPER(text)	将文本字符串首字母以及文本中所有非文本字符后的字母大写，其他字母保持小写状态	常规理解就是每个单词首字母大写，但要注意这里并非只对空格分隔生效，其他非文本字符也会被视为单词的分隔，因此它们之后的字母也会被自动转化为大写。中文会被认定为文本字符，而不是分隔符，不会触发转化

2. 清除换行符

如图 6.24 所示，原始数据中有若干不适宜的换行符需要清除。当使用"查找和替换"功能进行清除时会发现，Excel 中并没有 Word 中预设的换行符可以替换。这时也不用慌，一种解决办法是利用 Word 中高级的"查找和替换"功能进行替换后，再将数据返回到 Excel 中。不过这是属于没办法的办法，因为需要来回折腾比较烦琐，对数据量稍微大一点的工作表就不太适合。接下来讲解另外一种替换方法。依旧是使用"查找和替换"功能，只需要知道如何在查找值中找到"换行符"进行替换即可。

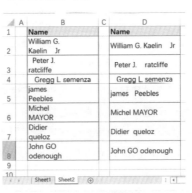

图 6.24　原始数据

◀)说明：

虽然在编辑栏中看不到换行符，但是换行的本质是通过"换行符"来实现的，只是该符号是本身不可见且没有占位的字符。

首先选择要替换的数据范围，然后利用快捷键 Ctrl+H 打开"查找和替换"对话框，在"查找内容"栏中输入换行符，输入换行符需要借助快捷键 Ctrl+J 或按 Alt -1-0 进行输入（"+"为同时按下，"-"为依次按下），输入后的效果如图 6.25 所示。最后单击"全部替换"按钮即可完成换行符的清除。

☀ 注意：

> 推荐使用快捷键 Ctrl+J 输入换行符，不需要动用数字小键盘。Alt -1-0 中的 1 和 0 必须是从小键盘中输入的数字。

图 6.25　换行符的输入效果

3. 清除不可见的非打印字符

最为常见的冗余符号除了空格和换行符外，外部数据源中可能还存在很多种不可见的非打印字符，在此就不一一列举了。ASCII 码前 32 位控制与通信专用的不可见字符见表 6.6，在此仅作了解，其中编码 0x0A 所代表的字符就是换行符。

表 6.6　ASCII 码控制与通信专用字符（不可见）

编　　码	字　　　符	释　　义
0x00	NUL(null)	空字符
0x01	SOH(start of headline)	标题开始
0x02	STX (start of text)	正文开始
0x03	ETX (end of text)	正文结束
0x04	EOT (end of transmission)	传输结束
0x05	ENQ (enquiry)	请求
0x06	ACK (acknowledge)	收到通知
0x07	BEL (bell)	响铃
0x08	BS (backspace)	退格
0x09	HT (horizontal tab)	水平制表符

编 码	字 符	释 义
0x0A	LF (NL line feed, new line)	换行符
0x0B	VT (vertical tab)	垂直制表符
0x0C	FF (NP form feed, new page)	分页符
0x0D	CR (carriage return)	Enter键
0x0E	SO (shift out)	不用切换
0x0F	SI (shift in)	启用切换
0x10	DLE (data link escape)	数据链路转义
0x11	DC1 (device control 1)	设备控制1
0x12	DC2 (device control 2)	设备控制2
0x13	DC3 (device control 3)	设备控制3
0x14	DC4 (device control 4)	设备控制4
0x15	NAK (negative acknowledge)	拒绝接收
0x16	SYN (synchronous idle)	同步空闲
0x17	ETB (end of trans block)	结束传输块
0x18	CAN (cancel)	取消
0x19	EM (end of medium)	媒介结束
0x1A	SUB (substitute)	代替
0x1B	ESC (escapc)	换码(溢出)
0x1C	FS (file separator)	文件分隔符
0x1D	GS (group separator)	分组符
0x1E	RS (record separator)	记录分隔符
0x1F	US (unit separator)	单元分隔符

虽然不可见的特殊字符数量众多，但是常见的可以大致分为两类：一是看不见摸不着；二是虽然看不见但是在编辑栏可以选中的字符。后者可以先复制实体然后通过"查找和替换"功能直接清除；前者可以使用 CLEAN 函数完成清除。CLEAN 函数说明见表 6.7。

表 6.7　CLEAN函数说明

语 法	定 义	说 明
CLEAN(text)	删除文本中不能打印的字符	更准确地说可以删除表6.6中的不可见字符，包括换行符

6.2.3 一招清除所有重复的数据

在删除空行和清除冗余不可见字符后，基本上就可以得到一组比较整洁的数据了，但依旧可能出现一种冗余数据，就是单元格信息记录的重复。对于重复记录，Excel 预设了专门去重的功能"删除重复项"。现在以一个去重案例讲解遇到重复记录时应当如何解决，原始数据如图 6.26 所示。

	A	B	C	D	E
1	序号	第1部分	第2部分	第3部分	第4部分
2	1	William	G.	Kaelin	Jr
3	2	Peter	J.	Ratcliffe	
4	3	Gregg	L	Semenza	
5	4	James	Peebles		
6	5	James	Peebles		
7	6	James	Peebles		
8	7	Michel	Mayor		
9	8	Didier	Queloz		
10	9	John	Go	Odenough	
11	10	Stanley	Whittingham		
12	11	Akira	Yoshino		
13	12	Peter	Handk		
14	13	Abiy	Ahmed	E	
15	14	Abhijit	Banerjee	Ali	
16	15	Esther	Duflo		
17	16	Michael	Kremer		

图 6.26　原始数据

要清除表格中的重复记录应当先选择表格的所有数据，然后单击"数据"→"数据工具"→"删除重复值"按钮，如图 6.27 所示。

图 6.27　"删除重复值"按钮

在打开的"删除重复值"对话框中，勾选第 1~4 部分复选框，然后单击"确定"按钮，如图 6.28 所示。此处的条件勾选一定要注意，所有勾选的字段均是作为判断是否重复的依据（记录中所有勾选的字段内容都相同才视为是重复值）。在案例中因为所有记录的"序号"都唯一，相当于主键，因此不能纳入判定重复的范围，应当取消勾选。

图 6.28　删除重复值条件选取

单击"确定"按钮后即可对原始数据中重复的记录进行清除，效果如图 6.29 所示。有几个细节需要注意：①因为删除重复值的选定范围是表格的所有列，虽然在选择判定条件时没有勾选"序号"列，通过其他字段判定多条记录为重复记录后，该列对应的记录也会被删除；②执行删除重复值后的提示对话框中包含了重复值和唯一值的数量信息，如图 6.29 中的"发现了 2 个重复值，已将其删除；保留了 14 个唯一值。"代表的含义是：原记录共 16 条，其中 13 条唯一、3 条重复，经过删除后保留 14 项唯一值，删除 2 条重复记录；③多条重复的记录会优先保留上方的记录，删除其他记录。

🚨 注意：

删除重复值会受到不明字符的严重影响，因此在删除前请务必完成前期的数据清理工作，保证相同信息记录在文本上的内容是一样的之后才执行去重操作。否则"张三"和"张 三"会被判定为两人，导致去重不彻底。

图 6.29　删除重复值效果

总体来说，删除重复值功能使用简单、功能强大，对于单列或多列条件的去重都可以胜任，但是去重过程中的细节信息无法获得。因此如果希望确认重复值的具体情况，建议使用 5.1.6 小节中提到的标记重复值方法进行突出显示后再逐一处理。

6.3 数据团积，轻松提取

除了类型错误和冗余重复外，数据不规范还包括数据团积。数据团积，即字段的划分不清晰，导致多个维度的内容放在了一个字段中进行存储，或是一个字段的内容分为多个字段存储。这两类分别代表拆分与合并的操作，接下来将依次对这两类问题进行分析和解决。

6.3.1 快速分离数字和中文

扫一扫，看视频

混合文本的提取是典型的数据团积问题，种类非常多，包括中文数字混合、数字英文混合、中英文混合以及三者混合等。根据具体的数据特点，比如数字出现的位置是在最左边、最右边还是中间或者存在多段数据等，会衍生出多种类型，而且由于分布逻辑不同，所使用的解决办法也不同，因此无法给出统一的解决方案。但是可以介绍几种比较简单、常用的方法来处理一些难度相对较低的团积问题。

常见的团积问题有多字段合一，如姓名和电话相连被存储在了同一个字段或同一列中，如图 6.30 所示。现在需要将姓名和电话进行分离，分离方法主要有以下两种。

	A	B	C
1	待处理	姓名	电话
2	滑雪晴13222490013		
3	赫柔洁17715975302		
4	府雪晴14952013217		
5	鲜彭12713848762		
6	独梦玉17574837127		
7	艾天韵19092698934		
8	班晴波12719373481		
9	寿煦18021508244		
10	圭皓11783235918		
11	在映天17417384800		
12	九问萍15851616135		
13	邸雅13810677155		
14	类代柔11973415216		
15			

Sheet1

工作簿统计信息　大写　数字　130%

图 6.30　姓名与电话数据团积

1. 快速填充

快速填充也叫智能填充，是 Excel 中结合人工智能自动预测数据的一个功能模块，使用简单，功能强大。只需要在 B2 和 C2 单元格中分别填写第一行数据的正确姓名和电话，然后选中 B3 单元格，单击"数据"→"数据工具"→"快速填充"按钮即可完成团积数据的拆分，效果如图 6.31 所示。

技巧：

> 快速填充对应快捷键为 Ctrl+E。

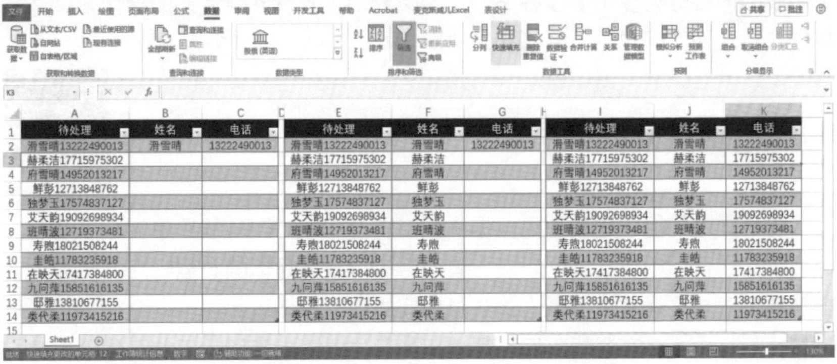

图 6.31　姓名与电话数据团积：快速填充

提供样例数据后再应用"快速填充"，Excel 就会自动根据左侧的原始数据以及给出的样本数据来预测后续应当填入的数据，非常适合解决拆分合并类的问题。在使用的过程中需要注意，人工智能的水平是有限度的，并非在面对所有复杂问题的情况下都可以正确预测。建议在需要依据现有数据进行新列填充时可以优先尝试使用快速填充完成，若结果不理想再尝试使用函数、VBA 等其他方法解决，效率更高。

技巧：

> 对于案例中的数据，因为规律性极强，因此提供单个样本数据即可。若实际操作过程中发现预测数据结果不理想，可以尝试增加给出的样本数量，以增强预测效果，如图 6.32 所示。

从图 6.32 中左侧预测结果可以看出，快速填充成功预测出了文本顺序的改变和增加，但是对于数字的提取部分只对了一半，结果并不理想。在这种情况下增加一个样本数据再做一次快速填充即可达到理想效果，如图 6.32 右侧所示。

图 6.32　增加样本数据强化预测结果

总体来说，虽然快速填充的智能程度有限，但依旧能够对实际工作提供很大的帮助（不仅限于解决案例给出的这种单一问题）。一般的拆分以及 6.3.2 小节讲到的合并问题都可以用它来完成。快速填充的优势是速度快、操作简单，劣势是预测能力有限、属于一次性操作。

2．函数处理

第二种方法是函数处理法。与快速填充相比，函数能够处理的问题种类会更多，可以借助 Excel 中不同的函数组合来完成定制化的处理，但是相应的学习成本也会更高。针对案例中的问题，只需要在 B2 单元格中输入公式"=LEFT(A2,LENB(A2)-LEN(A2))"，在 C2 单元格中输入公式"=RIGHT(A2,2*LEN(A2)-LENB(A2))"即可，如图 6.33 所示。

图 6.33　函数处理

公式虽然看上去有一点长，但逻辑并不复杂。接下来对公式的原理进行简单讲解，以后若遇到同类型问题可以直接套用上述公式。首先来看一下 B2 单元格的公式：

```
=LEFT(A2,LENB(A2)-LEN(A2))
```

一共涉及 3 种函数，分别是 LEFT、LEN 和 LENB 函数。其中 LEN 函数用来读取内容的字符数量，即长度。在案例中读取 A2 单元格内容的长度就写为 LEN(A2)，具体在这里的长度是 14（姓名占 3 位，电话占 11 位）；LENB 函数也是用来读取内容长度的，但是读取的单位是字节（Byte），算法是这样的：中文字符算 2 个字节、英文和数字都只算 1 个字节，因此读取 A2 单元格内容的长度就写为 LENB(A2)，具体在案例中长度是 17（姓名占 6 位，电话占 11 位）。

又因为 A2 单元格中除了姓名没有其他中文文本了，所以只需要将 LENB(A2) 与 LEN(A2) 的结果做差就可以得到姓名的长度是 3（17 减 14）。这就是为什么要引入 LENB 函数，主要是利用中文字符的比特数和字符数差异来统计字符串里中文的长度。

最后利用 LEFT 函数提取字符，只需要告诉它一个文本和一个数字，它就会从这个文本左侧提取对应数量的字符。有了上一步的信息，最后要做的工作就非常简单了，在原始文本字符串中提取前两者差值个数的字符即可。

三个步骤，一目了然，看上去有点复杂的公式经过层层拆解之后可以轻松理解。函数基本信息见表 6.8 和表 6.9。

表 6.8　LEN函数和LENB函数说明

语　　法	定　　义	说　　明
LEN(text)	返回文本字符串中字符数	LEN函数更加直白统计表面的字符数量，通俗地说就是在计算字符串的长度。而LENB则统计的是字节数，虽然仅一字之差，但结果截然不同。不同的符号在计算机系统内有不同的代码所替代，对于常用的小字符如英文、数字以及其他的一些英文制式下的半角符号，计算机使用一个字节进行记录；但是对于中文、韩文、日文等支持DBCS语言的字符，则以两个字节进行记录，因此LEN和LENB统计的结果存在差异，常用于获取双字节字符数量信息
LENB(text)	返回文本字符串中字符的字节数	

表 6.9　LEFT函数和RIGHT函数说明

语　　法	定　　义	说　　明
LEFT(text, [num_chars])	返回文本字符串左起前N个字符	这两个函数是文本类型函数中的主力函数，与MID函数并称"文本三兄弟"，分别用于从字符串的"左、中、右"提取。第1个参数为待提取的文本内容，第2个参数控制提取的字符个数
RIGHT(text, [num_chars])	返回文本字符串右起前N个字符	

再来看 C2 单元格的公式：

"=RIGHT(A2,2*LEN(A2)-LENB(A2))"

这个公式用于提取电话号码，有了对以上三种函数的基础了解会发现其实这条公式在函数嵌套上的结构与上一条基本一致，所以建议大家可以尝试先自行理解。如果发现在自行理解的过程中有困惑是正常的，函数公式的书写除了有对工具的理解外，对问题本身的理解以及思路构建也是非常重要的。

对于提取电话号码的问题而言，现在拥有的信息是字符数长度和字节数长度，想要获得双字节字符的数量很简单，用字节数减去字符数即可，这是提取中文字符的思路。提取数字则需要绕一圈，可以用"总长度减去中文字符长度"的方式获得，主要分为以下几种形式。

（1）中文长度 = 字节数 − 字符数。

（2）数字长度 = 字符数 − 中文长度。

（3）数字长度 = 2×字符数 − 字节数。

◀))说明：

其中的字符数以及字节数可以通过 LEN/LENB 函数轻松获得。

通过上述公式转化能很清晰地看到逻辑演化的过程，这个问题的难点就被克服了。但实际在书写公式时还需要进行推导，才能得到最终的计算方法，因此还不够直接。

如果换一种角度思考，问题就可以更轻松地被理解，如图 6.34 所示。首先可以将字符串想象为两行内容，如果是中文字符则在上下都填写 1，如果是数字或字母则只在下方填写1，那么案例中的字符串就可以转化为如图 6.34 所示的呈现方式。其中"L 型"区域的数值可以使用 LENB 函数计算得到，而"矩形"区域则可以使用 LEN 函数计算得到，最终要计算的目标其实就是剩余的右上角区域。通过这样的逻辑转换，可以直截了当地看到目标等于两个"小矩形"减去"L 型"区域，不再需要额外的推导过程。

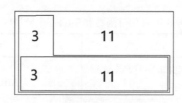

图 6.34　另一个角度看案例

6.3.2　多行文本拆分

扫一扫，看视频

在 6.2.2 小节中完成数据中不可见字符的清理时，换行符是重点讲解的一项不可见字符清理对象。当时是使用"查找和替换"功能辅以特殊的换行符输入技巧（快捷键 Ctrl+J）进行的替换，完成换行符清除，实现"多行存一行"到"一行存一行"效果的转化，如图 6.35 所示。

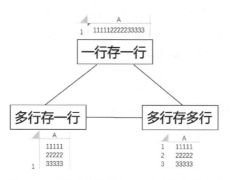

图 6.35　常见文本数据在 Excel 中的存储方式

但在实际数据清理过程中，有时候需要将多行的原始数据对应存放在多行单元格中，以及完成图 6.35 中三种状态之间的相互转化过程。因此本小节重点讲解另一项功能："内容重排"，通过此功能完成"一行存一行"到"多行存多行"状态的转化，并补充说明其他状态之间转化的操作方法。

1. 一行存一行与多行存多行状态的相互转化

为了更好地理解内容重排的功能应用，此处以一首诗的文本为例进行演示，内容为完整的一行，其中不存在内部换行符，如图 6.36 所示。

A
1　妾发初覆额，折花门前剧。郎骑竹马来，绕床弄青梅。同居长干里，两小无嫌猜。十四为君妇，羞颜未尝开。

图 6.36　一行存一行的状态

如果需要将其中的每一句都单独存放于一个单元格，整体依次存放在 A 列中，使用常规的"剪切"+"粘贴"的操作过程会较为烦琐，所以这里使用"内容重排"功能来完成，操作如下。

首先选中 A 列，将列宽调整至恰好完全显示第一句，然后单击"开始"→"编辑"→"填充"按钮，在展开的下拉菜单中选择"内容重排"命令，单击应用即可获得如图 6.37 所示的"多行存多行"效果，操作过程简洁，完全不需要通过频繁的剪切粘贴来完成。不过要注意，使用"内容重排"进行拆分、分行的办法仅适用于拆分的段落中每段的长度比较接近的情况，而且最好保持一致才可以获得良好分行效果。

🔊说明：

在老版本的 Excel 中因为翻译问题可能"内容重排"会显示为"两端对齐"，容易和格式设置中的两端对齐混淆。在"填充"的下拉菜单中的"两端对齐"等同于"内容重排"功能。另外，"内容重排"功能无法针对英文文本进行重排，有一定的局限性。

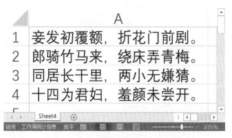

图 6.37　多行存多行的状态

"内容重排"的原理可以理解为将行的分界打破，仅通过控制列宽来确定存储区域的大小，具体字符串内容排列到第几行就存放在第几行。理解这一点后，如果想要返回原始状态，由"多行存多行"的状态转回"一行存一行"的状态，也可以反向操作，通过加大 A 列的列宽再应用"内容重排"命令完成，因为操作类似，这里就不再做单独的演示。

📐注意：

虽然通过"内容重排"可以返回原始状态，但是要注意在 Excel 中列宽的最大上限为 255 个字符宽度。如果总体的文本字符串长度过大，使用"内容重排"也无法完整地将多行字符串连接为一段，因此不建议将"内容重排"应用在大规模的字符串转化上，此时建议使用连接函数 TEXJOIN、CONCAT、CONCATENATE、PHONETIC 来解决这个问题。

2. 多行存一行与多行存多行状态的相互转化

原数据多行存放在单个单元格中的效果如图 6.38 所示，本次的目标依旧是将其转化为多行存多行的形式，以便于独立分析。那么如何完成呢？不妨先思考一下。

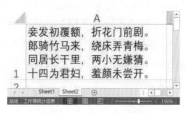

图 6.38　多行存一行的状态

具体操作方法为：进入 A1 单元格编辑栏，按快捷键 Ctrl+A 全选所有数据后，利用快捷键 Ctrl+X 剪切数据，然后直接在 A1 单元格上粘贴即可，过程如图 6.39 所示，效果如图 6.37 所示。

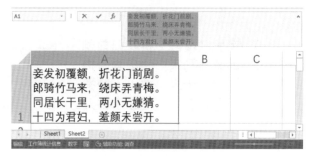

图 6.39　在单元格内剪切数据

这个过程有一个非常重要的细节：在单元格内部编辑字符串时可以直接添加换行符（快捷键 Alt+Enter）对字符串进行调整，注意这是在字符串内也就是单元格内部的换行符。在对单元格内所有的内容进行"剪切"操作时，其实将字符串中的换行符一并进行了剪切。在返回外部（注意是单元格外部，单击 A1 单元格，不进入编辑状态）进行粘贴时，换行符会被 Excel 自动识别，然后视为换行标志对数据换行存储。这也是为什么可以通过上述操作完成数据的多行存储。一定要注意，换行符在单元格内和单元格外的表现情况是不同的。

那将多行存多行状态转化为多行存一行状态应该如何操作呢？可以发现，如果直接复制多行的内容区域，想要再进入单元格内部去粘贴会无法实现。因为 Excel 中的复制功能比较特殊，是单元格区域到单元格区域的复制，且处于复制状态下会使用"蚂蚁线"对复制内容进行圈选，一旦进入另一个单元格的编辑状态，原有的复制状态就会自动取消，也就无法直接将外部多个单元格的内容一次性地装入单个单元格中。

这时可以通过间接的办法进行转移，比较容易理解的就是将内容放置于空的 txt 文本文档中进行中转再复制，但是不推荐使用这种方法，因为要单独新建一个文本文档，并不便捷。

推荐做法如下：正常复制内容区域，单击"开始"→"剪贴板"组中右下角的拓展面板按钮，打开剪贴板左侧边栏。这时候可以在侧边栏中看到刚才复制的内容，并且在进入单元格编辑状态后，虽然"蚂蚁线"消失，复制状态被取消，但是剪贴板中的历史复制内容还在，可以直接单击对应内容即可完成粘贴，操作过程如图 6.40 所示。

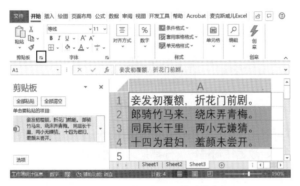

图 6.40　利用剪贴板粘贴数据

📢说明：

拓展面板按钮是指各个功能按钮分组中右下角的"小箭头"符号（部分分组没有），此按钮可以开启在选项卡中没有足够空间显示的一些功能和进行更丰富的参数调整。

3. 多行存一行与一行存一行状态的相互转化

"多行存一行"到"一行存一行"的转化方法可以直接使用在 6.2.2 小节中讲解的替换方法完成，只需要将文本字符串中的换行符全部清除，多行就会变为单行。

"一行存一行"到"多行存一行"采用的方法是：先转化为"多行存多行"状态，然后再转化为"多行存一行"状态。因为在 Excel 中针对单元格内部内容的处理功能较少，因此转化时基本都需要对多个单元格处理后再合一，当然也可以开动脑筋，思考还有没有更加巧妙的办法来完成。

6.3.3 根据分隔符拆分数据

关于拆分的小功能在前两节中分别介绍了"快速填充"和"内容重排"，本小节和 6.3.4 小节中则会依次介绍更为常用的拆分数据工具——"分列"的两种使用模式。这项功能的出现，使很多原本只能使用复杂函数完成的工作，通过简单操作即可完成，非常强大和实用。

在这里继续 6.3.2 小节的转化问题，用"一行存一行"状态转化为"多行存多行"状态演示"分列"功能，这种方法可以解决每句话长短不一的问题，原始数据和最终状态如图 6.41 所示。

图 6.41　原始数据和最终状态

通过观察可以发现，目标数据以每句话作为一个单位进行存储，所以不论如何操作，对原始数据按句进行拆分都是必要的。此时就可以使用"分列"功能来完成。首先选中原数据所在列 A 列或 A1 单元格，然后单击"数据"→"数据工具"→"分列"按钮，打开"文本分列向导"对话框，如图 6.42 所示。

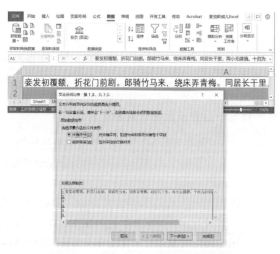

图 6.42　打开"文本分列向导"对话框

在"文本分列向导"对话框的第 1 步中设置的是分列的模式和原始数据预览。默认为按"分隔符号"进行分列，在此选择"分隔符号"类型后单击"下一步"按钮进入第 2 步，即"分隔符号"设置页面，如图 6.43 所示。

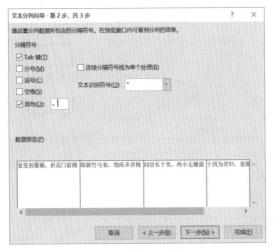

图 6.43　设置"分隔符号"

"文本分列向导"对话框的第 2 步的上下布局为：上方用于设置分隔符种类，默认状态下勾选"Tab 键"作为分列的依据，在案例中按句分列，因此勾选"其他"并输入句号。该设置代表在原始数据中的每一行中如果有 Tab 键或句号，则进行一次拆分，直至结束。也就是说所有设置的分隔符都会成为文本的分段点，详情可以在数据预览窗口中看到。在未设置分隔符前，数据预览窗口中不存在"竖线"作为分隔，一旦勾选分隔符，对应的分隔符则会被替换为竖线，代表此处形成了新列。

除了上述的主要内容外，"文本分列向导"对话框的第 2 步中，"连续分隔符视为单个处理"复选框实现在分隔符连续出现时只进行一次分列的功能，不会产生冗余的空列，根据实际数据情况勾选即可。"文本识别符号"的作用则是清除原文中的两类文本识别符："双引号"（默认）和"单引号"。其中，"单引号"是 Excel 中强制文本输入的文本识别符，如在单元格内输入 1 会被自动识别为数字，但若输入"'1"则会强制识别为文本（参看 5.1.7 小节）；"双引号"则是在函数公式中更为常见的文本识别符，如在编辑栏中输入公式"="1""则可以强制将数字识别为文本。在分列的过程中选择对应的文本识别符后可以将其直接清除，但要注意单引号只清除首位，双引号只清除首位成对的标识，如图 6.44 所示。

◀》说明：

分隔符是可以多选的，多选并不改变运行逻辑，依旧是所有出现分隔符的地方都会进行自动分列。

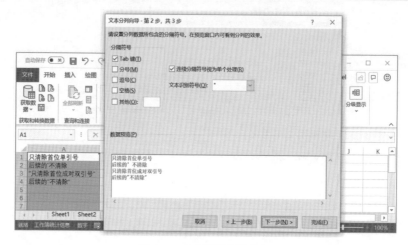

图 6.44　文本识别选择效果

将分列信息按如图 6.43 所示设置后，单击"下一步"按钮，进入第 3 步设置，如图 6.45 所示。在第 3 步中可以设置输出内容的格式（列数据格式），可以设置分列后数据的存储位置（目标区域）以及最终数据分列的效果预览（数据预览）。在此案例中第 3 步无须特殊设置，单击"完成"按钮即可。

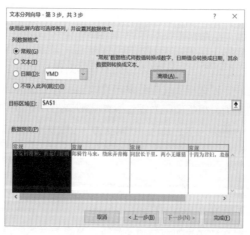

图 6.45　分列输出数据格式设置

注意：

"列数据格式"是针对单列进行的独立设置。有时发现格式未生效就是因为没有对各列输出格式进行单独设置。在"数据预览"窗口中可以看到分列结果，且在其上方有对应的格式说明，如"常规"。而所有的列都是可以单独选中的，正确操作是对目标列依次单击、设置合适的列数据格式才会对应生效，默认状态下"列数据格式"设置的只是针对第一列内容。

最终分列结果如图 6.46 所示，字符串依据句号为分隔符进行了拆分，所有句子被单独存放在了 A1:D1 单元格中。

图 6.46　分列输出数据格式效果

最后一步，将数据复制后再右击目标单元格，在快捷菜单中选择"选择性粘贴"中的"转置"命令，对数据进行重新组织，就完成了将数据从"一行存一行"到"多行存多行"状态的转变，如图 6.47 所示。

说明：

案例中因为采取的是分列法，所以分隔符均被删除，因此在最终效果中没有句号。若分隔符本身较为重要，可以在处理后使用公式批量添加，如本例中可以在 B3 单元格中输入"=A3&"。""，再填充至 B6 单元格，最后通过选择性粘贴为数值清除其中的公式，保留文本内容即可。关于特殊的复制粘贴选项可以参看 5.2.8 小节相关内容。

图 6.47　转换完成效果

与"内容重排"功能相比，使用"分列"虽然多了一步转置，但是操作过程同样简便。因为是根据"分隔符"进行的拆分换行，也就不再有分段长度必须相等的要求，实用性、适用性会更广。

最后，就关于"多行"和"一行"状态的转化问题进行简单总结。通过本小节和 6.3.2 小节共 4 个部分 7 个过程，完成了对上述转化问题的彻底讲解。具体状态的样例、转化过程所推荐使用的方法均列于示意图中，如图 6.48 所示。

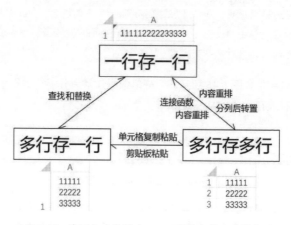

图 6.48　常见文本数据在 Excel 中的存储方式转化

首先是从"一行存一行"和"多行存多行"的相互转化，这是最重要的一条转化线路。介绍了两种方法进行转化：一是内容等长，使用快速内容重排；二是内容不等长，使用分隔符分列后对数据转置完成。对应逆过程则可以使用内容重排或连接函数进行拼接。

其次是"多行存多行"和"多行存一行"的相互转化，对应处理方法是单元格内部的复制粘贴、单元格级别的复制粘贴以及剪贴板复制粘贴，理清楚复制粘贴的逻辑可以规避和解决不少问题。

最后是"多行存一行"和"一行存一行"状态的相互转化，使用的是"查找和替换"功能，其对应逆过程没有直截了当的方法，可以以多行存多行状态为中转站，"曲线救国"达到目的。

6.3.4　长文本固定宽度分段

拆分的另一种模式则是依据文本长度进行拆分，可以按自定义宽度也可以按固定宽度进行拆分。同样以 6.3.3 小节的案例进行演示，因启动部分和输出部分与"按分隔符分列"类似，所以这里重点强调设置过程。选中数据列后单击"数据"→"数据工具"→"分列"按钮，在打开的"文本分列向导"对话框中选择"固定宽度"模式，如图 6.49 所示。

图 6.49　选择固定宽度分列模式

单击"下一步"按钮，进入"文本分列向导"第 2 步，如图 6.50 所示。此界面的所有操作都在"数据预览"区域进行，共分为 3 类：建立、移动和删除分列线（图 6.50 上方说明文字）。

（1）建立：单击"数据预览"区域标尺下方到滚轴上方的任意位置即可创建分列线。分列线的作用同分隔符的作用，系统会以此标记作为分列的依据。

（2）移动：选中分列线后长按拖动可以调整分列线至合适位置。虽然模式名称中显示为"固定宽度"分列，但实际操作中分列线位置并没有限制，可以根据需求调整分列线的位置，此"固定"的含义是指一列中所有记录均按照相同宽度进行拆分。

（3）清除：双击分列线删除。

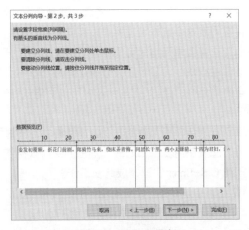

图 6.50　设置分列线

分列线设置完成后，单击"下一步"按钮，进入第 3 步完成对输出格式的设置，即可对原始字符串按照自定义的宽度进行拆分。因固定宽度的特性，此方法常用于处理编号的拆分，如果原始数据是一列包含多种信息的编码，最典型的就是身份证号码 111111222222223345，其中包括"六位地区代码""八位出生日期""区县代码""性别代码"和"校验码"，因此若需要单独提取这 5 部分信息则可以使用"分列"功能对一组身份证号进行迅速拆分。

6.4　零散数据，填充合并

最后一大类导致数据脏乱差的问题就是数据零散，主要表现在两方面：一方面是部分数据缺失，可能是原始数据丢失，也可能是省略未填写，这些都会影响后续统计分析的完整性和可行性，因此需要剔除或填补；另一方面则是数据散乱，即需要汇总的相同类型的数据分布在多张工作表甚至是多个工作簿中的多个工作表中，或者需要合并的应当存储在单个字段内的数据被拆分在了多个字段中。在进行正式的数据分析前需要解决上述问题，将数据的填充合并作为准备工作提前完成。这样无论是个人的后续分析，还是与同事之间的合作，都将会更加顺利。本节将针对零散数据的常见填充合并操作技巧进行讲解说明。

6.4.1　空白单元格批量填充

扫一扫，看视频

用于存储和分析的数据表中的某些字段，因为特殊的业务逻辑可以不用填写任何内容，如图 6.51 所示是一张简单签到表，未到情况就可以不进行填写。这样的输入方式在签到表这个背景下理解是没有问题的，但是一旦数据增多，同时有其他字段也存在空白单元格时可能会产生歧义。要区分这些空白格，就需要利用更多的条件进行限制，导致后续分析工作增加了不必要的难度。因此建议做法是明确空白单元格的值，如在签到表中可以明确未到的情况为"未到"，已到的情况为"已到"。

但是手动去填写肯定会耗费大量的时间，而且在填充的过程中由于各个空白单元格位置分散，即便使用复制粘贴的方法也需要频繁操作。所以在这里要借助批量填充快捷键 Ctrl+Enter 快速完成此项工作。

首先使用 3.1.7 小节中讲解的"定位空值"的办法将空格选中：先利用全选快捷键 Ctrl+A 选中签到表范围，然后使用快捷键 Ctrl+G 或按 F5 键打开"定位"对话框，单击"定位条件"按钮，在打开的"定位条件"对话框中，选择

"空值"后单击"确定"按钮即可完成表格中所有空值的定位，如图 6.52 所示。

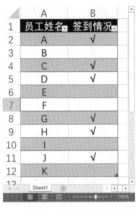

图 6.51　存在空白单元格的签到表

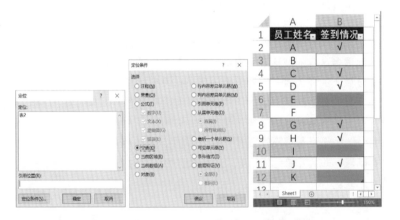

图 6.52　使用"定位"功能选中空格

　　然后保持空值的选中状态（此时不要随意单击其他单元格，会直接取消单元格的选中状态），在编辑栏中输入"未到"后，应用 Ctrl+Enter 批量填充快捷键即可快速批量完成空白单元值的填充，效果如图 6.53 所示。

🔊说明：

　　此处存有一个操作细节，在 Excel 中选中单元格或单元格区域都会存在一个活动单元格，无论是连续区域还是类似本例中离散区域对应的活动单元格，一般都是左上角的单元格（选中颜色也相应较浅）。若在此时对单元格进行操作，都会默认操作到活动单元格上。例如，输入的"未到"是被输入在 B3 单元格中，在批量填充前，其他单元格中依旧没有值。

	A	B
1	员工姓名	签到情况
2	A	√
3	B	未到
4	C	√
5	D	√
6	E	
7	F	
8	G	√
9	H	√
10	I	
11	J	√
12	K	

	A	B
1	员工姓名	签到情况
2	A	√
3	B	未到
4	C	√
5	D	√
6	E	未到
7	F	未到
8	G	√
9	H	√
10	I	未到
11	J	√
12	K	未到

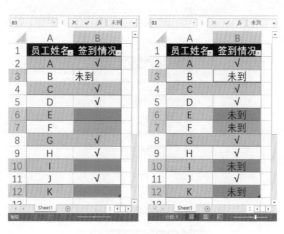

图 6.53　批量填充效果

通过上述操作可以看到无论表格规模如何、存在多少空白单元格，通过定位空值和批量填充功能完成目标所耗费的操作量是一样的，效率非常高。可以想象，如果在执行此类工作时不知道此便捷操作，将会耗费多少不必要的时间成本，而很多这样的技巧学习成本可能只有 2 分钟。因此建议在实践中如果要执行重复性质的任务时一定要思考一下：有没有批量完成的办法？有没有能够更快速完成的办法？花一点时间去思考可能会有意想不到的结果。当然，更加推荐的做法是日常积累，就像正在阅读的你一样。

另外，关于批量填充需要补充说明一种特殊的、在日常数据清理中很常见的一类问题，即合并单元格填充，原始数据如图 6.54 左侧表格所示，右侧为目标整理形式。

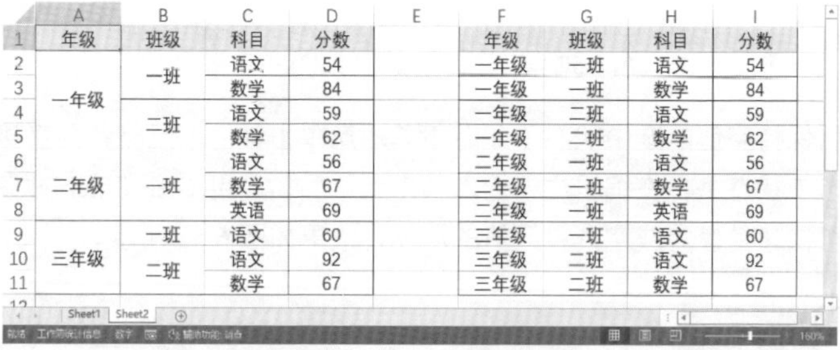

	A	B	C	D	E	F	G	H	I
1	年级	班级	科目	分数		年级	班级	科目	分数
2	一年级	一班	语文	54		一年级	一班	语文	54
3			数学	84		一年级	一班	数学	84
4		二班	语文	59		一年级	二班	语文	59
5			数学	62		一年级	二班	数学	62
6	二年级	一班	语文	56		二年级	一班	语文	56
7			数学	67		二年级	一班	数学	67
8			英语	69		二年级	一班	英语	69
9	三年级	一班	语文	60		三年级	一班	语文	60
10		二班	语文	92		三年级	二班	语文	92
11			数学	67		三年级	二班	数学	67

图 6.54　合并单元格填充原始数据及目标整理形式

首先可以看到 A、B 两项中对其中的相同值进行了合并单元格操作，此类在“展示表”中更常见，因为其对应的显示效果更突出，可读性更好，但是对于计算机以及 Excel 后续的处理会存在一定问题，这就是取消合并单元格后会存在大量的单元格值为空的情况，难以获取具体的字段值。因此不建议在专门存储数据的表格中使用任何的合并单元格功能。

📣**说明：**

> 合并单元格表面上占据了多个单元格，并且具有数值。但是其本质只代表了单个单元格，也就是合并单元格区域中所有单元格左上角的这一个单元格，且数值只在该单元格存储，不论是否处于合并单元格状态其他单元格内均为空。

因此，要处理原始数据中的表格完成转化过程，首先选中 A、B 两列后在"开始"选项卡下的"对齐方式"组中单击"取消单元格合并"，效果如图 6.55 所示。这一步操作会产生很多的空白单元格，需要对这些空白单元格进行批量填充，填充效果如图 6.56 所示。

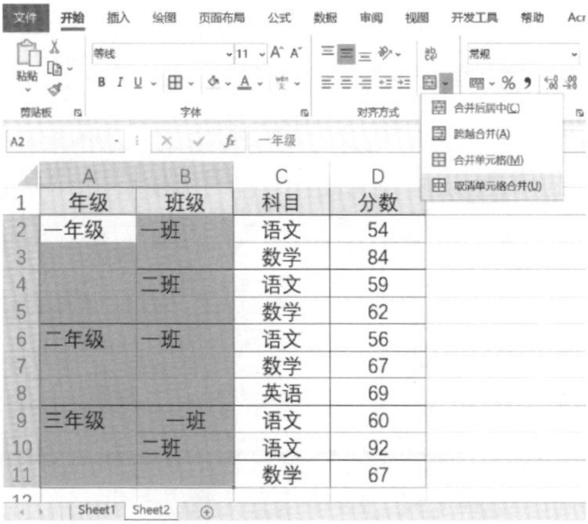

图 6.55　取消单元格合并

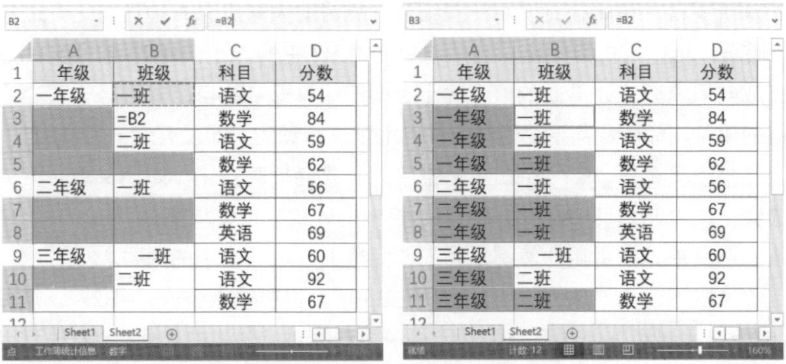

图 6.56　批量填充空白单元格

定位后输入的内容不再是"未到"这样的常量值，而是动态的依据环境读取的数值。可以看到在目标整理形式中原本所有的空白单元格都应填充其对应字段上方给出的值，因此相当于合并单元格区域在取消合并后要进行一次向下填充，如 A3:A5 的区域都应当等于 A2，A7:A8 应当都等于 A6，以此类推。

在活动单元格 B3 中需要引用上方的值，在保持选中的状态下在编辑栏中输入"=B2"后再应用快捷键 Ctrl+Enter 批量填充，即可批量地将所有数值正确填入。最后再对 A、B 列复制并选择性粘贴为数值（Ctrl+C-Ctrl+V-Ctrl-V，加号同时按、减号依次按）后调整对齐方式为居中和添加边框线就可以完成任务，如图 6.57 所示。

📢**说明：**

选择性粘贴为数值的目的是将公式转化为数值进行存储（注意看图中 F3 单元格的内容不再为公式），否则原始数据的改变也会影响后续数值的变化，在后续对数据表进行增删改的过程中容易出现无法察觉的错误。

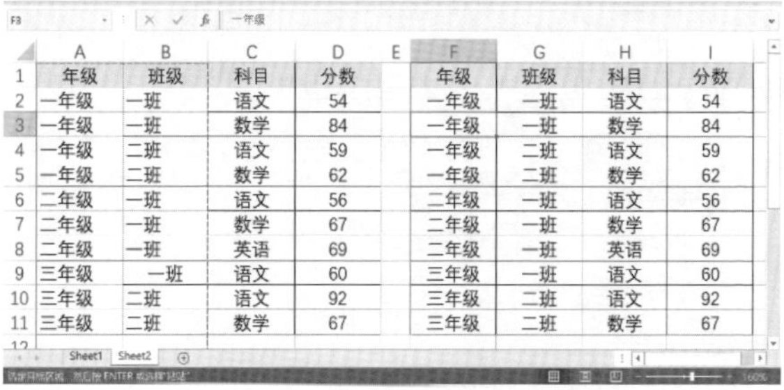

图 6.57　选择性粘贴为数值效果

即便按照上述操作并且达成最终效果，可能还是有部分同学没有理清楚其中的执行逻辑，在此补充说明一些细节信息帮助大家更深入地理解这个过程。

首先，选中空白单元格后在活动单元格 B3 中输入了"=B2"的含义就是为了完成向下填充，让下面的值也等于上面的值，即"我自己永远等于我上方单元格的值"。同时因为并没有对公式的地址进行锁定，即没有输入"=$B$2"，所以在批量填充后，各个空白单元格中的公式会相对变化，如 A3 单元格中的公式会自动填充为"=A2"、B7 单元格中的公式会自动填充为"=B6"。结果是所有空白单元格引用的值都是当前单元格上方单元格中的内容。

也可以不使用"定位"，而直接在 B3 单元格中输入公式"=B2"，然后将B3 单元格复制到其他任意空白单元格中再观察对应公式的变化，会发现引用自动变成了当前单元格上方的位置，这就是"相对引用"，与之对应，地址不会变化的引用称为"绝对引用"。

如此一来所有空白单元格中引用的都是其上方单元格的值，连续的空白单元格会连续引用直到最上面的空白单元格引用到非空值，也就完成了向下填充的工作。

📹技巧：

> 在日常处理该问题时其实并不会手动输入公式，而是直接定位后在活动单元格中输入等号然后再按上方向箭头"↑"就可以完成对上方单元格的引用。如果上箭头没有引用成功而导致了光标移动，则需要按 F2 键切换编辑状态。

6.4.2　一个连接符搞定文本拼接

文本拼接是一类常见的数据合并需求，此前在 6.3.2 小节中，"多行存多行"状态到"一行存一行"状态的转化本质上也就是多个文本之间的拼接。

在 Excel 中，解决文本拼接通常有以下 3 种方式：

（1）使用连接函数，如 TEXTJOIN、CONCAT、CONCANATE、PHONETIC。

（2）使用文本连接符（&）。

（3）使用快速填充快捷键 Ctrl+E。

在本小节中将会对使用文本连接符拼接文本的应用进行重点说明，并附加演示几种常见的在快速填充能力范围内的合并拼接模式。连接函数部分不进行拓展说明，详情可以查看对应函数说明进行使用。

1.　文本连接符

首先来看一个编码案例。在物流、销售、人力等工作场景下，都少不了对手上的数据记录进行编码。常规的编码由于只有数字序号信息，在很多场景下并不适用，更正规的编码通常都需要由"单位代码""合同号""记录序号"等不同种类的信息共同构成。这个时候应用文本连接符进行编码可以大大提高编码的效率，原始数据及编码效果如图 6.58 所示。

在 D2 单元格中输入公式"=A2&"-"&B2&"-"&C2"，即可批量完成简单的编码工作。因为文本连接符属于公式中的运算符，因此需要在公式中使用，文本连接符使用简单，可以快速掌握。

公式由 3 个单元格组成，间隔着一些短横线（-），并在这些元素中间都使用了一个文本连接符（&）将它们连接。因此最终的效果是"单位码""合同码"和"箱件序号"依次出现，并以短横线为间隔。文本连接符的作用就是将不同的数据连接起来，不论这个数据是来自单元格还是手动输入的内容。

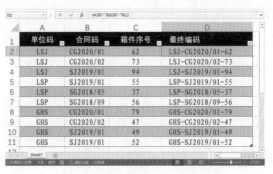

图 6.58　原始数据及编码效果

📢说明：

> 可以看到每个短横线都用双引号（文本界定符）括了起来，这是在公式中输入文本字符串必要的程序，用于告诉 Excel 输入的内容是一串文本，请以文本的方式处理它。另外，半角双引号也可以认为是使用分列功能选择的文本识别符。

除了上述常规的连接使用外，文本连接符还经常与换行符一并使用，达到特殊的显示效果，如图 6.59 所示。

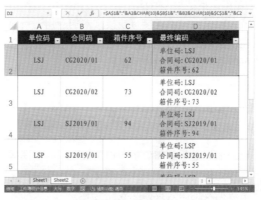

图 6.59　文本连接符与换行符同时使用效果

在 D2 单元格中输入如下公式：

=$A$1&":"&A2&CHAR(10)&$B$1&":"&B2&CHAR(10)&$C$1&":"&C2

即可完成如图 6.59 所示的拼接与换行显示数据的效果。基础的连接逻辑是一样的，来自单元格的数值和手动输入的数据交替出现进行连接。但比较特别的是添加了 CHAR(10)换行符，它的作用是对连接的内容进行换行显示。CHAR函数说明见表 6.10。

表 6.10　CHAR函数说明

语　法	定　义	说　明
CHAR(number)	返回对应数字代码的字符	在计算机编码中将数字和常用的字符进行了对应。在公式中想要提取对应的字符时不易输入，就可以使用CHAR函数用数字来提取不易输入的字符。例如，与换行符对应的数字为10，因此CHAR(10)就可以提取换行符。与CHAR函数对应的还有CODE函数，可以用于提取字符对应的数字

2.　快速填充合并

6.3.1 小节讲解了使用快速填充功能将团积的数据进行拆分提取，接下来将会讲解如何使用快速填充合并进行数据合并。

首先是刚才使用过的两项合并编码案例，通过在 D2 单元格中输入编码样本后，在 D3 单元格应用快捷键 Ctrl+E 即可完成整列的数据编码，如图 6.60 所示。即便是带换行的特殊格式也能够被正确识别并预测。

☞注意：

逻辑复杂且数据量大的合并、拆分工作，不建议使用快速填充来完成。因为 AI 的智能预测结果，在数据量大的情况下无法逐个检查预测逻辑是否正确，而且在 Excel 中通过预测最终确定的计算方法并不会公示，无法保证绝对的正确率。因此，虽然功能强大，但是在较为严格的环境下还是建议使用函数公式或其他逻辑更严密的方式完成工作。

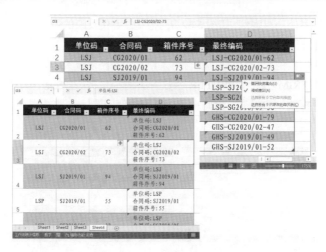

图 6.60　快速填充多字段合并编码

为了更快速地判断问题难度，以及初步判断工作是否适合使用快速填充功能完成，现将快速填充功能还可以完成的合并、提取特性一并补充如下。

首先使用快速填充功能对日期、身份证信息进行提取，如图 6.61 所示。

待处理	年	月	日		待处理	地区	出生日期	区县
2010/1/4	2010	1	4		110101199003076000	110101	19900307	60
2020/7/21	2020	7	21		13010220060507330X	130102	20060507	33
2010/4/28	2010	13	28		13010220060312146X	130102	20060312	14
2005/8/18	2005	19	18		110101199004131516	110101	19900413	15
2004/12/1	2004	25	1		150102199503078000	150102	19950307	80
2020/4/14	2020	31	14		150102199503072877	150102	19950307	28
2016/6/12	2016	37	12		150102199503073677	150102	19950307	36
2008/12/12	2008	43	12		150102199503076157	150102	19950307	61
2018/12/7	2018	49	7		150102199503077993	150102	19950307	79
2017/6/13	2017	55	13		360102199703075000	360102	19970307	50
2018/10/28	2018	61	28		360102199703075545	360102	19970307	55
2003/1/19	2003	67	19		360102199703074761	360102	19970307	47
2004/6/7	2004	73	7		220102200205129023	220102	20020512	90

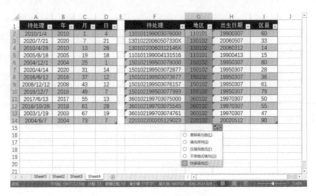

图 6.61　提取日期和身份证信息

从图 6.61 左侧对日期数据中“年”的提取结果可以看出对于特殊的日期格式而言，快速填充能够正确预测提取日期的年月日部分；而右侧身份证号信息提取体现的则是快速填充依据目标位置序号按位进行提取的能力。

技巧：

除了在选项卡单击以及使用快捷键 Ctrl+E 应用快速填充外，直接向下拖动填充后在浮动工具栏中也可以切换填充模式为“快速填充”。但是要注意，快速填充每次只能针对一列进行识别，并且是参照左侧数据进行预测。

再来看另外一组案例，如图 6.62 所示。左侧案例反映的是根据标志符号“括号”对数据进行提取。右侧案例比较特殊，需要特别说明，这个案例是 6.2.2 小节中所使用的案例，原始数据存在含有大量冗余空格以及大小写不规范的问题，当时是利用 TRIM 函数和 PROPER 函数解决的。其实快速填充也具备识别大小写和统计空格数量的特性，因此也可以解决类似问题。

待处理	括号内数据		待处理	整理后
aldf(657)4546ajkljf	657		William G. Kaelin　Jr	William G. Kaelin Jr
aljksfa(32424)lk5575\	32424		Peter J.　ratcliffe	Peter J. ratcliffe
2r3f3t44rr2w(13)fdf	13		Gregg L. semenza	Gregg L. semenza
fsafsf34(233)12	233		james　Peebles	Peebles
rf23r(235)2r2r	235		Michel MAYOR	MAYOR
24rf8933(34)2342449r	34		Didier　queloz	queloz
232rj9jig4()3			John GO odenough	odenough
345mmfjio4(234234)23f2	234234		Stanley Whittingham	Whittingham

图 6.62　根据标志符号提取与大小写纠正

如图 6.62 所示是利用快速填充纠正数据的结果，如果认真观察会发现结果已经得到一定程度的纠正，但并不彻底。因为该结果是仅以第一项正确结果为样本数据进行的预测，问题本身比较多，所以预测存在偏差。

技巧：

虽然在 6.3.1 小节中讲解过在预测结果不理想的情况下可以添加样本数据以增强预测效果。但是在实际操作的过程中，并不需要将已经生成的预测结果删除后再重新预测，而是可以直接在预测数据上修改，系统会自动判定并更新预测结果。图 6.63 则是增加第二项样本数据后的预测结果，准确度再次提升。

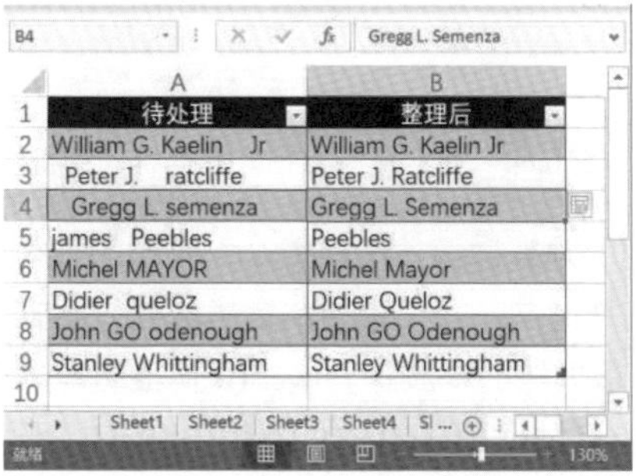

	A	B
1	待处理	整理后
2	William G. Kaelin Jr	William G. Kaelin Jr
3	Peter J. ratcliffe	Peter J. Ratcliffe
4	Gregg L. semenza	Gregg L. Semenza
5	james Peebles	Peebles
6	Michel MAYOR	Michel Mayor
7	Didier queloz	Didier Queloz
8	John GO odenough	John GO Odenough
9	Stanley Whittingham	Stanley Whittingham
10		

图 6.63　增加样本数据优化预测结果

综上所述，连接文本的不同方式都拥有各自不同的特点。对于文本连接符而言，其更适合小规模的数据连接，灵活性很强也可以任意拼接；对于快速填充而言，更加适合一次性的简单拼接操作，因为它本身没有函数公式，原始数据改变后也不会联动更新，需要再次应用才可以刷新数据；而函数更适合大批量数据的拼接，同时可以配合文本连接符一并在函数公式中应用。

6.4.3　多表汇总有妙招

在工作中经常遇到过这样或类似的情况：公司分为很多个销售大区，各个大区都有多个城市，而每个城市又有多个销售网点，每到月度、季度、年度分析总体销售情况时，数据都保存在不同文件夹下的不同工作簿的不同表格中，汇总起来“真令人头大”。此时，简单地使用复制粘贴显然并不适合，可以采用批量合并的方法完成，同时还存在一种轻松合并多表数据的方法。

现在假设要汇总的数据分为 3 个销售大区，每个大区各有 3 个城市，每个城市各有 3 个销售网点，各销售网点第一季度 3 个月的销售数据均存放在独立的表格中。最终任务为将所有网点前 3 个月的销售数据进行汇总，存放在一张表格中，原始销售数据存储结构如图 6.64 所示。

图 6.64　待汇总原始销售数据存储结构

对于工作簿级别的频繁操作，借助 Excel 内部的常规菜单栏功能和函数已经无法实现。因此完成此次任务所使用的是集成在"数据"选项卡中的"获取和转换数据"模块。该模块的本质是 Power BI 商业智能软件中负责查询和数据清理的 Power Query 组件。Power Query 诞生于 Excel，因此自 Excel 2016 版本开始就默认集成于软件中，可以直接使用。Excel 2013 版和 2010 版也可以使用，但需要单独下载安装手动集成，更早期的版本以及 WPS 则无法兼容使用。

◀))说明：

Power Query 组件安装包的下载地址为 https://www.microsoft.com/zh-CN/download/details.aspx?id=39379。下载页面如图 6.65 所示，选择对应语言以及系统版本下载即可。

用于 Excel 的 Microsoft Power Query

重要！ 选择下面的语言后，整个页面内容将自动更改为该语言。

选择语言：　中文(简体)　▼　　　　下载

用于 Excel 的 Microsoft Power Query 是一个 Excel 外接程序，它可以在 Excel 中通过简化数据发现、访问和协作来增强自助式商业智能体验。

⊕ 详情

⊕ 统要求

⊕ 安装说明

图 6.65　Power Query 组件下载页面

汇总前首先建立新的空白工作簿用于存储汇总数据，在案例文件中已新建了"案例 6.4.3-多表汇总有妙招.xlsx"工作簿，其中是已经汇总的数据范例供参考，在练习时建议重新建立。

　　然后新建一个空白工作簿，在"数据"选项卡下的"获取和转换数据"组中单击"获取数据"按钮，在展开的下拉菜单中选择"来自文件"中的"从文件夹"命令，如图 6.66 所示。

🔊 说明：

　　不同版本 Excel 的界面稍微有一点差异，但仅仅是名称和布局上的差异，功能本身是相同的。在 Excel 2013 及 2010 版本中：①Power Query 是独立安装集成，因此可能会提供专用 Power Query 选项卡，从其中进入即可；②若无独立选项卡，可以在"数据"选项卡下找到"获取与转换"组，其中功能对应为 Power Query。另外需要特别注意的是，"获取与转换"组左侧的"获取外部数据"是老版本中的数据获取功能，并非 Power Query。

图 6.66　从文件夹获取数据汇总

　　从以上操作中可以看到 Power Query 提供了从多种不同的数据来源获取数据的途径，在本案例中数据源存放于文件夹中，因此选择文件夹作为输入的获取模式。在"文件夹"对话框中输入本地案例数据的文件夹路径或单击"浏览"按钮确定地址后单击"确定"按钮完成数据源的导入，如图 6.67 所示。

　　读取文件夹地址后就会看到如图 6.68 所示的文件夹中的工作簿清单。其中顶部显示路径地址；表体部分为数据各个字段，可以看到文件夹中所有工作簿均以记录的形式列于表体中；下部有"组合""加载""转换数据"等操作按钮。

图 6.67　填写数据源文件夹路径

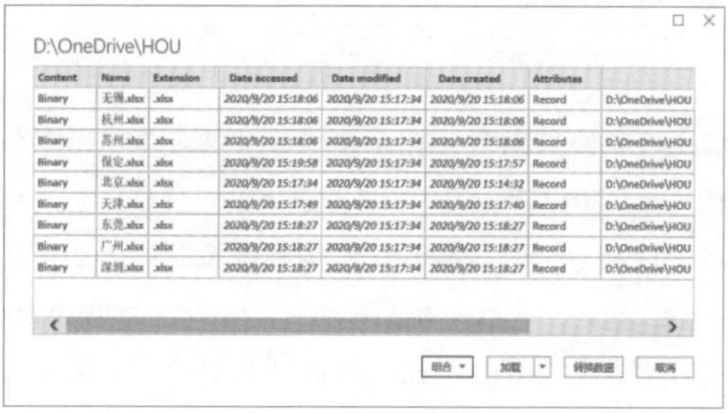

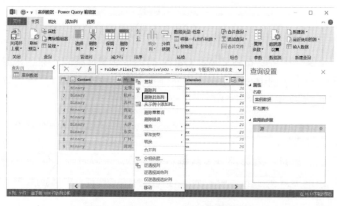

图 6.68　文件夹数据文件总览

其实在这一步之后数据就已经完成了汇总工作，但是目前的数据形式并不满足要求，因此还要进行简单的数据清洗工作。在此单击"转换数据"按钮，进入 Power Query 编辑器对数据进行整理。

Power Query 编辑器拥有独立的界面，如图 6.69 所示，与 Excel 界面相似，按照相同的逻辑设计和使用。上部为工具栏，通过这些封装好的功能按钮可以对数据进行结构转换、内容变更等处理；中部为数据预览区域，可以选中实体的字段、记录和表格等对象；左右两侧分别对查询进行管理，也就是对正在执行的这个汇总过程进行管理。由于 Power Query 编辑器拥有一些特性，它可以记录所有操作的过程以便后续反复使用。

图 6.69　Power Query 编辑器界面

1. 删除其他列保留 Content 列

清理过程的第 1 步是将冗余数据清除，因此按住 Ctrl 键的同时选中 Content 和 Name 列，然后右击，在快捷菜单中选择"删除其他列"命令即可将选中的两列保留下来。其中，Content 列存储的是原始数据表中的各个网点的销售记录；而 Name 列则属于"背景信息"要保留下来用于指示数据来源于具体哪张表格，防止后续数据来源混淆；其他列为非目标信息予以删除，如图 6.69 所示。

2. 删除 Name 列中的冗余数据

表中的冗余数据通过删除其他列已经基本完成了清除工作，在列的内部如 Name 列中文件名的后缀为非目标信息也应当一并清除。因此选择 Name 列后，单击"转换"→"任意列"→"替换值"按钮，将.xlsx 替换为空值，类似 Excel 中的"查找和替换"功能，如图 6.70 所示。

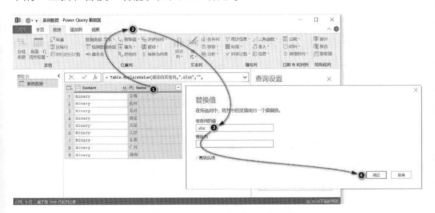

图 6.70 替换冗余文件后缀名

3. 识别 Content 列

虽然系统已经完成了所有数据文件的汇总并存放在 Content 列中，但其依旧是二进制文件，无法直接阅读。因此这一步要完成的任务是将二进制文件转换为可识别的表格。首先单击"添加列"→"常规"→"自定义列"按钮，在打开的"自定义列"对话框中的"自定义列公式"栏中直接输入"=Excel.Workbook([Content])"后单击"确定"按钮即可。公式中的 Excel.Workbook 函数用于识别二进制格式的工作簿文件，如图 6.71 所示。

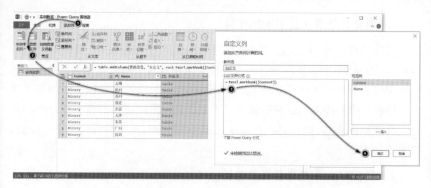

图 6.71　识别 Content 列

4. 展开表格列

在第 3 步中完成了对二进制文件的转换工作，但是转换后的表格都团积在一个单元格内，需要展开、平铺后再查看。因此单击新建自定义列标题右侧的"展开"按钮，在打开的窗格中取消全选后，仅勾选 Name 和 Data 复选框，并取消勾选"使用原始列名作为前缀"，然后单击"确定"按钮即可，操作步骤如图 6.72 所示。

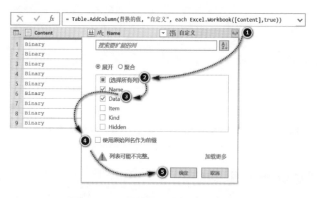

图 6.72　展开工作簿中的工作表

此处展开是将工作簿展开到工作表的状态，因此展开的表格明细中还存在不少非目标的工作表相关属性字段，如果全选，后续还要单独删除（类似于第 1 步中删除工作表中非目标相关属性字段），因此在展开时就取消勾选。

展开结果如图 6.73 所示，可以看到原本的每个工作簿都仅包含一条记录，现在展开后均变为 3 条记录，对应工作簿中的 3 张工作表，分别对应网点 1、网点 2、网点 3。所以现在回头看，图 6.73 中 Name 列代表的是工作簿名称，Name.1 列则是工作表名称（因为存在同名列，在展开过程中 Power Query 自动为其添加.1 后缀），而最后的 Data 列才是表格中存放的数据。

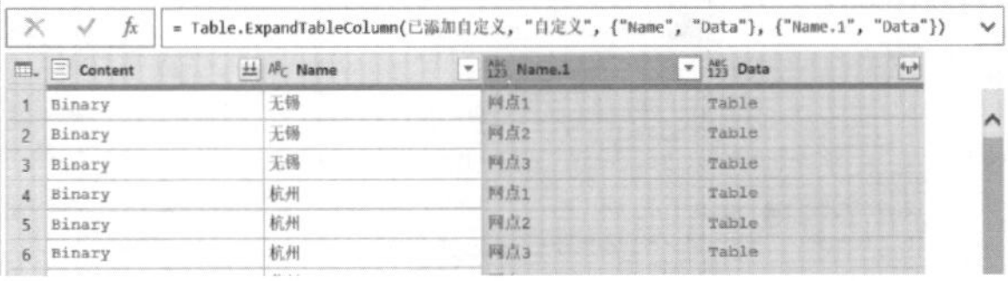

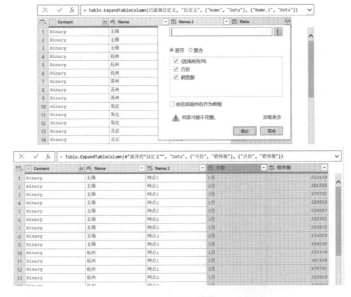

图 6.73　展开工作簿中的工作表效果 1

5. 第二次表格列展开

还需要进行第二次展开，将工作表的数据平铺，操作类似第 4 步：单击 Data 数据列标题右侧"展开"按钮，直接单击"确定"按钮即可。本次展开的表格就是最终需要汇总的数据表，因此无须额外选择，操作过程及展开效果如图 6.74 所示。

图 6.74　展开工作簿中的工作表效果 2

6. 关闭上载

最后右击 Content 列，在快捷菜单中选择"删除"，就彻底完成了数据的汇总和处理。要将数据返回到 Excel 工作表中需要单击"主页"→"关闭"→"关闭并上载"按钮，推荐使用下拉菜单中的"关闭并上载至"命令，其可以自定义导出的表格形式和位置，操作步骤如图 6.75 所示。

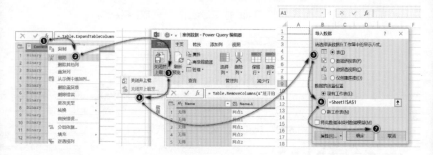

图 6.75　将数据返回 Excel 工作表中

案例中选择的是将最终数据以"表"的形式导出到现有工作表 Sheet1 中的 A1 单元格位置，如图 6.76 所示，后续即可直接在 Excel 工作表中进行数据的分析和统计。若暂时不需要导入也可以选择"仅创建连接"，待后续需要使用该项数据时再加载到表格中。

📢说明：

> 图 6.76 中右侧边栏为 Excel 中的"查询&连接"窗格，默认状态下从 Power Query 编辑器返回时会处于开启状态，后续数据的加载可以直接选择对应的查询右击，在快捷菜单中选择"加载到"命令即可。若"查询&连接"窗格处于未开启状态，则可以在"数据"→"查询和连接"组找到对应按钮开启。

图 6.76　数据导入完成

至此，就已经彻底完成多文件夹中多工作簿中多工作表的汇总工作。虽然在第一次操作时可能会觉得有点烦琐，觉得整个过程冗长、繁杂，但实际上操作熟练后会发现逻辑清晰而且操作简单，在性能和效率等方面要优于复制粘贴或通过编写 VBA 等程序语言完成汇总任务的操作。

查询在执行完一次数据汇总后并不会消失，可以重复使用，如本案例中几家门店在汇报前一天突然发现数据有误，希望能够对数据进行更新。在应对这样的问题时，常规的做法可能是将已完成的工作重复执行一遍，这样重复工作很有可能在时间限制下变成了不可能完成的任务。而对于使用 Power Query 构建的查询而言，数据的更新是顺理成章的，在设计之初就重点针对这样的问题进行了解决。

假设现在将华北地区的所有的销售额全部修改为 0（如果有新文件可以直接覆盖旧文件），首先打开汇总工作簿，在输出表格上直接右击，在快捷菜单中选择"刷新"后，最新数据就会自动更新到表格中。不需要任何其他的操作，也不需要重新执行此前所有的查询过程，操作与效果如图 6.77 所示。

📢说明：

> 因为汇总采用的逻辑是将文件夹中的所有数据进行汇总，因此不仅仅是数据发生变化，相应的网点或城市的增加或删除、下个季度数据的添加、销售记录表格模板改变等原始数据方面的变动，都可以通过一键"刷新"自动汇总（但要注意子表格的模板要求统一）。

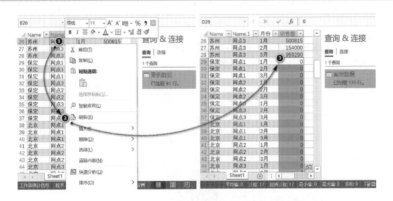

图 6.77 数据刷新效果

以上便是汇总多表案例的全部内容，通过案例，可以初步感受到新一代数据整理工具的魅力。Power Query 的学习是一门大课题，它可以完成的数据工作还有很多，也代表着商业智能技术的进步，对于日常工作接触数据较多的同学推荐深入学习 Power Query，提升自我能力。

📢说明：

> 虽然 Power Query 已逐渐独立于 Excel 在 Power BI 中运行，但在 Excel 2016 及以后的版本中 Power Query 依旧作为"常驻嘉宾"继续服务广大 Excel 的使用者。

第7章 争做数据整理控，
取用阅读好轻松

第6章讲解了数据清理技巧，可以解决外部导入的脏乱差数据中重复冗余、类型错误、数据团积和分散等问题。但在数据清理的过程中，数据内容的整理只是其中一方面，还需要对数据结构进行整理，如数据的编号、排序以及列/表分布的相互转换等。

本章将继续数据整理的一般逻辑，在学习了数据导入、数据清理后，解决日常工作中常见的数据结构优化和调整问题。

本章主要涉及的知识点有：

● 长表格编号、筛选编号、合并单元格编号、分组编号。

● 多条件排序、自定义排序、条件筛选、高级筛选。

● 单列数据折叠、多列数据展开。

7.1 数据也要排队取号

本节重点关注在日常工作中处理编号问题时遇到的特殊情况，常规记录表的编号通过在 5.2.9 小节中介绍的"填充柄序列填充模式"或 ROW 函数可以很轻松地完成。但在遇到存在如筛选、条件分组、合并单元格等受条件限制的表格时，需要特殊处理，一起来看看该如何处理吧。

7.1.1 创建超长序列号

扫一扫，看视频

首先介绍一项创建超长序列号的操作技巧。通常情况下，如果表格已经拥有数据，如已有 100 行记录，要为该表格进行编号，可以直接在最前列插入一列后利用填充柄进行递增序列的填充，完成编号。但是若数据还不完善，仅有前 10 条，希望提前创建好 100 行的预留框架，这个时候利用填充柄功能就无法直接填充到 100 行（因为不存在相邻数据，默认状态只能自动填充到第 10 行），解决这个问题的步骤如下。

1. 利用名称定位选中 A1:A100 单元格

要快速创建超长编号，关键要选中编号所在的单元格区域。例如，要在 A 列进行 1～100 的编号，没有依赖数据无法直接填充。所以首先在左上角地址栏中填写 A1:A100，然后按 Enter 键确认即可轻松选中 100 个单元格，如图 7.1 所示。具体单元格区域地址参数可以自行修改，根据要预留的行数进行选择即可。

图 7.1 地址栏定位

2. 批量填充内容

定位后可以选择的方式有两种，第 1 种是在编辑栏中输入 1 后使用快捷键 Ctrl+Enter 进行批量填充，手动构建出依赖数据（A1～A100 均为 1）。然后重新回到顶部单元格双击填充柄进行序列填充即可自动完成 100 行的内容编号，比较简单这里不再做演示。

📢说明：

> 因为已经预先填充了数据，因此填充柄获得了填充终点的信息可以完成自动填充，但若临近单元格中无依赖数据则无法填充（空白表格创建序列编号就面临这样的问题）。

第 2 种方法则通过借助函数公式完成。选中单元格区域后在活动单元格中输入 "=ROW(A1)" 后使用快捷键 Ctrl+Enter 进行批量填充即可完成。其中 ROW 函数提取 A1 单元格的行号，因此返回 1。后续批量填充会使公式自动改变引用地址为 A2、A3、…，因此读取返回的行号也会相应变为 2、3、…，如图 7.2 所示。ROW 函数说明见表 7.1。

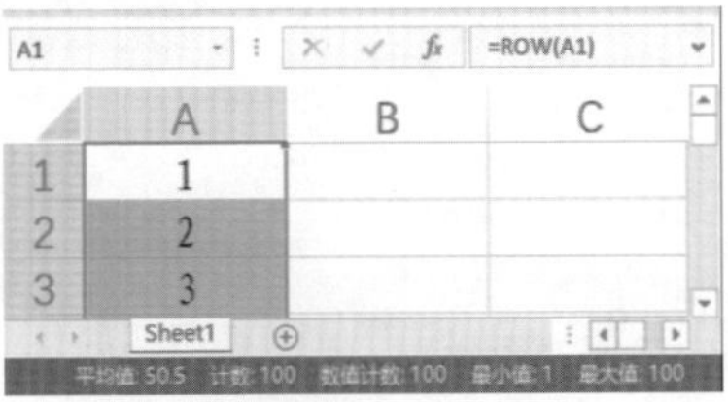

图 7.2 批量填充编号

📖 技巧：

若使用第 2 种方法通过公式进行编号，建议公式写为=ROW(1:1)，而不是=ROW(A1)，可以有效防止因 A 列删除导致的编号错误。若希望编号保持不变，可以选中整列后选择性粘贴为数值。建议以数值形式保存，在表格结构不稳定时，公式的编号容易受表格结构调整影响而发生错误，但数值形式则无此问题。

表 7.1　ROW函数说明

语　法	定　义	说　明
ROW([reference])	返回引用地址的行号	对单元格引用地址的行号进行读取，若省略参数，则返回单元格当前行号。常用于构建表格序号和特殊数字序列。读取列号对应的函数为COLUMN函数，使用方法与ROW函数类似

7.1.2　不为筛选所动的编号

扫一扫，看视频

若表格处于筛选状态下，情况又有所变化。因为筛选的存在，一旦应用条件后表格中部分不满足条件的行便会被隐藏。此时若依旧使用常规编号，则会出现编号被一并隐藏的问题，导致无法按顺序自动编号，因此本小节介绍如何使用SUBTOTAL 函数对筛选表格进行编号，达到在筛选状态下顺序编号的效果。

1.　常规编号在条件筛选下的状态

首先对比常规编号在条件筛选下的编号情况。如图 7.3 所示，在成绩表中应用了"小于 80 分"的筛选条件后，可以看到原始编号除去隐藏部分变为了 1、6、7、9、10，而目标需要的状态应当是 1、2、3、…。

图 7.3　常规编号在筛选状态下的序号

2. 不为筛选所动的编号

取消筛选状态后选中 A2:A10 的编号区域，输入公式"=SUBTOTAL (103,$B$1:B1)"即可完成不为筛选所动的编号（因为创建了智能表因此无须使用快捷键 Ctrl+Enter 批量填充，表格会自动完成本列公式的填充），效果如图 7.4 所示，即便是在条件筛选下也依旧自动顺序编号。

图 7.4　不为筛选所动的编号

简单说明一下该公式逻辑：SUBTOTAL 函数是小计函数，常用于在表格末端做小计、总计等工作，是一个集成了多种函数的复合函数。它的另一项特点是具备应付筛选的能力，即只对可见单元格进行统计，忽略隐藏单元格，在案例中也正是利用了其忽略隐藏单元格的特性。

可以看到 SUBTOTAL 函数的第 1 个参数为 103，这代表的是应用忽略隐藏单元格的 COUNTA 函数，代码与对应函数情况见表 7.2。第 1 个参数则是使用 COUNTA 函数统计文本单元格个数的范围。该范围选择的是$B$1:B1，其中起点是 B1 单元格，锁定不变；而终点也是 B1 单元格，但会随着公式在不同的单元格而变化，如在 A3 中读取的就是 B1:B2 的范围、在 A5 中读取的就是 B1:B4 的范围，以此类推。因此总体这一条函数公式翻译过来就会发现它永远计算的都是"在 B 列中当前行上方的可见单元格区域中有几个单元格是有存储文本的"，也因为所有的姓名栏均有名称，最终计算得到的编号便会依次递增，形成序号。SUBTOTAL 函数说明见表 7.3。

表 7.2　代码与函数对应表

代码（包含隐藏值）	代码（忽略隐藏值）	函数
1	101	AVERAGE
2	102	COUNT

续表

代码 （包含隐藏值）	代码 （忽略隐藏值）	函数
3	103	COUNTA
4	104	MAX
5	105	MIN
6	106	PRODUCT
7	107	STDEV
8	108	STDEVP
9	109	SUM
10	110	VAR
11	111	VARP

表 7.3　SUBTOTAL函数说明

语　法	定　义	说　明
SUBTOTAL(function_num,ref1,[ref2],...)	返回数据表的分类汇总	系统在自动建立分类汇总以及表格总计时会使用的函数，在日常手动输入公式中常用于做智能表的汇总栏统计公式，支持的统计方法丰富多样，如求取最大值、最小值、计数、平均值等，可以根据实际情况选择

7.1.3　合并单元格编号

第 3 种特殊情况是表格中存在合并单元格。在实际工作中会发现，周围可能很多同事会将表格中部分相同的内容进行合并单元格，以增强显示效果，如图 7.5 所示。

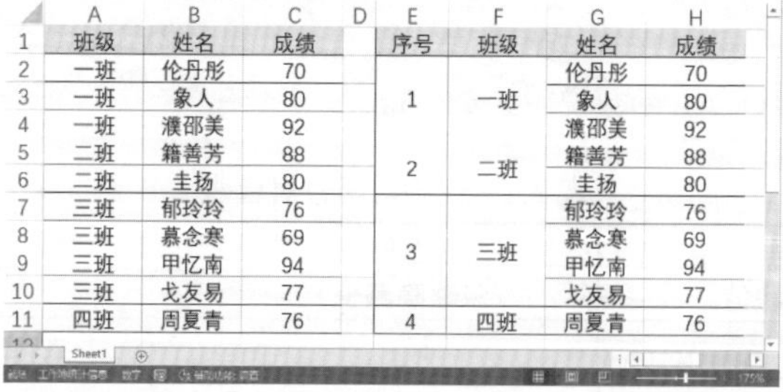

	A	B	C	D	E	F	G	H
1	班级	姓名	成绩		序号	班级	姓名	成绩
2	一班	伦丹彤	70				伦丹彤	70
3	一班	象人	80		1	一班	象人	80
4	一班	濮邵美	92				濮邵美	92
5	二班	籍善芳	88		2	二班	籍善芳	88
6	二班	圭扬	80				圭扬	80
7	三班	郁玲玲	76				郁玲玲	76
8	三班	慕念寒	69		3	三班	慕念寒	69
9	三班	甲忆南	94				甲忆南	94
10	三班	戈友易	77				戈友易	77
11	四班	周夏青	76		4	四班	周夏青	76

图 7.5　表格中的合并单元格

面对这样的合并单元格时，常规的填充柄拖动会受到合并单元格的影响而无法正确运行，因此同样是要借助简单的函数公式以及批量填充功能来完成快速编号。

首先选中待编号区域（案例中为 E2:E11 单元格区域），并在编辑栏中输入公式"=MAX($E$1:E1)+1"，最后利用批量填充快捷键 Ctrl+Enter 将公式批量填充到所有选中的单元格中完成编号，如图 7.6 所示。

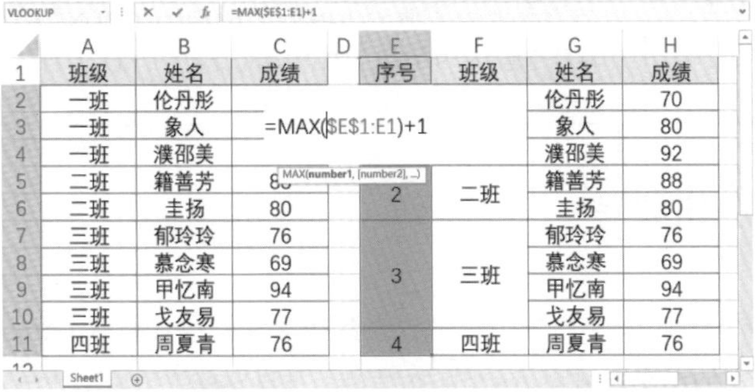

图 7.6 合并单元格编号

公式中选定范围 $E$1:E1 的写法屡见不鲜，它代表"当前单元格上方的所有单元格区域"，而这里使用 MAX 函数统计这片区域中的最大值，其本质就是调查此前最后的编号到了第几位，最后加 1 即可得到当前应该输入的号码。MAX 函数说明见表 7.4。

表 7.4 MAX函数说明

语　　法	定　　义	说　　明
MAX(number1, [number2], ...)	返回一组值中的最大值	返回最大值，可以将数字一个个输入，也可以一组数字作为一个参数输入，但无论如何均取所有输入数字里面的最大值。对应求最小值函数为MIN。它们都有一个共同特性就是忽略文本值，并返回0。在案例中E2单元格中的公式使用的MAX函数是统计E1单元格的最大值，但并未报错而是忽略其中的文本返回了0

与此类似，SUBTOTAL 函数进行不为筛选所动的编号，可以直接将 E2 中的公式替换为"=COUNTA($F$1:F1)"，结果同样正确。COUNTA 函数说明见表 7.5。

◀)))说明：

这两个公式中，第一个公式参考的是当前列，而第二个公式参考的是隔壁列，因此更加容易受到外部数据变化带来的影响，稳定性不如第一个公式，所以推荐使用第一个公式完成合并单元格编号。

表 7.5 COUNTA函数说明

语　法	定　义	说　明
COUNTA(value1, [value2], ...)	计算范围内含有文本的单元格的个数	所有含有文本内容的单元格均为纳入计数。在Excel中COUNT函数家族共有5名成员，分别是 COUNT 计数字、COUNTA 计文本、COUNTBLANK计空白、COUNTIF/COUNTIFS根据条件计数

7.1.4 分组编号

最后要介绍的一种特殊情况是在为数据记录编号时碰到了分组条件。如图 7.7 所示，如果想要对图 7.7 中的表进行编号可以选择常规的序号编号，但如果需要按照部门这一条件进行编号则会产生两种分组编号的模式：第一种是各部门内部人员进行单独编号，第二种则是为部门设定固定编号，这里简称为分组内部编号和分组外部编号两类。

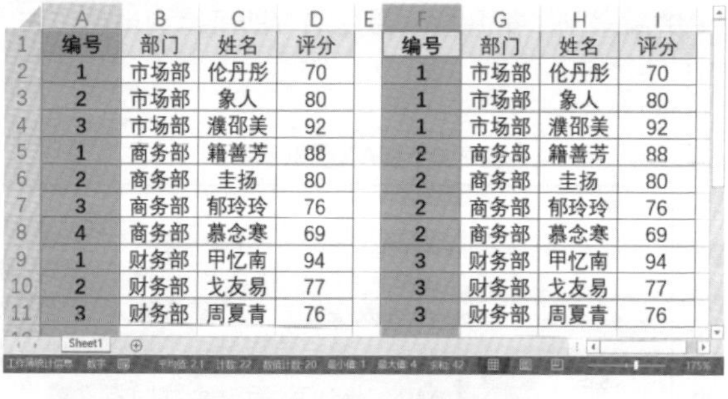

编号	部门	姓名	评分		编号	部门	姓名	评分
1	市场部	伦丹彤	70		1	市场部	伦丹彤	70
2	市场部	象人	80		1	市场部	象人	80
3	市场部	濮邵美	92		1	市场部	濮邵美	92
1	商务部	籍善芳	88		2	商务部	籍善芳	88
2	商务部	圭扬	80		2	商务部	圭扬	80
3	商务部	郁玲玲	76		2	商务部	郁玲玲	76
4	商务部	慕念寒	69		2	商务部	慕念寒	69
1	财务部	甲忆南	94		3	财务部	甲忆南	94
2	财务部	戈友易	77		3	财务部	戈友易	77
3	财务部	周夏青	76		3	财务部	周夏青	76

图 7.7　分组编号的两种模式

1. 分组内部编号

通过观察可以发现，分组内部编号的本质其实是：如果当前记录的部门和上一个部门相同，则递增 1；如果不相同则说明到了下一个部门，所以进行归 1。想要将这个逻辑应用在编号中实现图 7.7 中的效果，通过单个 IF 函数即可完成。

具体操作为：选中 A2 单元格，并在其中输入公式“=IF(B2<>B1,1,A1+1)”，然后按 Enter 键并向下填充整列即可，如图 7.8 所示。

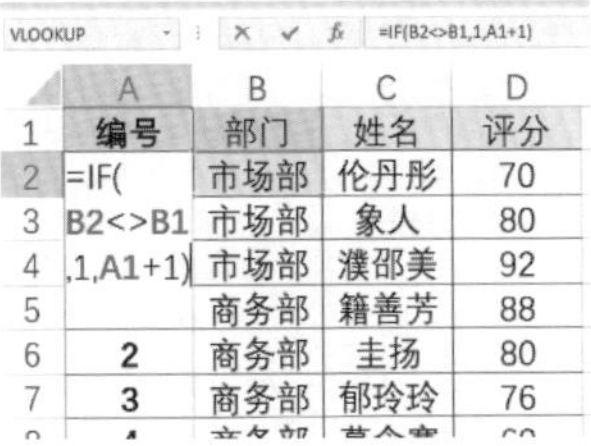

图 7.8　分组内部编号

公式逻辑比较简单，其中 IF 函数发挥逻辑判断的作用，第 1 个参数对当前部门和上一部门进行比较，如果不相同，就返回第 2 个参数中填写的 1，即前面所说的归 1 操作，从头开始再排序；如果相同，则返回第 3 个参数中预设的递增，将上一个编号加 1 获得当前序号。IF 函数说明见表 7.6。

📽️技巧：

> 简化版本公式为 "=SUM(A1)*(B1=B2)+1"，感兴趣的同学可自行研究。提示，TRUE 参与运算视为 1，FALSE 参与运算视为 0。

表 7.6　IF函数说明

语　　法	定　　义	说　　明
IF(logical_test, value_if_true, [value_if_false])	根据逻辑表达式判断的结果真假返回不同结果的逻辑结构	IF函数是Excel中最为常用的函数，但凡处理的问题涉及逻辑判断都会使用到。3个参数将函数分为3个部分：逻辑判断、真分支和假分支。逻辑判断的结果为真，则返回真分支的结果，反之，则返回假分支的结果

2.　分组外部编号

分组外部编号与分组内部编号本质逻辑非常相似：如果当前记录的部分和上一部分相同则维持不变，因为是同一个部门；如果不相同则说明到了下一个部门，需要递增 1。类似地使用 IF 函数也可以将该逻辑应用在编号过程中。

具体操作如下：选中 F2 单元格，并在其中输入公式 "=IF(G1<>G2,SUM(F1)+1,F1)"，然后按 Enter 键并向下填充整列即可，如图 7.9 所示。

公式逻辑同样不复杂，在 IF 函数的逻辑判断区对当前部门和上一部门进行比较，如果不相等，则证明处于部门交界处，需要对上一级编号递增 1 个单位；如果相等，则说明处于部门内，保持原值不变即可。

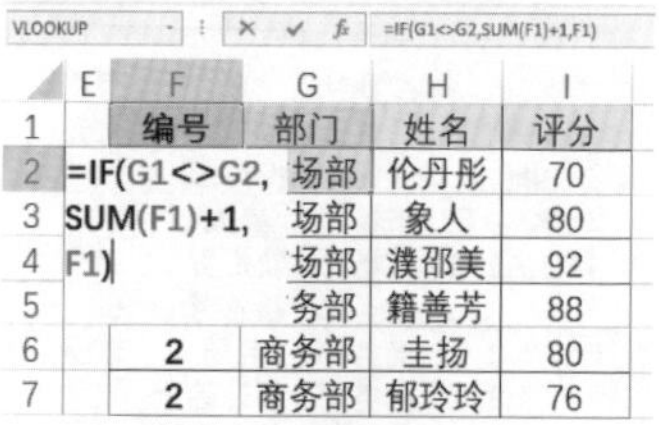

图 7.9 分组外部编号

此时 F1 函数嵌套使用了 SUM 函数，公式本身逻辑已经通过 IF 应用部署完毕。但是注意，F2 单元格是所有编号的起点，而在 F2 单元格中逻辑判断是成立的，进而会进入真分支，直接对 F1 单元格进行加 1 操作。因为编号起点 F1 单元格中存储的实际是标题的文本，进行数学运算会报错。因此在 F1 单元格外部套上 SUM 函数，利用其忽略文本值返回 0 的特性对错误进行规避，同时不影响后续数值的计算。这就是 SUM 函数的作用，是一种比较巧妙的错误规避技巧，而这种特性其实在 6.1.2 小节中就已经使用过一次，当时曾向大家展示数值型数字和文本型数字在计算特性上的差异。SUM 函数说明见表 7.7。

📑 技巧：

> 该公式同样有简化版本的公式："=SUM(F1)+(G1<>G2)"，感兴趣的同学可自行研究。提示，TRUE 参与运算视为 1，FALSE 参与运算视为 0。

表 7.7　SUM函数说明

语　　法	定　　义	说　　明
SUM(number1,[number2],...)	对输入数据进行求和	与MAX函数类似，SUM函数也接受多个参数（最多255个），每个参数可以是单独的数字，也可以是一组数据，但无论如何，SUM函数会将其中所有的数字进行求和，同时对文本具有忽略特性

7.2　方阵变换，标兵出列

本节重点关注排序和筛选方面的问题，排序方面主要介绍两种特殊的排序方式：自定义排序和多条件排序；筛选方面主要讲解高级筛选和筛选器条件筛选。整个过程就好像练兵，先整齐列队（排序）、后标兵出列（筛选）。

7.2.1 多条件排序

快速让数据表整齐划一的最佳方式就是对原始数据排序。Excel 中预设了很多种排序的方法，也可以实现多条件排序。接下来将会对几种常用的方法进行演示和原理说明。

1. 单条件排序

常规的排序可以直接选中表格中某一列作为排序依据，然后单击"数据"→"排序和筛选"→"升序"或"降序"按钮即可，如图 7.10 所示。

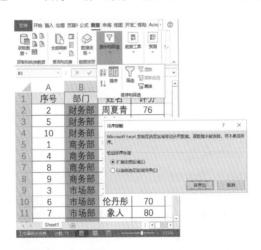

图 7.10　单条件"部门"列升序排序

选中 B 列后单击"升序"按钮进行排序，并在"排序提醒"对话框中选择"扩展选定区域"后单击"排序"按钮即可完成对"部门"列的排序。虽然操作简单，但也有两点需要注意：一是对于文本排序会以拼音首字母进行排序；二是"扩展选定区域"选项代表排序依据列周围相邻的数据会一并参与排序，相当于以数据表整条记录（一行）为一个整体参与排序，即虽然是按照部门条件排序，但是其他字段的内容也按照这次排序同步改变顺序(一般是默认选项)。而"以当前选定区域排序"则只在选定范围内排序，外部数据不受影响不会变动，如果需要仅针对当前字段内容排序则选择该模式。

2. 多条件排序

现实的需求可能会更加丰富和多样，单条件排序无法满足。例如，在上面的案例中除了希望部门升序排列外，还希望在部门内部按评分的降序排列以方便查看排名情况，此时再增加一次单条件排序就可以。但是在执行过程中一定要注意顺序。

现在直接在上述案例结果的基础上，对"评分"列按降序排列，操作方法同"单条件排序"，效果如图7.11所示。

排完之后会发现"评分"列实现了降序，但是"部门"列看上去好像又变为乱序排序。这就是排序顺序带来的效果差异，实际上"部门"列依旧是存在升序排序的，看上去是"乱序"的原因是相同评分太少了。注意看80分与76分的两个部门，会发现在两个评分相同时部门依旧升序排序，但是主排序已经被第二次的"评分"列降序排序占据了。

因此，如果要在"部门"列升序排序的基础上做"评分"列的降序排序，应当在第一次排序时执行"评分"列降序，在第二次排序时执行"部门"列升序。将两者反过来即可修改图7.11中错误的排序，若以图7.11的结果为基础，则可以增加一次对"部门"列的升序排序来解决问题，最终效果如图7.12所示。

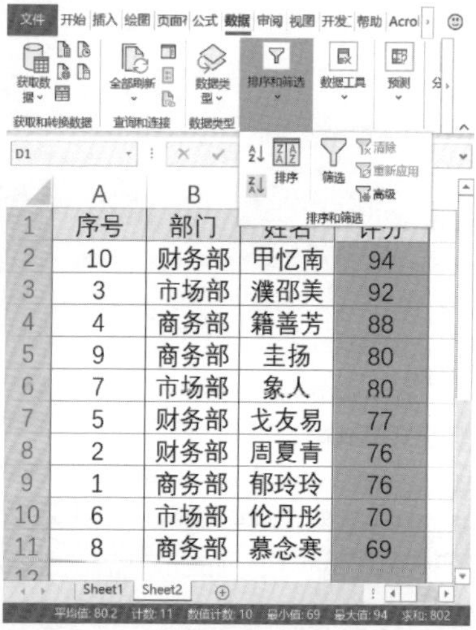

图7.11　二次排序："评分"列降序排序 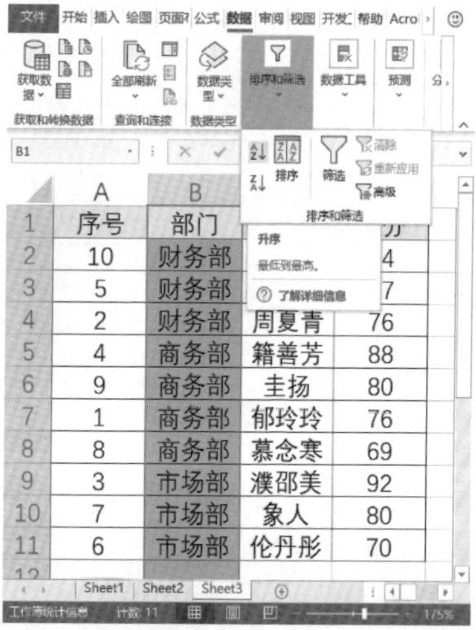　　图7.12　二次排序："部门"列升序排序

最终经过正确的两次排序达到了理想的多条件排序的效果。在遇到实际排序问题时记住"越外层、越重要、越需要排序的字段留到最后排序"就不会出错了。例如，在上述的案例中部门的升降序比评分升降序重要，优先级更高，要放在后面排序。

除此以外对于多条件排序，如果不希望纠结于操作顺序或是需要排序的条件很多，则可以使用"排序"对话框设置多条件排序，如图7.13所示。

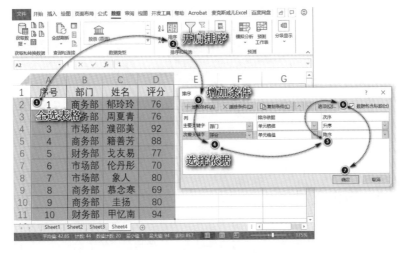

图 7.13　"排序"对话框设置多条件排序

　　首先利用快捷键 **Ctrl+A** 全选表格数据，并单击"数据"→"排序和筛选"→"排序"按钮，在打开的"排序"对话框中根据实际情况增加条件，案例中仅有两项，因此增加一个"次要关键字"即可；依次将主关键字设为"部门"，将次关键字设为"评分"，并选择对应的排序依据和次序；最后确保勾选"数据包含标题"复选框并单击"确定"按钮返回即可。

📄**技巧：**

> 　　若表格数据完整，可以不使用全选，直接单击表格中任意位置后开启"排序"对话框，系统会自动识别数据范围。

　　设置过程中需要注意以下几点：

　　（1）数据是否包含标题请在排序前确认，以防将标题加入排序或存在数据遗漏导致排序结果不正确。这一点可以从数据源区域的选中状态看出（图 7.13 中包含标题后 Excel 会自动将选择区域减少一行）。

　　（2）关键字的顺序依旧很重要，在"排序"对话框中排序越靠上的条件为主要条件，等同于此前说的放在后面排序的意思。若输入时顺序错误，无须调整参数，只需利用"复制条件"右侧的上下箭头调整关键字优先级即可。

　　（3）"排序"对话框中的"选项"按钮还提供了更细致的排序模式，如区分大小写、按字母笔画排序等，如图 7.14 所示。

　　（4）排序依据在多数情况下是"单元格值"，若有需求也可以按照"单元格颜色""字体颜色"和"条件格式图标"进行排序，形式非常丰富，可以自行尝试，如图 7.14 所示。

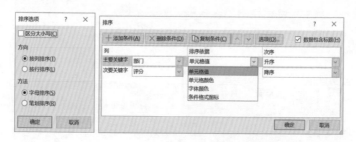

图 7.14 排序选项与排序依据清单

7.2.2 自定义排序

在排序功能的使用中，除“多条件排序”外使用最频繁的功能就是“自定义排序”。自定义排序，展开来说就是“可以自定义顺序的排序”。在此前多条件排序案例中，默认可以使用的排序次序只有升序和降序两类，但如果在“排序”对话框中打开“次序”下拉列表会发现排序也可以按照自定义的序列去完成，如需要对数据表中的“职位”列进行排序，可以先按照“总经理、副总经理、部长、……”等预设自定义序列后再排序。

案例原始数据如图 7.15 左侧表格所示。直接对“职位”列按“升序”或“降序”排序，虽然可以达到将相同职位人员的信息归集在一起的效果，但是各项内容的排序是采用默认的拼音顺序，不符合实际需求，所以需要应用“自定义排序”解决。

	A	B	C	D	E	F	G	H	I
1	序号	职位	姓名	得分		序号	职位	姓名	得分
2	1	部长	郁玲玲	76		3	总经理	濮邵美	92
3	8	部长	慕念寒	69		4	副总经理	籍善芳	88
4	4	副总经理	籍善芳	88		5	副总经理	戈友易	77
5	5	副总经理	戈友易	77		9	副总经理	圭扬	80
6	9	副总经理	圭扬	80		1	部长	郁玲玲	76
7	2	员工	周夏青	76		8	部长	慕念寒	69
8	6	员工	伦丹彤	70		2	员工	周夏青	76
9	7	员工	象人	80		6	员工	伦丹彤	70
10	10	员工	甲忆南	94		7	员工	象人	80
11	3	总经理	濮邵美	92		10	员工	甲忆南	94

图 7.15 升降序排序功能的不足

在应用“自定义排序”前需要预先在 Excel 中定义目标次序。可以通过单击“数据”→“排序和筛选”→“排序”按钮进行设置。如图 7.16 所示，在“排序”对话框中，在“次序”一栏中选择“自定义序列”，并在“自定义序列”对话框中新建序列后，依次单击“添加”和“确定”按钮即可。

📢说明：

> 若已经定义好了其他自定义序列，或是希望使用图 7.16 中所示的其他系统中预设的自定义次序，可以直接在对话框的左侧清单中选择。预设的次序包括"星期""季度""月份""天干地支"等。

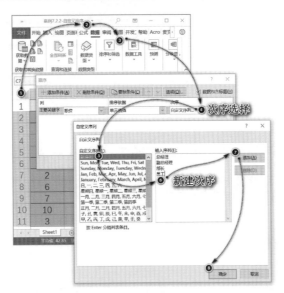

图 7.16　新建排序次序 1

最终排序效果如图 7.15 右侧表格所示，所有得分信息均按照自定义顺序进行排序。值得注意的是，自定义序列也区分升序和降序，默认升序是按照输入序列从头开始的排序，如果需要逆序自定义序列排序可以在"排序"对话框的"排序依据"下拉列表中选择"逆序自定义"序列完成排序，或直接在表格中对列应用降序排序。

除了使用"排序"按钮对自定义列进行设置外，还可以通过后台的"编辑自定义列表"设置 Excel 中的自定义序列。操作如下：单击"文件"选项卡下的"选项"打开"Excel 选项"对话框，在"高级"选项下的"常规"栏中单击"编辑自定义列表"按钮，如图 7.17 所示。

此处打开的"自定义序列"对话框和图 7.16 非常相似，但还是存在区别的。通过"Excel 选项"对话框打开的"自定义序列"对话框中的功能更加完善，允许直接导入工作表中的序列数据并添加到自定义序列栏中，如图 7.18 所示，对于已有序列数据而言非常方便，无须手动输入。与图 7.16 中的"自定义序列"相比，虽然功能上有差异，但自定义序列的内容都是共通的。

图 7.17　新建排序次序 2

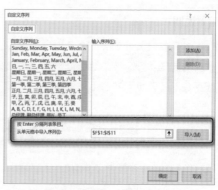

图 7.18　导入工作表数据创建自定义次序

📣说明：

　　自定义序列的定义除了在排序时有所应用外，所有自定义的序列都可以直接通过填充柄下拉拖动形成，也方便日常序列的录入，如大小写字母 A、B、C、…是常用序列，但没有默认，可以自行定义。

7.2.3　条件筛选

　　条件筛选是指筛选功能中根据条件过滤数据的功能，可以依据文本内容、数值大小甚至是颜色对目标数据进行快速筛选。而除了条件筛选的部分，筛选功能其实也包含了"排序"功能，因此在规模较大的数据表的实际操作中经常会直接开启筛选，并在筛选中对数据进行排序，而不是直接应用"排序"功能。

📣说明：

　　这里存在一个层次关系的概念需要梳理清楚：就功能范围而言，总体上是智能表>筛选>排序，功能的集成度越来越高。"智能表"的相关内容可参考 2.1.1 小节。

1.　开启筛选

　　假如现有一张拥有多个字段的数据表，若需要筛选其中"得分"在 80～90 的人员就可以通过"筛选"功能轻松完成。操作步骤如下：首先选中表格数据部分任意位置，然后单击"数据"→"排序和筛选"→"筛选"按钮开启筛选。

☀注意：

　　第 1 步选择筛选的范围非常重要，请务必确认所有列字段都参与了筛选，否则容易出现数据遗漏，在没有察觉的情况下筛选或排序会导致数据对应关系产生错乱。

案例中选中表格中任意数据是利用了 Excel 自动识别数据范围的特性，若数据表中存在空列、空行等情况，请手动选择完整范围再开启筛选。几种因数据范围选取不正确而导致的筛选开启错误的典型情况如图 7.19 所示。

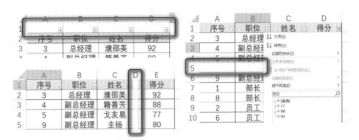

图 7.19　开启筛选的典型错误

如图 7.19 所示的 3 种典型开启筛选的错误如下：

（1）左上角情况为标题列上方存在空行，开启筛选后系统错误地认为空行才是标题行，因此在空行上设置了筛选按钮。

（2）左下角情况为各列之间存在空行，默认的数据范围是相邻范围，因此开启筛选后遗漏了最后一列的数据。

（3）右侧情况则是原始数据表中存在冗余空行，导致筛选范围遗失后半段数据（可以看到只有 3 项分数的勾选项）。这也从侧面再次说明整理数据的重要性，在平时使用筛选时要注意规避上述典型问题。

📋技巧：

对于左上角的错误情况，实际操作中偶尔会故意让其产生图示的效果以解决下拉菜单按钮遮挡标题内容的情况。在这种情况下筛选功能的数据范围完整，功能可以正确生效，只是标题形式对应存在偏差，因此可以使用。

2. 设置条件

正确开启筛选后会发现数据表标题行每个单元格均新增了下拉列表符号，说明筛选正确开启。然后只需要单击"得分"列下拉列表按钮选择"数字筛选"中的"介于"命令，在打开的"自定义自动筛选方式"对话框中设置范围即可，如图 7.20 所示。

筛选结果如图 7.21 所示，值得注意的是左侧的行号标签在筛选区域范围内转变为蓝色字，变得不连续且行分隔符变为双实线（第 1、3、5、…行之间）。这是 Excel 在提示这段数据处于筛选状态下，存在不完整显示的情况。

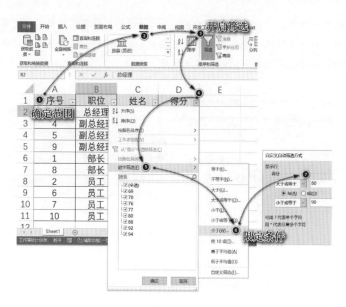

图 7.20　开启筛选设置筛选条件

☝ 注意：

> 在工作中若是查看其他来源的表格时，一定要注意行号、列号标题的隐藏、筛选状态，以防错误地漏读数据，导致理解偏差。

图 7.21　条件筛选效果

另外需要注意的是筛选条件的应用，除了在显示上面存在影响外，对表格结构也会产生影响。可能看到双实线的行分隔符，会联想到 3.2.4 小节中学习的行列单元格区域隐藏功能，而实际上筛选功能的实现也就是通过隐藏部分不满足条件的行来达到过滤的效果。

知道了这一点对于操作方面最大的影响其实就是复制粘贴的使用。对于添加了筛选条件的表格，因为其中部分行被隐藏，想要将数据复制粘贴到筛选后的行中是无法直接实现的。例如，向图 7.21 中的 E3 单元格中粘贴一个 3 行 1 列的数据（1、2、3），最终也只会看到 E3 等于 1、E5 等于 3，而看不到中间的 2，因为第 4 行整行在筛选条件下已经被隐藏，并非没有粘贴成功，只是看不到部分内容，达不到理想的在 E3、E5、E10 中分别输入 1、2、3 的效果，如图 7.22 所示。

	A	B	C	D	E
1	序号	职位	姓名	得分	
3	4	副总经理	籍善芳	88	1
5	9	副总经理	圭扬	80	3
10	7	员工	象人	80	

	A	B	C	D	E
1	序号	职位	姓名	得分	
2	3	总经理	濮邵美	92	
3	4	副总经理	籍善芳	88	1
4	5	副总经理	戈友易	77	2
5	9	副总经理	圭扬	80	3

图 7.22　复制粘贴到筛选区域中的问题

这类问题有一个统一的名称叫作“粘贴到可见单元格”，要达成将原始数据粘贴到可见单元格的效果，在 Excel 中需要应用一些特殊的技巧才可以实现。这个知识点非常重要，而且与筛选的关系很大，所以在讲解筛选时一并说明。因此在接下来的一小段内容中，将岔开主线，进行支线知识点“粘贴到可见单元格”的技巧讲解，完成后会返回主线继续就筛选的其他细节展开说明。

3. 粘贴到可见单元格（排序法）

为了更好地理解功能的应用和技巧的使用，现假设一个更加具体的应用场景：某一位员工 M 需要汇总一些信息，已经完成了模板总表的制作，需要另外 3 位同事（A、B、C）分别负责填写 3 个省份相关的信息，模板总表以及最终要求的实现效果如图 7.23 所示。

可以看到在原始数据表中共有 3 个省份的空缺数据需要填写，因此员工 M 将表格分别发送给 3 位同事，A、B、C 在拿到表格后开启“筛选”功能，选择各自的省份后完成填写并发回员工 M 处，填写结果如图 7.24 所示。

	A	B	C	D	E	F	G
1	序号	省份	数据		序号	省份	数据
2	1	浙江省			1	浙江省	C1
3	2	广东省			2	广东省	A1
4	3	福建省			3	福建省	B1
5	4	福建省			4	福建省	B2
6	5	浙江省			5	浙江省	C2
7	6	福建省			6	福建省	B3
8	7	广东省			7	广东省	A2
9	8	福建省			8	福建省	B4
10	9	浙江省			9	浙江省	C3
11	10	浙江省			10	浙江省	C4

Sheet1　Sheet2　-模板　-广东省　-福建省　-浙江省　-总表

图 7.23　模板总表以及最终要求实现效果

	A	B	C		A	B	C		A	B	C
1	序号	省份	数据	1	序号	省份	数据	1	序号	省份	数据
3	2	广东省	A1	4	3	福建省	B1	2	1	浙江省	C1
8	7	广东省	A2	5	4	福建省	B2	5	5	浙江省	C2
13	12	广东省	A3	6	6	福建省	B3	10	9	浙江省	C3
14	13	广东省	A4	9	8	福建省	B4	11	10	浙江省	C4
15	14	广东省	A5	12	11	福建省	B5				
				16	15	福建省	B6				
				17	16	福建省	B7				

图 7.24　分表填写效果

现在员工 M 面临的难题就是如何快速将 3 张表格的数据汇总到总表中？因为每个省份填写的记录数量和位置都不相同，所以无法直接整体复制粘贴。这时，员工 M 灵机一动想出了一个办法：在总表中也开启了"省份"的条件筛选，将子表的筛选结果直接粘贴到总表的筛选状态下就可以完成汇总任务了。但是经过实际操作后发现，无法将复制的内容粘贴到总表中筛选的可见单元格区域，员工 M 一筹莫展。

以上就是应用"粘贴到可见单元格"技巧的一个场景，现在来看一下如何通过辅助排序完成这样的需求。首先在总表中针对省份进行升序排序，然后复制省份的数据粘贴到对应省份的位置，效果如图 7.25 所示。

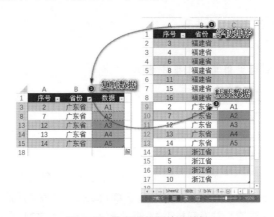

图 7.25　排序后复制粘贴数据

在复制时一定要注意只复制可见单元格，老版本的 Excel 在默认状态下并非复制可见单元格，因此需要提前使用可见单元格定位快捷键 Alt+;再复制，否则会出错，详见 5.2.8 小节相关内容。

说明：

注意看 A 列中的参考序号，默认状态下无论是筛选还是排序，没有影响的部分

Excel 高效手册

默认是按从上至下的顺序进行排列，因此复制粘贴后的顺序是一一对位的。

待 3 个省份的数据均粘贴完毕后恢复原始排序，即对“序号”列采取升序排序就可以完成最终效果，若未对数据排序则需要建立编号辅助列后再进行数据的汇总。

总体来说，上述方法是利用排序将原本分散的多个相同省份的记录归集在一起再进行粘贴，以解决可见单元格实际并不相连导致无法直接粘贴的问题。

4. 粘贴到可见单元格（“跳过空单元”粘贴法）

除了排序法外，解决上述问题还可以采用“跳过空单元”粘贴法。因为粘贴到可见单元格问题本身是由筛选引起的，而使用筛选是希望能将不连续的数据放在一起进行批量复制粘贴更迅速地完成汇总。如果能利用“跳过空单元”的粘贴模式直接完成数据的汇总，也相当于间接地解决了粘贴到可见单元格的问题，具体操作如下。

首先将所有表格的筛选状态取消，如图 7.26 所示。计划是直接通过原始状态汇总数据，因此首先任意选择某一省份数据直接复制粘贴到总表中。

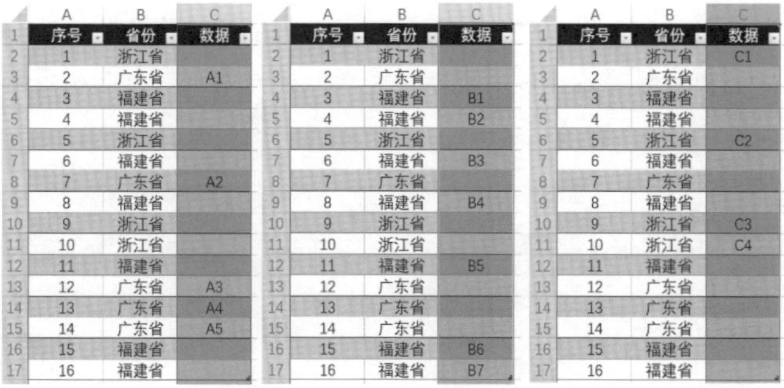

序号	省份	数据
1	浙江省	
2	广东省	A1
3	福建省	
4	福建省	
5	浙江省	
6	福建省	
7	广东省	A2
8	福建省	
9	浙江省	
10	浙江省	
11	福建省	
12	广东省	A3
13	广东省	A4
14	广东省	A5
15	福建省	
16	福建省	

序号	省份	数据
1	浙江省	
2	广东省	
3	福建省	B1
4	福建省	B2
5	浙江省	
6	福建省	B3
7	广东省	
8	福建省	B4
9	浙江省	
10	浙江省	
11	福建省	B5
12	广东省	
13	广东省	
14	广东省	
15	福建省	B6
16	福建省	B7

序号	省份	数据
1	浙江省	C1
2	广东省	
3	福建省	
4	福建省	
5	浙江省	C2
6	福建省	
7	广东省	
8	福建省	
9	浙江省	C3
10	浙江省	C4
11	福建省	
12	广东省	
13	广东省	
14	广东省	
15	福建省	
16	福建省	

图 7.26　为分表清除筛选状态

完成后继续复制第二组分表数据，但此时直接粘贴到总表会将上一组数据覆盖。因此在粘贴时，右击目标单元格，在快捷菜单中选择“选择性粘贴”命令，在“选择性粘贴”对话框中勾选“跳过空单元”复选框后单击“确定”按钮，最终就可以看到目标区域中两组分表数据在相同的范围内合并了，如图 7.27 所示。

说明：

关于选择性粘贴跳过空单元模式，详见 5.2.8 小节相关内容。

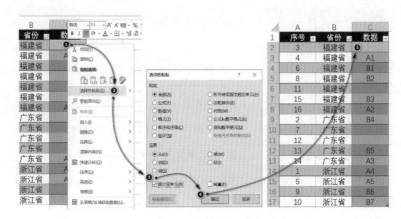

图 7.27　选择性粘贴跳过空单元汇总数据

最后使用相同的方法将剩余的数据也一并汇总，跳过空单元模式的选择性粘贴非常适合解决互斥不重叠数据汇总的问题。通过这一技巧也间接规避了粘贴到可见单元格的问题。

以上就是提供给大家用于解决"粘贴到可见单元格"问题最常使用的两种技巧。简单回顾一下：排序法利用两种不同依据的排序将分散的数据归集在一起完成汇总后再恢复原始排序；而跳过空单元的方法则是直接利用特殊的粘贴模式在原始数据区域进行数据汇总，无视顺序上的差异。

技巧：

> 如果通过阅读和练习，理解了问题和解决过程，但是因为熟练度的原因无法准确记忆上述两项技巧的具体操作也没有关系。记住关键词"粘贴到可见单元格"，遇到问题再回来温习即可。

5. 筛选的功能构成

回到主线上，再来看一下筛选功能一些其他的使用细节。首先是功能构成，筛选的主要功能分为 3 个部分，如图 7.28 所示：①快速排序（升降序和按颜色排序）；②工作表视图（可以理解为快速调用预设的筛选条件组合）；③条件筛选（主要分为颜色、数字、文本筛选器）。接下来将重点说明后两个部分。

6. 工作表视图

要理解工作表视图，首先要进行一个歧义区分。此处所说的工作表视图和在 1.1.1 小节中调整打印范围时所使用的"分页预览视图""普通视图"等工作表视图不同。虽然通常也会将上述这些视图称为"工作表视图"，但是实际说它们是"工作簿视图"更准确。

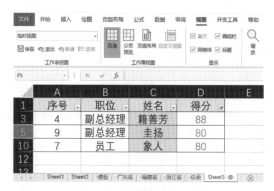

图 7.28　筛选的功能构成

那么真正的工作表视图是什么呢？使用演示如下：首先在"视图"选项卡下的"工作表视图"组中找到相关的功能按钮，同时为"得分"列设置"介于 80～90"之间的筛选条件，并在此状态下单击"工作表视图"组中的"新建"按钮，效果如图 7.29 所示。

图 7.29　新建临时工作表视图

新建视图后单击"保留"按钮即可将该视图保存用于后续使用，然后可以通过"工作表视图"组中的下拉菜单返回默认视图继续操作。若在后续操作中改变了表格的筛选条件、缩放比例等设置，想要返回如图 7.29 所示的状态时，工作表视图就可以发挥作用。此时只需要再次通过下拉菜单返回此前所保存的"视图 1"，不需要重新设置筛选条件就可以看到对应的效果。

因此，对于一些常用的筛选条件组合，可以在定义了一次之后直接创建新的工作表视图并保留下来，后续需要展示或提取数据时直接切换视图进行查看、获取。同时，由于此功能比较针对条件筛选功能，因此在"筛选"功能的下拉菜单中也集成提供了快速切换"工作表视图"的选项，如图 7.30 所示。

图 7.30　工作表视图快速切换

工作表视图的其他操作，如删除视图、重命名视图等也可以直接通过"视图"选项卡下的"工作表视图"组中"选项"功能按钮完成。

📢说明：

> 本功能目前仅支持 Microsoft 365 Excel、Microsoft 365 Mac Excel、Excel 网页版，且要求是基于 OneDrive、OneDrive for business 和 SharePoint 中存储的 Excel 2007 或更高版本文件。

7. 三类筛选器

一般习惯性将为数据表设置条件以筛选记录的模块称为"筛选器"，根据处理数据的种类、特征不同会被分为不同的类别。Excel 中提供了三种类型的筛选器，分别是"颜色筛选器""文本筛选器"和"数字筛选器"，如图 7.31 所示。

其中，"颜色筛选器"的用法与筛选下方的复选列表较为相似，首先筛选器会提取当前列中所有的颜色（分为单元格填充颜色和字体颜色），然后选择对应要过滤出的颜色即可完成筛选，但是无法实现多选过滤。

"文本筛选器"和"数字筛选器"则是经常使用的两类筛选器，差异在于筛选预设条件的逻辑判断种类会根据类型发生改变。例如，在"文本筛选器"当中"包含/不包含"和"开头是/结尾是"的判定条件，专用于筛选文本中开头、中间、结尾的特定字符，而"数字筛选器"中则包含独有的"数值范围""高于/低于平均值"等预设的数值筛选条件。

上述两类筛选器还可以使用自定义筛选，手动为表格添加复杂的筛选条件，如图 7.32 所示。在下拉列表中可以选择判断逻辑，后方文本栏中则填写具体数值，共支持两个条件的"与"和"或"运算，同时可以使用通配符强化条件，"数字筛选器"的设置与之类似。

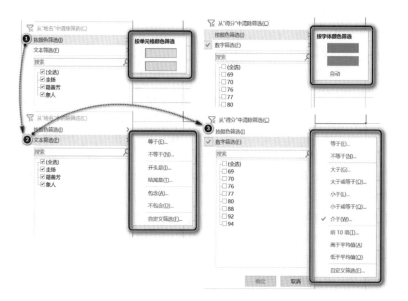

图 7.31 三类筛选器以及预设模式

📢说明：

　　"与"逻辑代表左右两项判断均成立才成立，如第一名和最后一名都过线才算比赛结束就是"与"逻辑；"或"逻辑代表参与运算的左右两项逻辑判断只要有一项成立就算整体结果成立，如三名考官只要其中任意一名给出通过评分，最终就算通过。并列条件的运算模式选取会极大地影响结果，请根据实际逻辑选取。数据表中多个字段的筛选条件之间的关系是"与"。

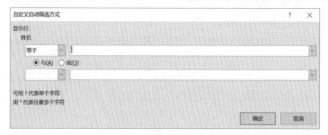

图 7.32　自定义筛选条件

📋技巧：

　　筛选条件的清除可以不用手动取消，直接单击下拉菜单中的"从某列中清除筛选"即可。

7.2.4　高级筛选

对于日常工作中的数据筛选需求，通过条件筛选基本都可以满足。但是部分特殊情况，如要求筛选的结果单独存放（如果使用条件筛选还需要额外复制粘贴），或是要求的筛选条件逻辑更加复杂时，则无法完成，此时需要运用高级筛选功能来解决。

高级筛选功能的使用比较特殊，首先来看一个实际的使用案例。如图 7.33 所示，先看流程再看细节，准备工作比较特别的部分是准备筛选条件，因为高级筛选的条件是直接在单元格中自定义输入的，案例中已经写在 F1:H3 单元格范围内（该部分是核心内容，在后面细节部分讲解）；然后执行第①步选取待筛选的数据范围，通常单击表格内容部分的任意位置后按快捷键 Ctrl+A 全选即可（前提是数据连续）；第②步启动高级筛选，单击"数据"→"排序和筛选"→"高级"按钮。

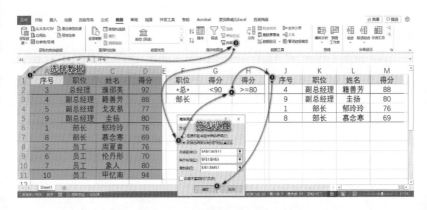

图 7.33　高级筛选的使用流程

图 7.33 中第③、④、⑤步则分别对高级筛选的输出位置、条件区域进行设置，如图 7.34 所示。"高级筛选"对话框的"方式"决定在原始位置上输出筛选结果还是将结果复制到其他位置，该选项也控制着字段"复制到"的禁用状态。一般会将结果输出到单独位置，因此勾选"将筛选结果复制到其他位置"；然后设置"条件区域"，直接将条件区域的所有范围选中；最后设置输出区域位置，只需要在"复制到"一栏中选择单个单元格地址即可，系统会自动根据筛选结果拓展，案例中最终结果输出在 J1:M5 单元格范围内。

技巧:

"选择不重复的记录"复选框可以用于清除重复值，因此高级筛选也会被用于重复数据的清除，只需要设置为无条件并勾选"选择不重复的记录"即可。

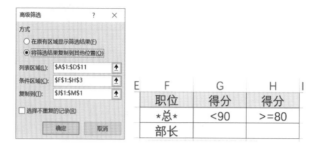

图 7.34　高级筛选设置"与"条件区域

细节部分重点：高级筛选的核心是条件设置。条件区域由标题和逻辑判断组成，其中行与行之间的条件是"或"逻辑关系，而列与列之间的条件是"与"逻辑关系。因此案例中的条件可以翻译为"筛选两种记录：职位中带有"总"字且得分大于等于 80 分小于 90 分的记录；或职位为部长的记录，不论得分如何"。

条件设置的 3 个特点：首先是设置了多组条件，均运用了"或"和"与"的逻辑；其次是在逻辑判断条件部分使用了通配符"*"以代表任意字符，这项功能在条件筛选中也可以使用；最后则是"得分"列出现了两次，根据实际需求还可能再增多进行复合限制。案例虽然简单，但是已经体现了高级筛选条件部分使用的三大精髓步骤，在实际工作中再复杂的筛选条件也是通过以上基础原则拓展出来的。

7.3 灵活变换数据的组织形式

本节主要讲解两种特殊数据的整理情况，即一列数据折叠转化为多列和多列数据转换化为一列，简单来说就是"列转表"和"表转列"的数据组织形式转化问题。不过要和一维表、二维表转化问题作区分，此处仅仅是列数据的展开和折叠问题，不涉及透视和逆透视的问题，更加直白和简单。

7.3.1 单列数据折叠成多列数据

第一个面对的问题是"单列数据折叠成多列数据"的转化。问题描述起来较为抽象，现在结合一个实际的识别图片中的图表数据综合案例进行讲解说明。

注意:

实例的操作过程会使用大量之前讲解过的操作技巧，其中较为重要的知识点会给出章节提示，温故而知新。

在日常工作中，难免会遇到需要的数据在互联网或是其他期刊杂志中以图片的形式呈现，需要使用光学字符识别技术（OCR）进行分析、转化为文本形式的电子数据后才能正常使用。但是目前 OCR 技术服务较为杂乱，部分属于程序应用接口门槛过高、部分属于软件内付费服务需要注册等一系列操作，且识别质量无法保证，剩下部分属于免费在线识别，需要图片是独立的文件，且识别结果普遍不理想，因此操作起来不太方便。

本案例中将演示如何使用 QQ 聊天软件附加的免费 OCR 图片识别功能快速提取表格中的数据（适用于小规模数据快速提取），全过程操作简单，不需要一个一个对着图片进行数据录入。原始图片数据如图 7.35 所示。

科目划分	发生额	科目划分	发生额	科目划分	发生额	科目划分	发生额	科目划分	发生额
邮寄费	5.00	邮寄费	150.00	交通工具消耗	600.00	手机电话费	1,300.00	公积金	15,783.00
出租车费	14.80	话费补	180.00	采暖费补助	925.00	出差费	1,328.90	抵税运费	31,330.77
邮寄费	20.00	资料费	258.00	招待费	953.00	工会经费	1,421.66	办公用品	18.00
过桥过路费	50.00	办公用品	258.50	出差费	1,010.00	出差费	1,755.00	出差费	36.00
运费附加	56.00	养老保险	267.08	交通工具消耗	1,016.78	出差费	2,220.00	招待费	52.00
独子费	65.00	出租车费	277.70	邮寄费	1,046.00	招待费	2,561.00	招待费	60.00
过桥过路费	70.00	招待费	278.00	教育经费	1,066.25	出差费	2,977.90	独子费	65.00
出差费	78.00	手机电话费	350.00	失业保险	1,068.00	出差费	3,048.40	出差费	78.00
手机电话费	150.00	出差费	408.00	出差费	1,256.30	误餐费	3,600.00	招待费	80.00
邮寄费	150.00	出差费	560.00	修理费	1,260.00	出差费	6,058.90	其他	95.00

图 7.35　原始图片数据

1. 图片数据识别

首先将其他来源的目标图片，发送至 QQ 中任意聊天框。然后右击该图片，在快捷菜单中选择"提取图中文字"即可开启图片识别服务，如图 7.36 所示。

开启后系统自动弹出"屏幕识图"窗口，如图 7.37 所示，左侧为图片数据识别情况的预览界面，右侧为实际识别出的数据内容（注意此处数据是一列内容，形式上和原图中的图表并不相同）。在此阶段可以简单检查一下左右侧的识别情况，看是否存在较大的识别错误。

Excel 高效手册

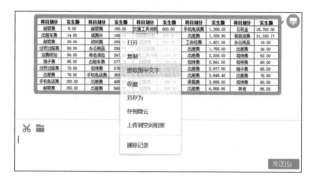

图 7.36　OCR 图片数据识别

📢说明：

　　识别结果依赖于原始图表的清晰度、识别算法的先进程度等外部环境因素，无法保证 100%的正确率，但大多数情况下保证 80%的正确率是没有问题的。偶发的错误可以手动修改。

图 7.37　OCR 图片数据识别结果

　　最后单击右下角的下载按钮将数据保存至本地。根据 OCR 服务商及软件差异，最终识别结果导出的形式可能会有所差异。在案例中导出的结果呈一列，是从左到右、从上到下逐行读取得到的结果，因此需要进行二次处理，复原图片的形式，此时就到了本节的讨论主题"单列数据折叠成多列数据"。

2. 快速列转表

　　因为识别准确率的问题，将下载保存的数据粘贴到工作表后还需要预先对数据进行初步的数据清理工作，如图 7.38 所示。通过观察很容易发现识别的数据均是以"科目划分"和"发生额"交替出现，其中第 15 行和第 54 行存在二合一的错误识别，因此需要手动插入行进行拆分。

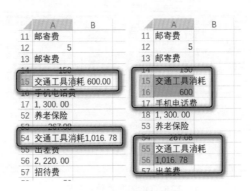

图 7.38　识别错误纠正

错误纠正完就可以着手进行列数据的表化，但是在所有操作之前请务必认真观察原始数据的特征以及目标数据需要整理的形式，这也是解决所有问题不可缺少的前提，了解有什么和需要做什么。这里通过图示的形式，演示数据前后的变化过程，以加深对后续操作的理解，变化逻辑如图 7.39 所示。

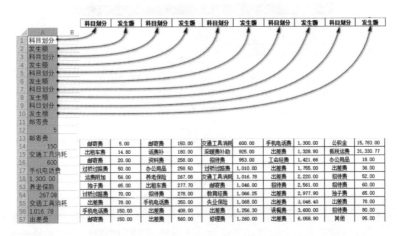

图 7.39　识别错误纠正

透过图 7.39 可以清楚地看到，原始数据第 1～10 项内容需要转置放于第 1 行，第 11～20 项内容要转置放在第 2 行，后续数据以此类推。既然都需要转置，这里采取的转化策略就是将所有后续行的数据都依次拼接在第 2 列、第 3 列……，整体对数据进行转置就可以获得目标数据表的形式。

因此在 B1 单元格中输入公式"=A11"后，将公式向右拖动至 K 列并双击自动向下填充，最终得到的数据中 A1:K10 单元格区域即为目标数据表转置前的状态，如图 7.40 所示。

	A	B	C	D	E	F	G	H	I	J	K
1	科目划分	邮寄费	出租车费	邮寄费	过桥过路费	运费附加	独子费	过桥过路费	出差费	手机电话费	邮寄费
2	发生额	5	14.8	20	50	56	65	70	78	150	150
3	科目划分	邮寄费	话费补	资料费	办公用品	养老保险	出租车费	招待费	手机电话费	出差费	出差费
4	发生额	150	180	258	258. 50	267.08	277.7	278	350	408	560. 00
5	科目划分	交通工具消耗	采暖费补助	招待费	过桥过路费	交通工具消耗	邮寄费	教育经费	失业保险	出差费	修理费
6	发生额	600	925	953	1, 010.00	1,016. 78	1, 046.00	1, 066.25	1, 068. 00	1, 256. 30	1, 260.00
7	科目划分	手机电话费	出差费	工会经费	出差费	出差费	招待费.	出差费	出差费	误餐费	出差费
8	发生额	1, 300. 00	1, 328.90	1, 421.66	1, 755. 00	2, 220. 00	2561	2, 977.90	3, 048.40	3, 600.00	6, 058. 90
9	科目划分	公积金	抵税运费	办公用品	出差费.	招待费	招待费.	独子费	出差费	招待费	其他
10	发生额	15, 783. 00	31330.77	18	36	52	60	65	78	80	95
11	邮寄费	出租车费	邮寄费	过桥过路费	运费附加	独子费	过桥过路费	出差费	手机电话费	邮寄费	0
12	5	14.8	20	50	56	65	70	78	150	150	0
13	邮寄费	话费补	资料费	办公用品	养老保险	出租车费	招待费	手机电话费	出差费	出差费	0

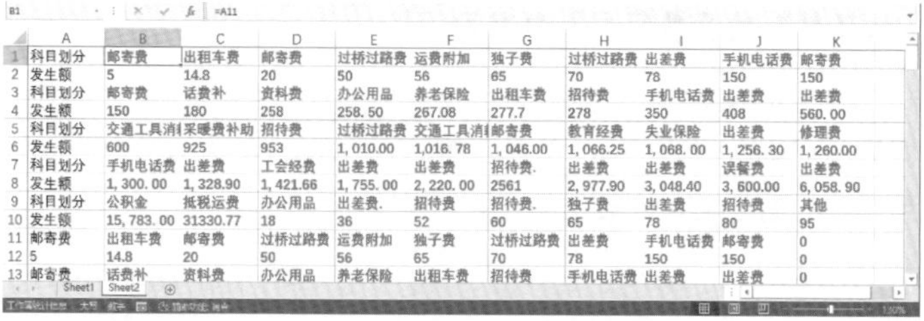

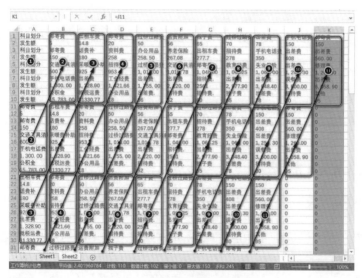

图 7.40　数据列转表效果

为什么要拖动到指定的 K 列呢？因为拖动的列代表转置后目标表格的行数，原始表格的行数为 11，因此要拖动到第 11 列，即 K 列才能将所有数据覆盖。简单起见，也可以一直向右拖动，直到感觉完全覆盖了所有的数据。

然后再来观察上述列转表过程的实现原理(重点),示意图如图 7.41 所示。

图 7.41　列转表实现原理示意图

为了便于理解，首先将 A 列中各行数据分块，每一块代表的是原始表格中的一行数据转置前的位置。通过 OCR 识别下载的原始数据只有一列，按顺序将 11 行数据存储在了 A 列中。通过在 B1 单元格中输入公式“=A11”可以将 A 列的数据从 A11 开始平移至 B 列（平移路线如图 7.41 中箭头所示）。因为后续将公式向右不断拖动，因此在 C 列中也会按照类似逻辑将 B 列的数据从 B11 开始平移至 C 列，以此类推。经过上述的不断平移，最终 B 列第 1 块数据将会来自 A 列第 2 块、C 列第 1 块数据将会来自 A 列第 3 块，最终将 A 列中所有的数据折叠堆积在 1～10 行中。

3. 选择性粘贴为数值后转置粘贴

完成了列转表的工作后，需要利用选择性粘贴“粘贴为数值”模式将转化后的数据复制到空白位置，再使用选择性粘贴“转置”模式，将表格行列互换，即可得到原始数据表格，效果如图 7.42 所示。

技巧：

粘贴选项与选择性粘贴的模式很多，在表格数据比较复杂的情况下，单种模式的粘贴无法完成任务，需要使用组合技巧，先使用“粘贴为数值”摆脱公式的影响后再选择性“转置”粘贴就是一种典型粘贴组合技巧。

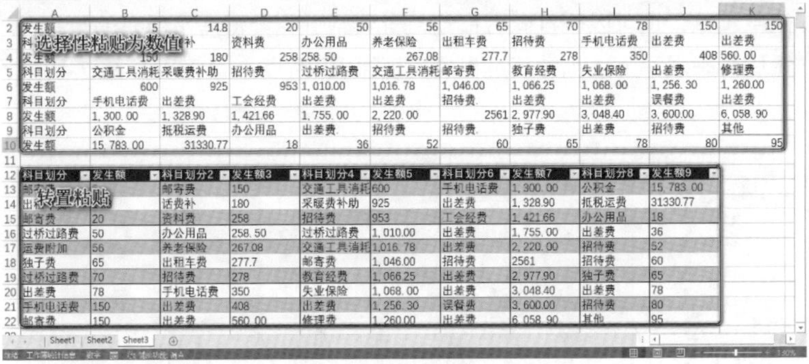

	A	B	C	D	E	F	G	H	I	J	K
2	发生额	5	14.8	20	50	56	65	70	78	150	150
3	科[illegible]	[illegible]	[illegible]补	资料费	办公用品	养老保险	出租车费	招待费	手机电话费	出差费	出差费
4	发生额	150	180	258	258. 50	267.08	277.7	278	350	408	560. 00
5	科目划分	交通工具消耗	采暖费补助	招待费	过桥过路费	交通工具消耗	邮寄费	教育经费	失业保险	出差费	修理费
6	发生额	600	925	953	1, 010.00	1,016. 78	1, 046.00	1, 066.25	1, 068. 00	1, 256. 30	1, 260.00
7	科目划分	手机电话费	出差费	工会经费	出差费	出差费	招待费.	出差费	出差费	误餐费	出差费
8	发生额	1, 300. 00	1, 328.90	1, 421.66	1, 755. 00	2, 220. 00	2561	2, 977.90	3, 048.40	3, 600.00	6, 058. 90
9	科目划分	公积金	抵税运费	办公用品	出差费.	招待费	招待费.	独子费	出差费	招待费	其他
10	发生额	15, 783. 00	31330.77	18	36	52	60	65	78	80	95
11											

12	科目划分	发生额	科目划分2	发生额3	科目划分4	发生额5	科目划分6	发生额7	科目划分8	发生额9
13	邮[illegible]	[illegible]	邮寄费	150	交通工具消耗	600	手机电话费	1, 300. 00	公积金	15, 783. 00
14	出[illegible]	[illegible]	话费补	180	采暖费补助	925	出差费	1, 328.90	抵税运费	31330.77
15	邮寄费	20	资料费	258	招待费	953	工会经费	1, 421.66	办公用品	18
16	过桥过路费	50	办公用品	258. 50	过桥过路费	1, 010.00	出差费	1, 755. 00	出差费	36
17	运费附加	56	养老保险	267.08	交通工具消耗	1,016. 78	出差费	2, 220. 00	招待费	52
18	独子费	65	出租车费	277.7	邮寄费	1, 046.00	招待费	2561	招待费	60
19	过桥过路费	70	招待费	278	教育经费	1, 066.25	出差费	2, 977.90	独子费	65
20	出差费	78	手机电话费	350	失业保险	1, 068. 00	出差费	3, 048.40	出差费	78
21	手机电话费	150	出差费	408	出差费	1, 256. 30	误餐费	3, 600.00	招待费	80
22	邮寄费	150	出差费	560. 00	修理费	1, 260.00	出差费	6, 058. 90	其他	95

图 7.42　识别图片表格数据最终效果

4. 另一种方法

虽然上述方法可以在很少的操作步骤下就完成列数据到表数据的转化，完全不需要使用函数公式，但是逻辑上还是稍微有一点负担。因此最后再额外补充介绍一种列转表数据的方法：拖动法。此处直接从整理后的 OCR 识别结果数据开始进行演示。

首先手动输入目标数据地址，最终转化的结果存储在 C1 单元格开始的区域范围内，因此就直接在 C1 单元格中输入 A1，注意此处不是输入公式直接输入地址内容即可。根据转化逻辑，右侧引用的目标地址应当依次是 A2、A3、…，因此直接拖动直至 A10。第 2 行数据目标地址同理，在 C2 单元格中手动输入 A11 后向右拖动至 A20，完成初步准备工作，如图 7.43 所示。

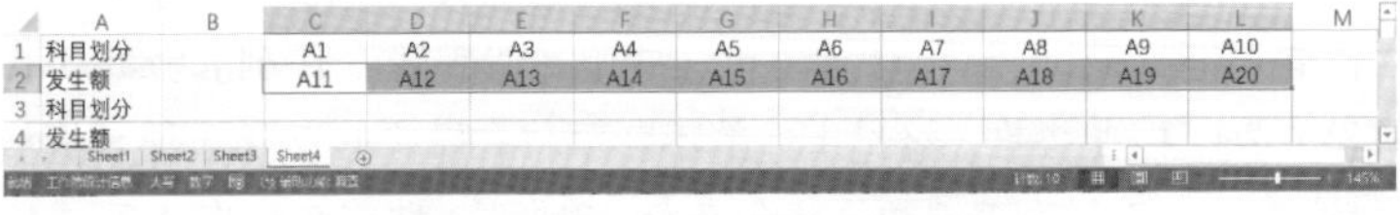

	A	B	C	D	E	F	G	H	I	J	K	L	M
1	科目划分		A1	A2	A3	A4	A5	A6	A7	A8	A9	A10	
2	发生额		A11	A12	A13	A14	A15	A16	A17	A18	A19	A20	
3	科目划分												
4	发生额												

图 7.43　手动输入目标数据地址

完成上述步骤后，完整选中前两行的内容并向下拖动 9 行（数据表共 11 行）。至此就利用填充柄对文本数字的拖动递增特性，完成了所有数据点的位置编写。最后使用替换快捷键 Ctrl+H 打开"查找和替换"对话框，将此范围中所有的 A 替换为=A，如图 7.44 所示。

图 7.44　拖动填充所有地址

一旦数据范围内所有的值完成替换后，原有的地址将都会变成"单元格引用"，因此原有的 A1 数值便直接转化为"A1 单元格内的值"，其他单元格同理。轻松地完成了数据的列转表工作，整体逻辑也相对平顺，不存在引用、转置等对理解造成负担的操作，同学们可以根据自己实际情况选择任意一种方法即可，最终效果如图 7.45 所示。

图 7.45　替换列号触发引用

7.3.2　多列数据合并为一列数据

与上一个问题相对应的逆向问题"多列数据合并为一列数据"在实际工作中同样也会遇到，其实使用 7.3.1 小节中介绍的方法同样可以完成逆向的转化，感兴趣的同学可以先打开本节案例文件尝试解决。最终不论解决与否，再回头继续阅读可以加深对这个问题的理解。

不过这一次难度稍微加大一点，还是熟悉的数据、熟悉的思路，但是对转化的目标形式进行了一点微调，原始数据与目标效果如图 7.46 所示。同样是"表转列"的需求，但是这次是以两列为单位进行续接，将相同字段的数据归集在同一列也更加符合实际使用数据时的整理规范（转换回单列数据实际应用意义较低，但也是可以转换的）。

	A	B	C	D	E	F	G	H	I	J	K
1	科目划分	发生额		科目划分	发生额	科目划分	发生额	科目划分	发生额	科目划分	发生
2	邮寄费	5		邮寄费	5	邮寄费	150	交通工具消耗	600	手机电话费	1, 3
3	出租车费	14.8		出租车费	14.8	话费补	180	采暖费补助	925	出差费	1, 3
4	邮寄费	20		邮寄费	20	资料费	258	招待费	953	工会经费	1, 4
5	过桥过路费	50		过桥过路费	50	办公用品	258. 50	过桥过路费	1, 010.00	出差费	1, 7
6	运费附加	56		运费附加	56	养老保险	267.08	交通工具消耗	1,016. 78	出差费	2, 2
7	独子费	65		独子费	65	出租车费	277.7	邮寄费	1, 046.00	招待费	2,56
8	过桥过路费	70		过桥过路费	70	招待费	278	教育经费	1, 066.25	出差费	2, 9
9	出差费	78		出差费	78	手机电话费	350	失业保险	1, 068. 00	出差费	3, 0
10	手机电话费	150		手机电话费	150	出差费	408	出差费	1, 256. 30	误餐费	3, 6
11	邮寄费	150									
12	话费补	180									
13	资料费	258									
14	办公用品	258. 50									

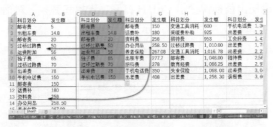

图 7.46　表转列原始数据与目标效果

直接建立引用关系开始拖动，进行数据的展开、合并与汇总。具体操作如下：直接在单元格 A11 中输入公式“=C2”后，向右拖动至 J 列并向下拖动至第 46 行即可，最终目标数据范围为 A1:B46 单元格区域，如图 7.47 所示。

说明：

公式引用值并非常规的 B1 单元格，而是 C2 单元格。错位一行的原因是标题不需要重复读取，因此直接从数值部分开始转化；错位一列的原因是数据需要以两列为单位进行拼接，这两点和此前的案例有些许差别。

A11 =C2

	A	B	C	D	E	F	G	H	I	J
1	科目划分	发生额	科目划分	发生额	科目划分	发生额	科目划分	发生额	科目划分	发生额
2	邮寄费	5	邮寄费	150	交通工具消耗	600	手机电话费	1, 300. 00	公积金	15, 783. 00
3	出租车费	14.8	话费补	180	采暖费补助	925	出差费	1, 328.90	抵税运费	31,330.77
4	邮寄费	20	资料费	258	招待费	953	工会经费	1, 421.66	办公用品	18
5	过桥过路费	50	办公用品	258. 50	过桥过路费	1, 010.00	出差费	1, 755. 00	出差费	36
6	运费附加	56	养老保险	267.08	交通工具消耗	1,016. 78	出差费	2, 220. 00	招待费	52
7	独子费	65	出租车费	277.7	邮寄费	1, 046.00	招待费	2,561.00	招待费	60
8	过桥过路费	70	招待费	278	教育经费	1, 066.25	出差费	2, 977.90	独子费	65
9	出差费	78	手机电话费	350	失业保险	1, 068. 00	出差费	3, 048.40	出差费	78
10	手机电话费	150	出差费	408	出差费	1, 256. 30	误餐费	3, 600.00	招待费	80
11	邮寄费	150	交通工具消耗	600	手机电话费	1, 300. 00	公积金	15, 783. 00	0	0
12	话费补	180	采暖费补助	925	出差费	1, 328.90	抵税运费	31330.77	0	0
13	资料费	258	招待费	953	工会经费	1, 421.66	办公用品	18	0	0
44	独子费	65	0	0	0	0	0	0	0	0
45	出差费	78	0	0	0	0	0	0	0	0
46	招待费	80	0	0	0	0	0	0	0	0
47	0	0	0	0	0	0	0	0	0	0
48	0	0	0	0	0	0	0	0	0	0
49	0	0	0	0	0	0	0	0	0	0
50	0	0	0	0	0	0	0	0	0	0

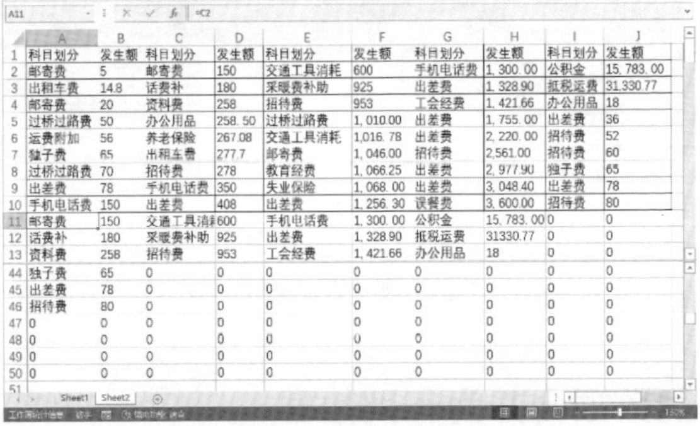

图 7.47　表转列最终效果

说明：

图 7.47 中的行号断层是因为对下方部分数据进行了隐藏，利用的功能是“拆分视图”，方便同时查看首尾数据。

通过上述操作已经按要求完成了目标数据的汇总。为了简便起见在案例中都是在原始数据上进行运算，在实际操作中更推荐在单独的数据区域上进行运算，以防污染原始数据，或采取对原始数据整表备份的方式进行数据保护。

第8章 简单函数，能力不简单

欢迎进入第8章，通过前面3章的努力，现在已经成功从数据录入、清理和整理中走出，来到了"数据料理"阶段。数据在 Excel 中使用的途径很多、形式多样，可以使用函数做数据的统计分析，可以输入数据透视表或在其他数据分析工具模块中做快速方案分析，也可以输出可视化图表以及数据仪表盘，甚至还可以实现更综合的"APP 式应用"案例。但上述这些应用均属于 Excel 更高级层面的应用，而迈向高级应用的路上需要重点掌握函数和数据透视表的基础数据分析。

由于函数和数据透视表都是学习 Excel 中重要的分支，内容庞大繁杂，本书篇幅有限，无法彻底地展开说明。因此在本章中仅会挑选几种与函数相关、上手简单，且效果新颖实用的案例，在帮助大家初步熟悉函数应用的同时掌握使用技能，拓展能力范围。在第9章中主要针对使用数据透视表进行基础数据分析的流程进行讲解说明。

本章主要涉及的知识点有：

- 常用数学运算函数、利用随机函数抽奖。
- 日期函数到期提醒、重复函数制图。
- 查询函数搜索、超链接函数作导航。

8.1 超级计算器

在日常工作中，多少会遇到需要数学计算的情况。这时通常的解决办法是使用计算器完成，计算输入效率很高，一般的财务问题也都能很好地解决。但是复杂的数学运算需要使用科学计算器才能完成，而且计算器并不是随时随地都会携带，存在一定劣势。另外一种选择则是打开计算机或手机中内置的计算器软件，虽然输入效率低，但优势在于随身携带，也有科学计算器的版本可以使用，是临时解决问题的好方法。

不过在办公环境下，使用 Excel 来完成计算任务会获得以上两种方法没有的一些特性。

（1）所有原始的数据和运算过程都可以被公式记录下来，方便后续的查找核对。

（2）大量数据使用函数公式计算可以轻松批量化操作。

（3）计算过程被函数公式存储，可以反复利用，无须重新书写计算逻辑。

（4）提供大量数学运算函数满足复杂的计算需求。

利用上述的这些特性，可以有效地提高计算的效率，因此完全可以将 Excel 视作一款"超级计算器"来使用。接下来将演示 Excel 这款超级计算器能够完成的常见或不常见的运算，对其能力范围进行初步了解。

📢说明：

在 Excel 中，共有约 80 种数学与三角类函数，基本可以解决所有可能会遇到的初等数学运算需求。详情参看微软官方文档 https://support.microsoft.com/zh-cn/excel 帮助页面中的 Excel 函数清单，如图 8.1 所示。其他类别函数及具体说明也可以在相关页面查看。

图 8.1　Excel 函数清单

1. 基础运算

在 Excel 中基础的四则运算（加减乘除）及一些常用的计算如幂次运算、百分数化运算等都可以通过简单的运算符直接在公式中完成，运算符举例如图 8.2 所示。

加减乘除对应运算符分别为"+""-""*""/"，按照数学公式规则书写即可，无须特殊记忆。比较特别的是下半部分的幂次运算和百分化运算，其中幂次运算可以使用运算符"^"替代。如图 8.2 所示，"=2^3"相当于计算 2 的 3 次方，最终得到数字 8 为结果。

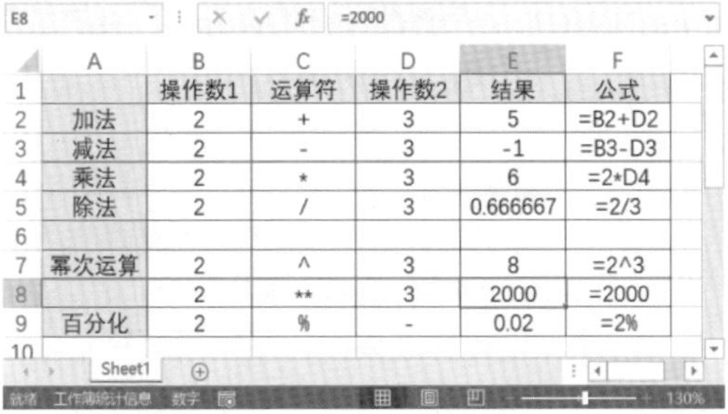

	A	B	C	D	E	F
1		操作数1	运算符	操作数2	结果	公式
2	加法	2	+	3	5	=B2+D2
3	减法	2	-	3	-1	=B3-D3
4	乘法	2	*	3	6	=2*D4
5	除法	2	/	3	0.666667	=2/3
6						
7	幂次运算	2	^	3	8	=2^3
8		2	**	3	2000	=2000
9	百分化	2	%	-	0.02	=2%

图 8.2　基础运算实现：运算符

除此以外还存在一种特殊的幂次运算符“**”，在单元格中输入“=2**3”后按 Enter 键可以得到 2000、2E+3 的结果。虽然表现形式有所差异，但 2000、2E+3、2**3 三者的结果实质上是等价的，均表示 2×10^3，即 2000。

说明：

在上述三种表述中，“=2000”属于最为本质的表示方法，是实际数值的大小；“=2E+3”同样可以识别，但是属于对 2000 以科学记数法的形式呈现；而“=2**3”则可以理解为一种快捷输入科学记数法的方式，一旦按 Enter 键确认运算后，Excel 会将其自动转化为科学记数法表示或转化为实际数值存储在单元格中（采取哪种方式表现取决于数值大小，系统会自动判断）。

运算符“%”代表着将特定数据执行百分化运算，注意该运算符只接受一个操作数。例如，将 50 百分化可以写作“=50%”，即相当于将数值 50 转化为 0.5，因此也可以将百分化运算简单视为“除以 100”的快捷运算符，等效于“=50/100”。

注意：

在使用百分化运算符“%”时容易产生混淆地方是其“使用范围”。通常情况下，上述介绍的所有运算符均是应用于函数公式内的，必须在公式编辑栏中以“=”开始的公式内容中使用。但百分化运算符属于一个特例，它既可以在公式中运用，也可以直接作为常量值输入单元格中，如“=50%”和 50%均是合法的，能被 Excel 正确识别为 0.05。虽然总体效果类似，但需要理清楚的是在单元格中发挥作用的其实已经不是百分化运算符，而是 Excel 将“%”视为一种特殊的格式标记，在遇到该标记后自动将其设置为“百分比”数字格式，实现原理上有一定差异。对比情况如图 8.3 所示。

对于大部分基础的运算来说，在多数情况下都会直接使用运算符完成运算。但是依旧存在一些特殊情况，如需要相加或相乘的原始数据较多时，会使用

SUM 求和函数和 PRODUCT 乘积函数进行批量计算，使用效果如图 8.4 所示。

图 8.3　基础运算实现：百分化运算符

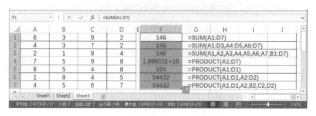

图 8.4　基础运算实现：函数运算 1

如图 8.4 所示为不同引用方式的乘积效果，因为加法和乘法均满足交换律，因此对参数的输入顺序没有要求，并且输入的形式既可以是单元格区域也可以是单个单元格，最终均可以实现对所有元素的运算，PRODUCT 函数说明见表8.1。

📑技巧：

　　在 Excel 中并没有专门为减法和除法设置的函数，因此如果有批量相减和相除的需求，可以转化为对应的加法和乘法完成，如"100-1-2-3-4-5"可以转化为"100-（1+2+3+4+5）"，"100/2/3/4/5"可以转化为"100/(2*3*4*5)"。

表 8.1　PRODUCT函数说明

语　　法	定　　义	说　　明
PRODUCT(number1, [number2],...)	返回输入数据中所有元素的乘积	使用方法类似SUM函数，最多接受255个参数，每个参数允许单个单元格或多个单元格的区域数组，但无论如何输入均将所有输入元素的乘积返回。当乘数较多时应用PRODUCT函数完成乘积运算较为方便

📢说明：

　　除可以查看网页函数支持文档外，也可以直接按 F1 键开启应用内"帮助"功能侧边栏，在其中输入相应函数关键词进行搜索并进入对应文章查看即可，如图 8.5所示。注意，帮助文档属于在线资源，需要联网使用。

图 8.5 "帮助"侧边栏

除求和乘积外，幂次也有其对应的函数形式 POWER 函数，以及特殊幂次开平方的 SQRT 平方根函数可以使用，POWER 函数和 SQRT 函数说明分别见表 8.2 和表 8.3。

表 8.2　POWER函数说明

语　法	定　义	说　　明
POWER(number, power)	返回输入数据乘幂的结果	第1个参数代表底数，第2个数字代表幂次，如"=POWER(2,3)"返回2的3次方，结果为8。多数情况下会使用幂运算符"^"替代使用，效果相同。但在函数公式中存在复杂嵌套的情况下，为保证逻辑清晰可能会使用函数来完成幂运算

表 8.3　SQRT函数说明

语　法	定　义	说　　明
SQRT(number)	返回正数的平方根	是幂次运算的特例，因为平方根广泛应用于数学运算中，因此有专门对应的函数来完成，而不需要书写烦琐的公式，如"=2^0.5"或"=POWER(2,0.5)"，也可以直接使用"=SQRT(2)"。使用时请注意，SQRT函数不支持虚数结果的返回，因此只能完成正数的开平方，输入负数会产生错误

最后，在基础运算中还有一种特别的、极其常用的运算：求余数和求商。在 Excel 中分别使用 MOD 和 QUOTIENT 函数来完成，MOD 函数和 QUOTIENT 函数的说明分别见表 8.4 和表 8.5。

表 8.4　MOD函数说明

语　法	定　义	说　明
MOD(number, divisor)	返回两数相除的余数	第1个参数为被除数，第2个参数为除数，如要计算3除2的余数，则可以输入"=MOD(3,2)"，最终函数返回余数为1。使用MOD余数函数需要注意3点：①除数不可以为零，否则报错；②均接受负值被除数和除数，但实际中较为少用，了解即可；③注意与函数MODE区分，MODE函数用于求取一组数据中出现频次最高的数值，即众数

表 8.5　QUOTIENT函数说明

语　法	定　义	说　明
QUOTIENT (numerator, denominator)	返回除法运算结果中的整数部分（商）	虽然参数名称不同，但含义类似于MOD函数，其中的第1个参数为分子（被除数），第2个参数为分母（除数），若要计算3除2的商，则可以输入"=QUOTIENT(3,2)"，最终函数返回商为1。QUOTIENT函数的使用较为简单，其实际工作效果等同于俗称的"地板除法"，即将除法结果中小数部分全删除。由此在实际应用中，若觉得函数名称不易记忆，容易出错，可以使用INT函数进行替代，如"=INT(3/2)"等于"=QUOTIENT(3,2)"

上述 4 种基础运算函数的使用效果如图 8.6 所示。

图 8.6　基础运算实现：函数运算 2

2. 数据修约

修约函数是指对数据进行微调的一类函数，如常见的四舍五入、取整函数以及一些数值归类函数等。其中，日常工作中较为常用的有 ROUND、ROUNDUP、ROUNDDOWN、INT、TRUNC、FLOOR、CEILING 函数。

首先是最常用的四舍五入函数 ROUND 及其兄弟函数 ROUNDUP、ROUNDDOWN。ROUND 字面意思是大概、圆角，可以引申理解为平滑，因此可以理解为对数据取一个大概值，使数据更简洁的意思。在使用的过程中只需要提供待修约的数值和修约位数即可，效果如图 8.7 所示，这 3 个函数的说明见表 8.6。

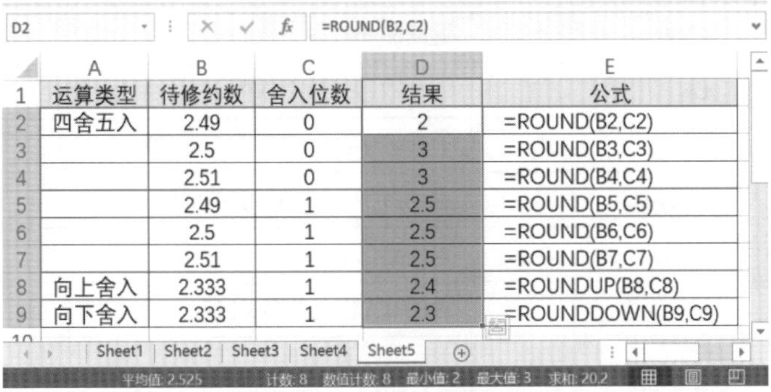

	A	B	C	D	E
1	运算类型	待修约数	舍入位数	结果	公式
2	四舍五入	2.49	0	2	=ROUND(B2,C2)
3		2.5	0	3	=ROUND(B3,C3)
4		2.51	0	3	=ROUND(B4,C4)
5		2.49	1	2.5	=ROUND(B5,C5)
6		2.5	1	2.5	=ROUND(B6,C6)
7		2.51	1	2.5	=ROUND(B7,C7)
8	向上舍入	2.333	1	2.4	=ROUNDUP(B8,C8)
9	向下舍入	2.333	1	2.3	=ROUNDDOWN(B9,C9)

图 8.7　修约函数：四舍五入

表 8.6　ROUND/ROUNDUP/ROUNDDOWN函数说明

语　法	定　义	说　明
ROUND(number, num_digits)	将数字四舍五入到指定位数	第1个参数均为待修约的数值，第2个参数均为指定位数，其中0代表四舍五入到整数个位部分、1代表十分位，以此类推。ROUND函数修约的规则：判断指定位数后一位上数值大小，0～4则舍弃、5～9则进位，就是通俗意义的四舍五入。其兄弟函数ROUNDUP和ROUNDDOWN则锁定了舍入方向，固定向上或向下，不参考后一位数值大小
ROUNDUP(number, num_digits)	将数字向上舍入到指定位数	
ROUNDDOWN(number, num_digits)	将数字向下舍入到指定位数	

3. 其他数学运算函数

在 Excel 中，运算函数种类繁多，除了上述最为常用的基础运算和修约函数外，还提供了很多的复杂运算函数（由不同种类的多个基础运算步骤组合的运算规则）、随机函数、三角函数等，限于篇幅不再一一展开说明。但是并不妨碍各位同学对一些可能会用到的函数进行简单了解，因此在此列出了一系列运算函数并进行了功能的简单说明，供初步的了解和学习，见表 8.7。待实际工作中遇到相关需求时可以进行检索，并根据帮助文档掌握函数的基本使用方法。值得说明的是，一般专业性越强、功能越复杂的函数，使用起来灵活度会越低，也代表着更容易学习和应用，这一点和上述讲解的常用的基础函数不同。

表 8.7　其他数学运算函数简介

分　类	函　数	说　明
简单运算	ABS	返回数字的绝对值
	EXP	返回e的n次方
	LN	返回数字的自然对数
	LOG	返回数字的以指定底为底的对数
	LOG10	返回数字的以10为底的对数
	MOD	返回除法的余数
	PI	返回pi的值（常量3.14…）
	POWER	返回数的乘幂
	PRODUCT	求输入参数的乘积
	QUOTIENT	返回除法的整数部分（商）
	SIGN	返回数字的符号（正数为1，0为0，负数为-1）
	SUM	求输入参数的和
复杂运算	COMBIN	返回给定数目对象的组合数
	FACT	返回数字的阶乘
	GCD	返回最大公约数
	LCM	返回最小公倍数
	MMULT	返回两个数组的矩阵乘积
	SUBTOTAL	返回列表或数据库中的分类汇总
	SUMPRODUCT	返回对应的数组元素的乘积和（先乘积后求和）
	SUMSQ	返回参数的平方和（先平方后求和）
修约函数	CEILING	将数字向外舍入为最近的指定基数的倍数
	EVEN	将数字向外舍入到最接近的偶数
	FLOOR	将数字向内舍入为最近的指定基数的倍数
	INT	将数字向下舍入到最接近的整数
	ODD	将数字向外舍入为最接近的奇数
	ROUND	将数字按指定位数舍入
	ROUNDUP	向绝对值增大的方向舍入数字

分 类	函 数	说 明
修约函数	ROUNDDOWN	向绝对值减小的方向舍入数字
	TRUNC	将数字截尾取整
进制转换	BASE	将数字转换为具有给定进制（base）的文本表示
	DECIMAL	将指定进制数字的文本表示转换为十进制数
单位转换	ARABIC	将罗马数字转换为阿拉伯数字
	DEGREES	将弧度转换为角度
	RADIANS	将角度转换为弧度
	ROMAN	将阿拉伯数字转换为文本式罗马数字
随机函数	RAND	返回0到1之间的一个随机数
	RANDARRAY	返回0到1之间的随机数的数组
	RANDBETWEEN	返回位于两个指定数之间的一个随机数
三角函数	ACOS	返回给定弧度的反余弦值
	ASIN	返回给定弧度的反正弦值
	ATAN	返回给定弧度的反正切值
	COT	返回给定角度的余切值
	COS	返回给定角度的余弦值
	SEC	返回给定角度的正割值
	SIN	返回给定角度的正弦值
	TAN	返回给定角度的正切值

8.2 随机抽奖

　　除了常规的数学计算外，工作中也经常会遇到一些需要引入"随机性"的小事件，如随机安排课表、随机排班、随机排序、随机抽奖等。这项使用普通计算器难以完成的工作，可以轻松在 Excel 中利用随机函数完成，并且完全可以根据需求自定义。本节就以随机抽奖为案例讲解相关应用，具体操作如下。

　　假设现有一个成员名单，共 10 人。需要在其中随机抽取 1 名一等奖、2 名二等奖和 3 名三等奖，且要求中奖人员不得重复。原始名单如图 8.8 所示。

1. 添加辅助列

在 E 列插入辅助列，并命名为“随机数”。然后选中 E2:E11 区域输入公式“=RAND()”后使用快捷键 Ctrl+Enter 批量填充，完成随机数列的随机数生成。最后对表格开启筛选功能，完成第 1 步，如图 8.9 所示。RAND 函数说明见表 8.8。

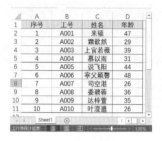

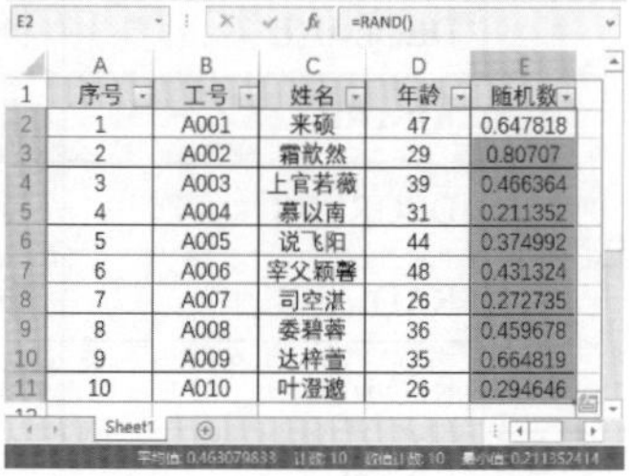

序号	工号	姓名	年龄
1	A001	来硕	47
2	A002	霜歆然	29
3	A003	上官若薇	39
4	A004	慕以南	31
5	A005	说飞阳	44
6	A006	宰父颖馨	48
7	A007	司空湛	26
8	A008	委碧蓉	36
9	A009	达梓萱	35
10	A010	叶澄邈	26

图 8.8　原始名单

序号	工号	姓名	年龄	随机数
1	A001	来硕	47	0.647818
2	A002	霜歆然	29	0.80707
3	A003	上官若薇	39	0.466364
4	A004	慕以南	31	0.211352
5	A005	说飞阳	44	0.374992
6	A006	宰父颖馨	48	0.431324
7	A007	司空湛	26	0.272735
8	A008	委碧蓉	36	0.459678
9	A009	达梓萱	35	0.664819
10	A010	叶澄邈	26	0.294646

图 8.9　添加“随机数”辅助列

表 8.8　RAND函数说明

语　　法	定　　义	说　　明
RAND()	返回一个大于等于0且小于1的平均分布的随机实数	RAND函数是一个随机数生成器，范围是[0,1)，有效位数15位，因此不需要任何参数直接使用即可。若需要改变随机范围，可以在RAND函数周围配合四则运算实现，如目标需要随机产生1~3之间的实数，则可以通过“=(3-1)*RAND()+1”完成。另外，因为RAND函数具有“易失性”，在Excel中的计算、单元格编辑、筛选、排序等操作均会触发随机数的再次生成，是容易丢失的，因此使用时需要注意随机结果的保存

2. 降序排序“随机数”列

通过筛选对“随机数”列进行降序排序，即可获得随机顺序的列表，其中前 6 名可依次获得奖项，完成随机选取任务，效果如图 8.10 所示。

序号	工号	姓名	年龄	随机数
2	A002	霜歆然	29	0.957175
9	A009	达梓萱	35	0.168921
1	A001	来硕	47	0.362446
3	A003	上官若薇	39	0.448945
8	A008	委碧蓉	36	0.807131
6	A006	宰父颖馨	48	0.628401
5	A005	说飞阳	44	0.240636
10	A010	叶澄邈	26	0.299189
7	A007	司空湛	26	0.070293
4	A004	慕以南	31	0.220169

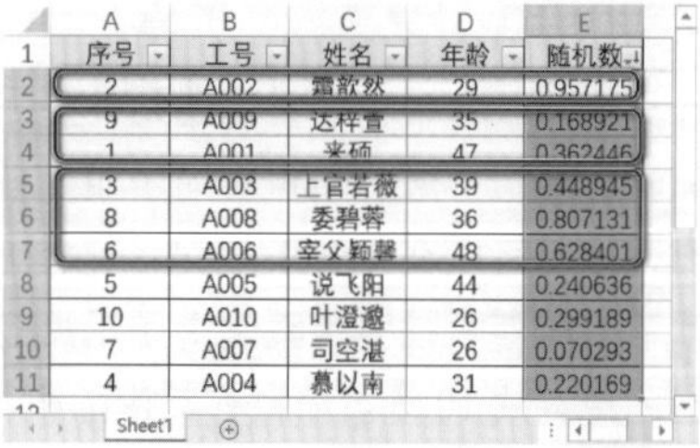

图 8.10　降序排列确定名次

虽然上述案例只是给出了最简单的引入随机性的办法，但有很多值得注意学习的细节：①虽然执行了降序排列，但是"随机数"列的结果并非随机。这是因为 RAND 函数的易失性导致在排序的过程中，发生了二次随机过程，最终导致虽然基于第一次的随机数进行了降序排列，但最终结果看上去依旧随机。②也因为随机数的易失性，每次排序得到的顺序都会不同。因此实际操作过程中，随机产生的结果应当固化保存，以免误操作使随机结果发生变化（可以使用选择性粘贴为数值模式进行数据的固化）。③该方法如何避免重复值的出现？严格地说不能百分之百的规避重复值的出现，但是 RAND 函数不像 RANDBETWEEN 函数，其结果是随机整数，可能出现的结果比较有限。RAND 函数是随机产生 0~1 之间具有 15 位有效数字的小数，可能性非常多，在只有几百、几千的抽样中出现重复的概率极低，可以忽略，因此可以认为随机结果不会出现重复值。RANDBETWEEN 函数说明见表 8.9。

🔊说明：

使用类似的方法也常用于打乱数据表记录的顺序，若原始数据表需要恢复原始排序，请务必提前插入序号列，以免原始排序信息丢失。

表 8.9　RANDBETWEEN函数说明

语　法	定　义	说　明
RANDBETWEEN (bottom, top)	返回位于两个指定数之间的一个随机整数	第1个参数为随机下限，第2个参数为随机上限（均有可能随机到）。与 RAND 函数不同，RANDBETWEEN函数返回的是可以指定范围的整数，通常情况下可能的结果数量并不多，因此对于不重复随机数的规避比起RAND函数有劣势

8.3　到期自动提醒

当工作中出现"周期性"任务时，为了防止错过产生工作失误，一般会设置一项到期预警提示工作的开始时间。生活中所使用的日程安排、待办提示等也都是类似的逻辑。但在工作中的情况可能更复杂，因为可能需要管理的时间节点非常多，不仅限于个人生活中的小事，部门所有人员的某项任务的时间节点，甚至是项目的关键时间节点等都需要设立到期提醒。在范围和数量上均比日常生活中的待办事项要求更高，因此可以通过 Excel 进行批量预警提示，案例演示如下。

现假设公司 5 人需要提交年终总结，但要求的提交时间有所差异，为保证按时提交，需要设置提前一周的警报提醒，原始数据如图 8.11 所示。

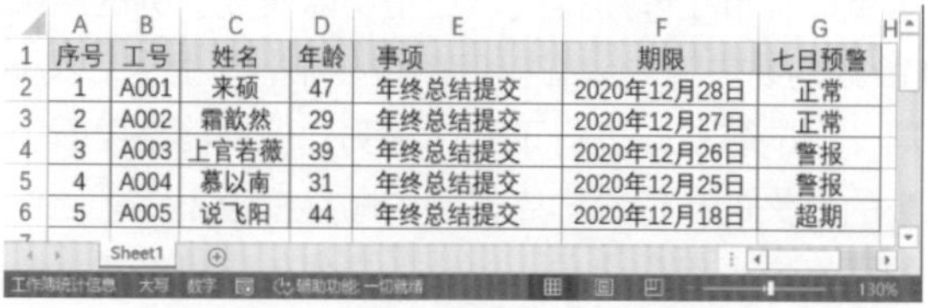

	A	B	C	D	E	F	G
1	序号	工号	姓名	年龄	事项	期限	七日预警
2	1	A001	来硕	47	年终总结提交	2020年12月28日	正常
3	2	A002	霜歆然	29	年终总结提交	2020年12月27日	正常
4	3	A003	上官若薇	39	年终总结提交	2020年12月26日	警报
5	4	A004	慕以南	31	年终总结提交	2020年12月25日	警报
6	5	A005	说飞阳	44	年终总结提交	2020年12月18日	超期

图 8.11　到期自动提醒：原始数据

1. 添加提醒列

首先在 G 列插入新列，标题为“七日预警”。现假设案例中当天日期为“2020 年 12 月 20 日”，暂存于 I2 单元格（实际使用时可以用 TODAY 函数替代当天日期）。然后在 G2 单元格中输入函数公式“=IF((F2-$I$2)>0,IF((F2-$I$2)<7,"警报","正常"),"超期")”并下拉填充柄批量填充，效果如图 8.12 所示。

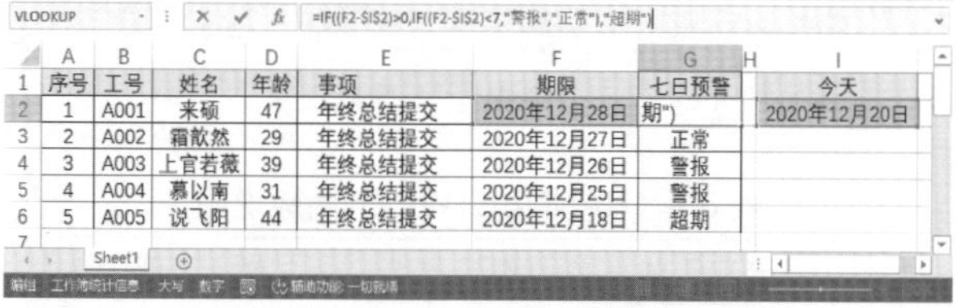

=IF((F2-$I$2)>0,IF((F2-$I$2)<7,"警报","正常"),"超期")

	A	B	C	D	E	F	G	H	I
1	序号	工号	姓名	年龄	事项	期限	七日预警		今天
2	1	A001	来硕	47	年终总结提交	2020年12月28日	期")		2020年12月20日
3	2	A002	霜歆然	29	年终总结提交	2020年12月27日	正常		
4	3	A003	上官若薇	39	年终总结提交	2020年12月26日	警报		
5	4	A004	慕以南	31	年终总结提交	2020年12月25日	警报		
6	5	A005	说飞阳	44	年终总结提交	2020年12月18日	超期		

图 8.12　到期自动提醒：警报标记

公式中使用了两层 IF 函数进行嵌套逻辑判断，在第 1 层 IF 函数中的判断条件为对应期限日期和当天日期差值的绝对值是否大于 0，若不满足，则代表所在日期已经超过设置的期限；若满足，则代表还没到期限日期，则进入第 2 层 IF 函数，进一步判断差值是否小于 7 天，若满足则代表临近 7 天返回“警报”，若不满足则返回“正常”，代表剩余时间充足。

总体上该公式是一个较为简单的逻辑表达式，但要注意计算差值时的符号配合，案例中是以期限减去当天日期，因此正值代表剩余天数，负值代表超期。也可以反过来计算，但是要配合好后面条件的输出。

注意：

使用 IF 函数进行逻辑判断时一种常见的错误是直接将多个条件施加至一个参数中，如“0<(F2-$I$2)<7”。这种写法虽然在阅读时很容易理解，但是 Excel 即便执行也并非按照设计的逻辑运行，因此无法使用。正确的写法应当是“(0<(F2-$I$2))*((F2-$I$2)<7)”，将两部分条件单独书写后使用“*”进行“与”运算。但在案例中也没有这样书写的必要。多层 IF 函数的嵌套，会遵循从外层到内层依次判断的逻辑

执行。因此若外层判断都没有通过就不会进入内层。如此一来，案例中返回"警报"的两层逻辑判断相当于完成了"0<(F2-$I$2)<7"的效果。

2. 添加条件格式

为了使"超期""警报"和"正常"状态更容易区分，使用 2.2.1 小节中讲解的技巧，为到期自动提醒表格设置条件格式，最终效果如图 8.13 所示。

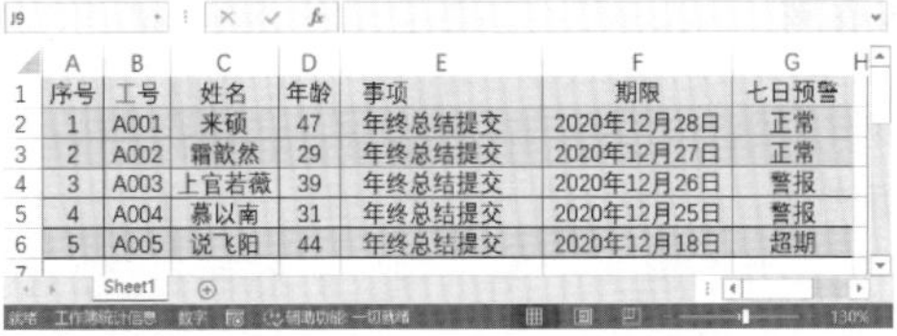

图 8.13　到期自动提醒：条件格式效果

整行应用条件格式技巧，可以通过判断 G 列中各行的值自动调整显示样式，方便后续因延期等特殊情况改动期限日期后，能自动计算状态并调整格式。具体设置方法如下。

首先选中 A2:G6 区域范围，单击"开始"→"样式"→"条件格式"按钮，在展开的下拉菜单中选择"新建规则"，在打开的"编辑格式规则"对话框中选择"使用公式确定要设置格式的单元格"，并输入公式"=$G2="超期""设置对应格式后单击"确定"按钮，如图 8.14 所示。

重复两次上述步骤，新增另外两种状态的条件格式规则，并分别为"超期""报警"和"正常"设置红色、黄色和绿色的填充颜色。

图 8.14　到期自动提醒：条件格式设置

📢说明：

　　因为案例中三种状态之间是"互斥"的，不存在重叠的情况，因此多个条件格式规则之间也不需要设置优先级，随意设置顺序即可。

8.4 用函数也可以作图

可视化元素在制作数据报表时是不可缺少的元素,通常可以使用条件格式、图片形状、图表、数据透视图、迷你图等形式完成,但在少数情况下也可以直接使用简单函数实现一些比较不错的效果,案例演示如下。

1. 重复函数作图

现假设通过综合分析和计算,为部门每位员工都给出了评分(满分 10 分),原始数据如图 8.15 所示。但因分值显示不直观,希望以图示的方式来完成。

首先插入 F 列,并命名为"图示列"。然后在 F2 单元格中输入公式"=REPT("|",E2*5)",并设置为左对齐,即可看到如图 8.16 所示的效果。利用 REPT 函数将竖杠符号"|"连续重复,形成条形图样式。

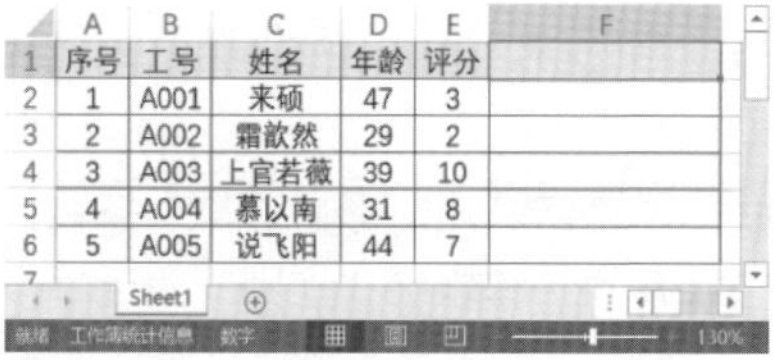

图 8.15　用函数作图:原始数据 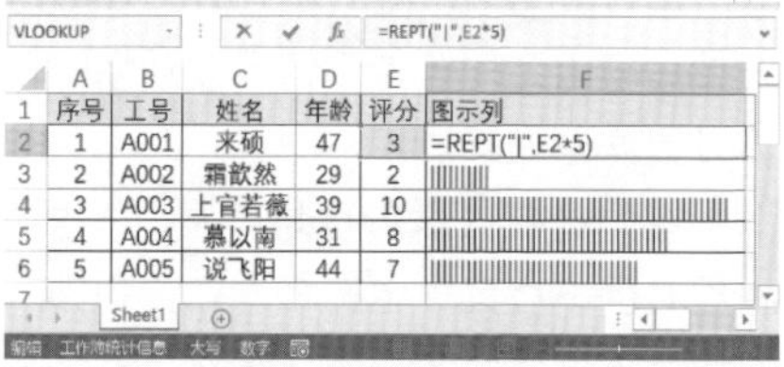　　　　图 8.16　用函数作图:条形图效果 1

函数公式中第 1 个参数是待重复的符号,使用文本标识符双引号引住;第 2 个参数是符号的重复次数,与评分相关联。此处进行 5 倍的重复次数倍增;目的是放大条形图长度差异。REPT 函数说明见表 8.10。

说明:

重复的符号可以进行任意替换以获取更好的效果,如"■""●""★",也可以配合其他字体或附加"加粗""斜体"等格式调整完成更好的显示效果。如图 8.17 所示,使用了小黑方块组成条形图的效果。

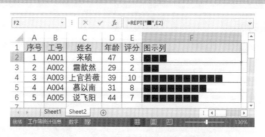

图 8.17　用函数作图:条形图效果 2

表 8.10 REPT函数说明

语　法	定　义	说　明
REPT(text, number_times)	按指定次数重复文本	第1个参数为待重复文本，第2个参数控制文本的重复次数。常用于文本处理时的序号补位与函数作图。若第2个参数为零则会返回空文本，长度上限较高可以放心使用

当然，除了使用函数作图外，也可以使用 2.2.2 小节中介绍的数据条模式的条件格式轻松制作出上述效果，甚至可以使用更高级的迷你图呈现类似效果。但是使用函数作图依旧有着不可比拟的灵活性和朴素特征，这两点是无法替代的。朴素特征是指使用符号文本构造出的"图示"，其各方面特征和表格内的文本极为相似，可以调整格式、字体等，因此即便加入图示也不会显得突兀。

2. 高级重复函数作图

采用同样的案例背景，这一次将 F2 单元格中的作图公式替换为：

`=REPT("★",E2)&REPT("☆",10-E2)`

然后下拉填充柄批量填充即可获得如图 8.18 所示的效果。基础部分同上一案例，使用 REPT 函数构造实心星星"★"代表获得的分数；再通过连接第 2 个 REPT 函数将未得分的部分使用空白星星"☆"进行补足。效果一目了然，且保持了规范性，其显示效果要优于基础条形图。

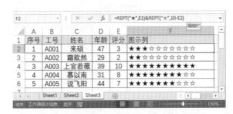

图 8.18 用函数作图：条形图效果 3

正因为图示中的每一个部分都是由手动创建的函数控制，因此操作者拥有很灵活的控制能力，可以在其中的任意部分添加自定义的效果。相较于已经封装好的功能模块而言，能够形成更特别的应用。

8.5 自制搜索引擎

在 Excel 中搜索功能的本质就是"查询"，Excel 也提供了一系列专门服务于查询的函数，用户可以方便地使用查询函数构建一个搜索工具完成数据的自定义查询。

常规的数据分析处理流程会在将原始数据进行清洁、整理后，以表格的形式存储在文件中。此时若数据量较大，则根据字段自动查询数据就成了不可避免的需求，因为肉眼的判断力较为有限。这种情况下，若文件中数据存储表格仅有一张，通常推荐利用在 7.2.3 小节使用的“条件筛选”功能完成查询，开启简单、使用方便、功能强大。但在数据来源多样，需要综合多张表格完成复杂查询的情况下，一般会通过查询函数构建一个简单的查询系统来完成（甚至查询的结果就可以组成一张报表用于打印输出，这也是构建数据报表、仪表盘的基础）。本节将以构建一个简单的查询系统为案例进行演示，零基础也可以理解，无须担心，具体操作如下。

1. 准备原始数据

本案例中待查询的原始数据采用表 8.7 中提供的常用数学运算函数及说明，目标是根据函数的名称查询其对应的分类和说明，如图 8.19 所示。

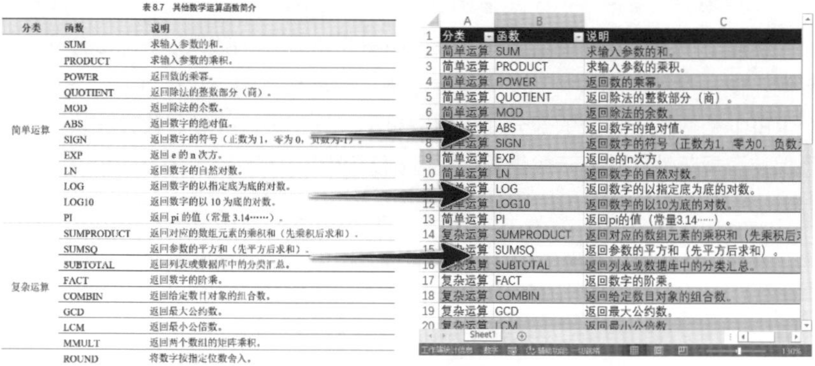

表 8.7　其他数学运算函数简介

分类	函数	说明
简单运算	SUM	求输入参数的和。
	PRODUCT	求输入参数的乘积。
	POWER	返回数的乘幂。
	QUOTIENT	返回除法的整数部分（商）。
	MOD	返回除法的余数。
	ABS	返回数字的绝对值。
	SIGN	返回数字的符号（正数为 1，零为 0，负数为-1）。
	EXP	返回 e 的 n 次方。
	LN	返回数字的自然对数。
	LOG	返回数字的以指定底为底的对数。
	LOG10	返回数字的以 10 为底的对数。
	PI	返回 pi 的值（常量 3.14……）。
复杂运算	SUMPRODUCT	返回对应的数组元素的乘积和（先乘积后求和）。
	SUMSQ	返回参数的平方和（先平方后求和）。
	SUBTOTAL	返回列表或数据库中的分类汇总。
	FACT	返回数字的阶乘。
	COMBIN	返回给定数目对象的组合数。
	GCD	返回最大公约数。
	LCM	返回最小公倍数。
	MMULT	返回两个数组的矩阵乘积。
	ROUND	将数字按指定位数舍入。

图 8.19　自制搜索引擎：原始数据

从图 8.19 左侧表格到右侧表格的过程，可不仅仅是应用了复制粘贴。期间还综合运用了很多小技巧，如选择性粘贴为纯文本、快速插入表格、自动调整列宽、定位空值、批量填充等。因为上述所有的操作技巧，均在前面的章节有详细讲解，在此不再展开说明。建议同学们可以将这个数据整理过程视为一项综合小练习，复习一下之前的知识点，加深印象。对于部分遗忘、不熟悉的知识点回到对应部分进行复习，对于消化所学知识有非常好的帮助。

说明：

练习用的原始表格数据存放在本节案例文件中。

2. 制作查询表格

数据源表格准备好后，新建一张表格，设计查询表格各板块内容的放置方式，如图8.20所示。基础的查询表格主要分为两个部分，第一部分是条件区域，需要提供条件输入的位置和相关提示说明；第二部分是查询结果呈现区域，显示根据条件查询的目标结果。

图 8.20 自制搜索引擎：制作查询表格

📢说明：

　　查询表格建议单独新建表格进行管理，不建议与数据源表共同存放。因为功能特性差异较大，混合存放容易对操作产生限制，更容易导致查询结果的出错。

　　如图8.20所示的查询表格，条件部分被安排在B2:E2单元格区域，并给出提示"请输入要查询的目标函数名称："，在查询时即可在E2单元格中输入待查函数名称（建议预先随机填写一个函数名称方便后续构建查询逻辑）。而查询结果部分被安排在B4:E5单元格区域内，分别显示"函数分类"和"函数说明"，B5和D5单元格为查询逻辑建立的位置。

📢说明：

　　更复杂的查询报表可能会出现某次查询的结果为下一次查询的条件，因此并不能严格按照条件和结果进行划分。实际中会以输入和输出作为划分，其中，输出结果会根据内容种类进行划分。

3. 部署查询逻辑

在设计好的查询报表中部署查询逻辑，在本案例中共有以下两处：

（1）在B5单元格中输入公式"=INDEX(Sheet1!A:A,MATCH (E2,Sheet1!B:B,0))"。

（2）在D5单元格中输入公式"=VLOOKUP(E2,Sheet1!B:C,2,0)"。

最终效果如图8.21所示。

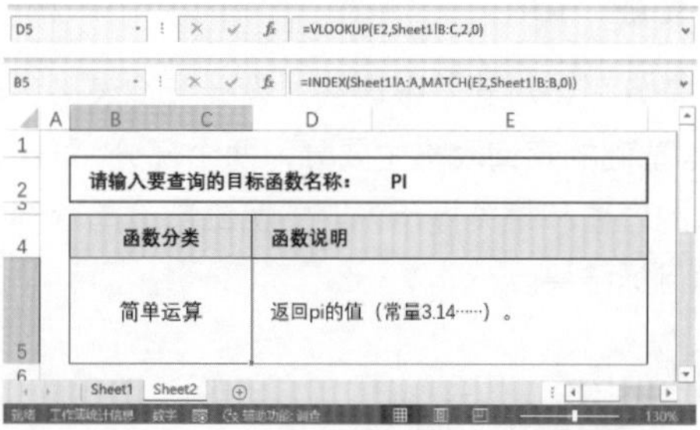

图 8.21　自制搜索引擎: 部署查询逻辑

函数分类的查询使用了经典的查询套路 MATCH+INDEX 二维查询。首先是利用 MATCH 函数在原始数据表中的"函数名称"列中匹配给出的函数名称,并返回所在位置序号;然后利用 INDEX 函数根据 MATCH 函数返回的位置序号,提取函数分类下同位置的内容,完成查询。具体在案例中是以 PI 作为函数名称的条件输入,MATCH 函数精确查找 PI 所在数据表"函数"列(B 列)里所在的行数,返回结果为 13;INDEX 函数根据位置提取数据表"分类"列(A 列)中第 13 行的分类。MATCH 函数说明见表 8.11,INDEX 函数说明见表 8.12。

表 8.11　MATCH函数说明

语　法	定　义	说　明
MATCH(lookup_value, lookup_array, [match_type])	在单元格中搜索特定的项,然后返回该项在此区域中的相对位置	第1个参数是目标要查找的值,第2个参数是查找区域范围,第3个参数控制查找模式,精确匹配目标值可以直接输入FALSE或0。简而言之,MATCH函数可以理解为"上体育课,列队报数后,体育老师可以根据同学名字找到同学对应的位置"

表 8.12　INDEX函数说明

语　法	定　义	说　明
INDEX(array, row_num, [column_num])	返回输入数据中特定位置的值	第1个参数是待提取的原始数组,可以是一列、一行或一张表格区域,第2个参数是行位置参数,第3个参数是列位置参数,通过行列坐标就可以定位原始数据中的某个特定值进行提取。若原始数据只有一行或一列,则可以省略第3个参数,提供一个维度的位置信息就可以完成定位提取。简单理解就是"体育老师可以说第1排左数第2位同学报告自己的名字"

"函数说明"的查询部分因为查询依据右侧即为目标查询值所在的列，因此采用了另外一种思路，直接使用 VLOOKUP 函数完成查询，在函数中依次输入目标查询值、查询表格、返回的列数和查找模式即可。VLOOKUP 函数的查询逻辑是在第 2 个参数指定的查询表格的首列去匹配目标查询值所在的行，并返回该行中第 3 个参数所指定列的数据，因此在案例中可以轻松获取对应函数的说明。VLOOKUP 函数说明见表 8.13。

表 8.13   VLOOKUP 函数说明

语　　法	定　义	说　　明
VLOOKUP (lookup_value, table_array, col_index_num, [range_lookup])	按行查找表格中的目标值并返回指定列的内容	VLOOKUP函数共有4个参数，虽然多但依旧无法撼动其作为Excel第一查询函数的地位。第1个参数是目标查询值，第2个参数是查询范围，第3个参数指定查询内容的列号，第4个参数决定查询模式，精确匹配目标值可以直接输入FALSE或0

📢说明：

　　使用 VLOOKUP 函数务必注意的是，函数只会匹配查询表格中第 1 列的值，找到第 1 个满足条件的单元格所在的行，并返回这一行中由第 3 个参数指定的列的单元格内容。举例说明如下：

　　若查询公式为"=VLOOKUP("B1",A1:D3,4,0)"，则 VLOOKUP 函数会用文本 B1 在 A 列中的 A1:A3 单元格区域中进行匹配，找到 B1 是在查询表的第 2 行中，然后返回该行第 4 列也就是 D2 单元格中的值 B4，如图 8.22 所示。

查询表	A	B	C	D
1	A1	A2	A3	A4
2	B1	B2	B3	B4
3	C1	C2	C3	C4

图 8.22   VLOOKUP 函数查询规则

4. 修饰查询表格

　　经过上述三步已经完成了一个典型查询系统的关键步骤：数据源准备、查询表设计、查询逻辑部署，已经能够实现查询的任务，如在案例中通过调整输入条件"函数名称"即可获得不同函数对应的简介说明。但是在实际操作中，会综合使用 Excel 中其他模块的功能来完善和修饰查询表格。最典型的就是增加下拉列表、多级下拉表控制条件输入，提高查询系统的使用效率，如图 8.23 所示。

请输入要查询的目标函数名称：
PI
函数分类
函数说明
简单运算
返回pi的
PI
SUMPRODUCT
SUMSQ
SUBTOTAL
FACT
COMBIN
GCD
LCM
Sheet1
Sheet2

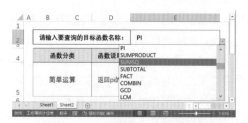

图 8.23　自制搜索引擎：修饰查询表格

这一部分的工作开放性较强，取决于个人的实际需求和创意，比较发散，因此此处不再进行演示。一般情况下，较为常用的修饰功能有：普通或多级下拉列表、冻结窗格、错误值屏蔽、工作表保护、自动换行等，可以自行尝试添加。

8.6 文件地址轻松跳转

在本章最后，将教大家如何利用 Excel 进行文档超链接跳转管理（简易版）。日常工作中可能会遇到某项工作所需要管理的文件材料数量较多，单个文件夹下可能有几十个甚至更多的文件需要管理。利用 Windows 系统自带的文件资源管理器，只能满足最基础的查看需求，其搜索效率低下，且不便于根据条件检索、更改排序方式、分组查看、备注信息。实际上很多功能特性 Excel 表格都是具备的，因此结合实体文件和表格统一管理是一种不错的选择。

在本节中将以建立超链接文档管理表格为案例进行演示，具体操作如下。

1. 准备原始数据

根据案例要求创建一个独立文件夹并新建若干测试文档，目标是对该文件夹下的所有文件进行管理，原始文件列表及管理表格最终效果如图 8.24 所示。

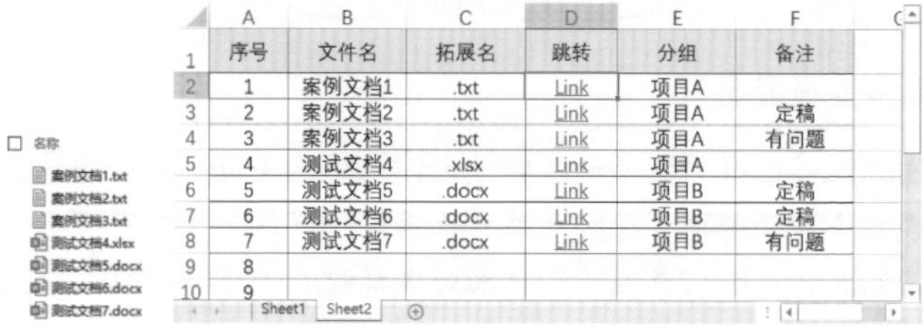

名称
案例文档1.txt
案例文档2.txt
案例文档3.txt
测试文档4.xlsx
测试文档5.docx
测试文档6.docx
测试文档7.docx
序号 文件名 拓展名 跳转 分组 备注
1 案例文档1 .txt Link 项目A
2 案例文档2 .txt Link 项目A 定稿
3 案例文档3 .txt Link 项目A 有问题
4 测试文档4 .xlsx Link 项目A
5 测试文档5 .docx Link 项目B 定稿
6 测试文档6 .docx Link 项目B 定稿
7 测试文档7 .docx Link 项目B 有问题
8
9
Sheet1
Sheet2

图 8.24　文档管理表格：原始数据及最终效果

2. 提取文件夹中的所有文件清单

首先需要获取目标文件夹中的所有文件名清单。在 Excel 中所有的工作表函数都无法实现此功能，因此需要借助 FILES 宏表函数来协助完成文件名清单的提取（也可以使用 3.3.5 小节中讲解的批处理语言进行提取）。

◀ 说明：

> 宏表函数是一类特殊的函数，日常使用较少，但拥有很多普通工作表函数所没有的能力。它们成员众多，可以视为老版本 Excel 的"遗产"，但目前所有版本均保持了向下兼容，依旧可以使用宏表函数来辅助完成工作。

首先在表 Sheet1 的 A2 单元格中输入目标管理文件夹地址，然后单击"公式"→"定义的名称"→"定义名称"按钮定义新名称。在"编辑名称"对话框中输入 FILELIST 作为名称，并在引用栏中填写公式"=FILES(Sheet1!$A$2&"*")"后单击"确定"按钮，如图 8.25 所示。

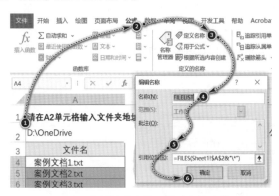

图 8.25　文档管理表格：提取文件清单 1

FILES 函数只有一个参数，也就是需要提取文件清单的目标地址，但仅仅输入文件夹地址还不够，还需要在文件夹地址后使用文本连接符连接"*"，含义相当于提取该文件夹内所有文件的名称。FILES 宏表函数说明见表 8.14。

◀ 说明：

> 宏表函数无法在单元格中直接使用，只能写在名称定义的引用位置中间接使用，这也是进行名称定义的原因。反斜杠"\"代表文件夹的下一层级，而星号"*"是通配符，代表匹配任意名称的文件。

表 8.14　FILES宏表函数说明

语　　法	定　　义	说　　明
FILES(directory_text)	返回指定地址下的水平文件名列表	FILES宏表函数只有一个参数，即为函数指定一个提取名称清单的目标路径地址（路径接受使用通配符匹配）。值得注意的是，返回的列表名是水平分布的，也就是所有文件名是存储于一行中的各列单元格中，在使用时可以借助INDEX和ROW函数逐个提取

在完成名称定义后，需要使用 FILES 宏表函数提取出来的清单作为数据源，重新在单元格内组织列表，将水平分布的文件名转置为纵向列表。因此在 A4 单元格中输入公式：

=IFERROR(INDEX(FILELIST,ROW(1:1)),"-")

输入后向下拖动填充柄直到所有名称均提取完毕。上述公式的使用逻辑为：首先应用 INDEX 函数在定义的名称 FILELIST 中依次提取第 1、2、3 等文件名，若将所有文件名都提取完后，INDEX 函数会返回错误值，因此通过 IFERROR 函数对错误值进行屏蔽，转化为短横线 "-"，如图 8.26 所示。

图 8.26　文档管理表格：提取文件清单 2

◀))说明：

虽然此项功能当前可以正常运行，但若希望后续此项提取功能依旧可以使用，则需要将文档另存为，因为应用宏表函数的表格只支持在"可运行宏"的文件格式中工作。老版本 Excel 文件格式后缀名.xls 可以通用，不需要另存；而使用 Excel 2010 及以后版本的 Excel 文件则需要另存为.xlsm 文件格式启用宏的工作簿格式。后续若目标地址更改，只需要在 A2 单元格中输入新地址即可。

3. 制作文件管理表格

在获取文件清单后，可以开始设计自己需要的文件管理表格样式和字段内容。通常会包括以下常规字段："文件名""拓展名""跳转""分组""备注"等，其他字段如"提交时间""期限""负责人"等则根据工作实际情况进行添加即可。初步框架建立后可以将文件清单复制到"文件名"列中（选择性粘贴为数值），如图 8.27 所示。

表格中需要重点处理的列为"文件名""拓展名"和"跳转"。首先是"文件名"列的分段区分，可以直接使用"分列"功能，依据分隔符"."对原始文件清单进行分列（具体操作可参看 6.3.3 小节相关内容），效果如图 8.28 所示。

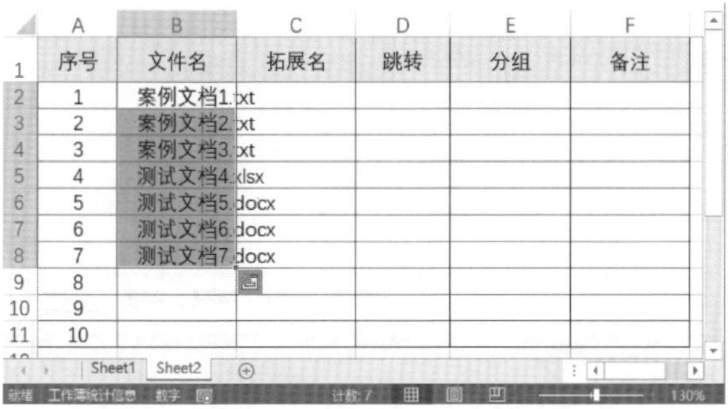

	A	B	C	D	E	F
1	序号	文件名	拓展名	跳转	分组	备注
2	1	案例文档1.txt				
3	2	案例文档2.txt				
4	3	案例文档3.txt				
5	4	测试文档4.xlsx				
6	5	测试文档5.docx				
7	6	测试文档6.docx				
8	7	测试文档7.docx				
9	8					
10	9					
11	10					

图 8.27　文档管理表格：制作文件管理表格

技巧：

若希望分列结果保留分隔符"."，则可以在分列前使用查找替换功能将清单中的所有"."都批量替换为"#."，再以"#"为分隔符进行分列。

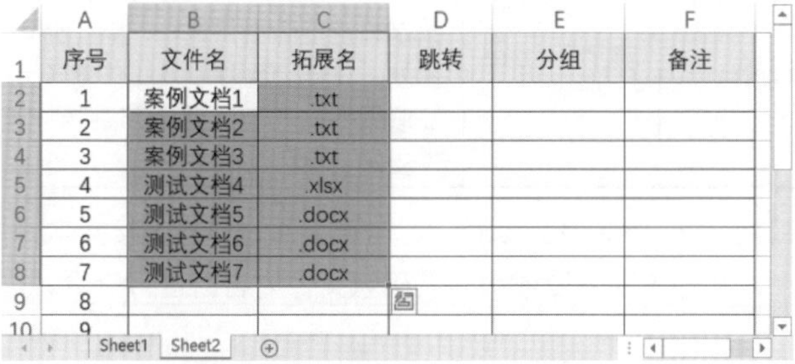

	A	B	C	D	E	F
1	序号	文件名	拓展名	跳转	分组	备注
2	1	案例文档1	.txt			
3	2	案例文档2	.txt			
4	3	案例文档3	.txt			
5	4	测试文档4	.xlsx			
6	5	测试文档5	.docx			
7	6	测试文档6	.docx			
8	7	测试文档7	.docx			
9	8					
10	9					

图 8.28　文档管理表格：分离"拓展名"

然后是文件跳转超链接的制作，要实现的目标是：在"跳转"列中为每个文件建立一个超链接，可以通过直接单击该超链接实现对应文件的查看功能。该步骤需要借助超链接函数 HYPERLINK 来完成，操作如下。

首先在 D2 单元格中输入以下公式，并向下填充完整：

```
=HYPERLINK(Sheet1!$A$2&"\"&Sheet2!B2&Sheet2!C2,"Link")
```

此公式仅使用了一个 HYPERLINK 函数完成，该函数有两个参数，第 1 个参数是打开目标文件的地址，案例中使用了 Sheet1 中所提供的目标文件存放地址，并连接上“\”表示进入该文件夹，最后再将文件名连接构造出完整的文件路径。第 2 个参数则是超链接的“表面名称”，可以根据自己的需要输入对应文本，案例中使用 Link 完成，最终效果如图 8.29 所示。HYPERLINK 函数说明见表 8.15。

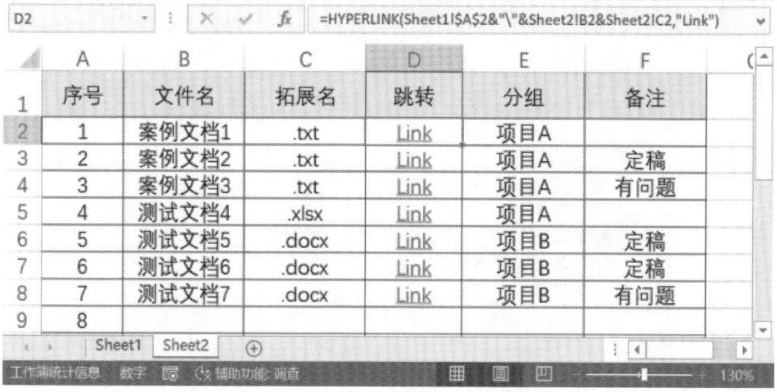
D2 =HYPERLINK(Sheet1!$A$2&"\"&Sheet2!B2&Sheet2!C2,"Link")

	A	B	C	D	E	F
1	序号	文件名	拓展名	跳转	分组	备注
2	1	案例文档1	.txt	Link	项目A	
3	2	案例文档2	.txt	Link	项目A	定稿
4	3	案例文档3	.txt	Link	项目A	有问题
5	4	测试文档4	.xlsx	Link	项目A	
6	5	测试文档5	.docx	Link	项目B	定稿
7	6	测试文档6	.docx	Link	项目B	定稿
8	7	测试文档7	.docx	Link	项目B	有问题
9	8					

图 8.29　文档管理表格：最终效果

表 8.15　HYPERLINK函数说明

语　　法	定　　义	说　　明
HYPERLINK(link_location, [friendly_name])	根据指定路径返回该地址的超链接文本	HYPERLINK函数是Excel中专用于创建超链接的函数，相较于手动创建有更灵活和容易批量创建的特性。该函数共有两个参数，第1个参数是超链接的引用地址，除了允许引用系统路径外，还接受网址以及工作簿单元格地址进行互联网跳转和工作簿内部跳转；第2个参数为“友好名称”，允许自定义超链接显示文本

在“跳转”列中形成超链接后，可以直接通过单击链接文本处打开对应的文档，方便在对文档内容存疑或者需要确认文件内容时进行查看，效果如图 8.30 所示。

说明：

超链接默认格式为蓝色字且带下划线，可以在创建后自定义修改。同时在单击超链接时需要单击文本部分，长按文本或单击单元格空白部分都不会触发跳转，若需要修改公式则可以双击空白部分进入编辑状态。

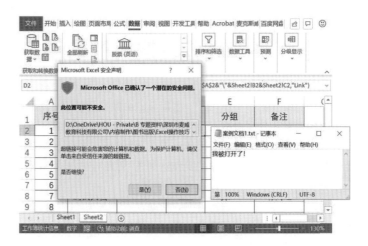

图 8.30　文档管理表格：超链接跳转

　　表格中其他列如"分组""备注"等根据实际情况填写即可，其他有需要的字段列也可以按需添加。后续使用时可以根据文件类型进行筛选排序查看，也可以根据自定义的分组、期限时间，或结合到期自动提醒功能使用，拓展方式灵活性较高，可以根据自己的想法和需求进行设计。

第9章 高效数据统计分析

在第 8 章中介绍了函数并学习了一些简单的函数应用，但是对于数据的统计分析并未过多讲解。使用函数进行数据分析需要对函数理论知识有更广泛的了解基础，限于篇幅无法完成。但是 Excel 中已经集成了很多独立的、大小不一的数据分析模块，可以通过简单的操作达到还不错的数据分析效果，如"快速求和""分类汇总"和"数据透视表"。

本章将针对这些模块进行讲解说明，帮助读者掌握高效的统计分析能力、规避一些日常使用中会遇到的问题并解答一些使用细节方面的疑惑。

本章主要涉及的知识点有：

- 快速求和、文本公式计算。
- 分类汇总的使用。
- 数据透视表使用基础、使用数据透视表统计种类数。

9.1 快速求和

扫一扫，看视频

求和功能可以通过此前使用过的 SUM 函数轻松完成，但还有比这个更轻松的方式就是求和函数的对应快捷键 Alt+=，如图 9.1 所示。因为求和在日常的工作中可以认为是使用频率最高的运算，因此 Excel 开发人员在设计时就已经为该函数设计了专属快捷键，可以直接通过简单的操作完成"快速求和"甚至是"复杂快速求和"，接下来展开介绍。

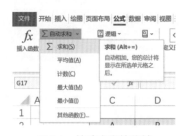

图 9.1　快速求和快捷键

1. 单方向汇总求和

最简单的情况是单方向汇总求和，分为汇总水平行数据和垂直列数据两种情况。在如图 9.2 所示的表格中，左半部分需要对表格中每列数据进行汇总，右半部分需要对表格中每行数据进行汇总。

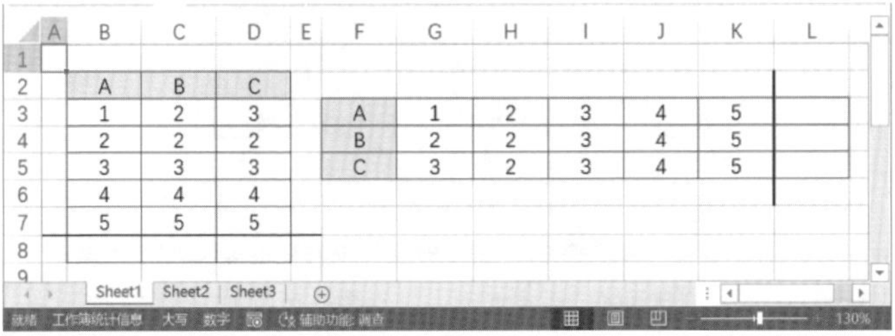

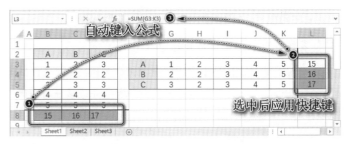

图 9.2　快速求和：单方向汇总求和 1

常规做法为在 B8 单元格中输入公式"=SUM(B3:B7)"后向右拖动填充柄填充完成计算；在 L3 单元格中输入公式"=SUM(G3:K3)"后向下拖动填充柄填充完成计算。但若使用快速求和快捷键，则可以直接在选中单元格 B8:D8 区域和 L3:L5 区域后应用一次 Alt+= 直接完成，效果如图 9.3 所示。

图 9.3　快速求和：单方向汇总求和 2

选中求和区域后应用快速求和快捷键，系统会自动判定求和范围，并在选中的单元格中自动输入相应的求和公式，无须手动输入，提高工作效率。

📢说明：

案例中演示的是两个独立区域同时选中后应用快速求和快捷键，单个区域的独立应用也是成立的。使用快速求和时要注意在系统自动输入公式后检查范围是否正确，检查方法为进入公式编辑状态，查看各选区是否覆盖了求和区域。

2. 二维表一键汇总求和

单方向汇总后即可进行升级版二维表的求和，也可以使用该快捷键一键完成汇总工作，这种模式下的求和也是日常中较为常见的一种，效果如图 9.4 所示。

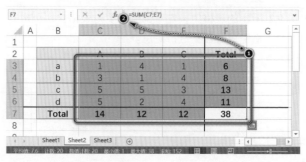

图 9.4　快速求和：二维表汇总求和

　　但是相较于第一种情况不能便利地选取汇总数据区域。因此对于二维表的求和汇总，在应用快速求和前需要全选所有数据区域并保留一行与一列的冗余空间用于存放汇总结果。在案例中则是选择 C3:F7 的单元格范围后应用 Alt+= 快速求和快捷键完成汇总。

◀»说明：

> 特别注意右下角的汇总结果是正确的，并没有重复累加。

3.　复杂表格分类汇总（带小计和总计）

　　最后一种情况最复杂，是带小计和总计的汇总求和，也是最能够体现快速求和快捷键"智能性"的一面。同样的快捷键，但要完成该任务在操作上需要一点技巧，原始数据如图 9.5 所示。

	A	B	C	D	E	F
1						
2			A	B	C	Total
3		a1	3	1	4	
4		b1	1	1	2	
5		c1	5	1	3	
6		Total				
7		a2	1	5	1	
8		b2	4	5	3	
9		c2	5	5	5	
10		Total				
11		a3	2	1	5	
12		b3	3	3	5	
13		c3	1	3	4	
14		Total				
15		TOTAL				

图 9.5　复杂表格分类汇总：原始数据

　　原始数据相对有一点复杂，简单进行说明：首先可以看到数据统计表一共分为了 4 个部分，数据源有三部分外加一部分的总计区域。3 个数据源区域均为 3 行 3 列的表格，且带有各自的小计行；总计区域在下方和右侧，均有汇总栏目需要进行统计。

　　常规的求和方式通过输入公式完成，因为公式数量较多会比较烦琐，因此这里采用快速求和的方法来完成，操作如下：首先依次选中 1 号区域 C3:F6、2 号区域 C7:F10、3 号区域 C11:F14 以及 4 号区域 C15:F15（为了保证所有区域同时位于选中状态，在区域选取时请使用 Ctrl 键完成多选），选中后直接应用快速求和快捷键 Alt+= 即可，选区及最终效果如图 9.6 所示。

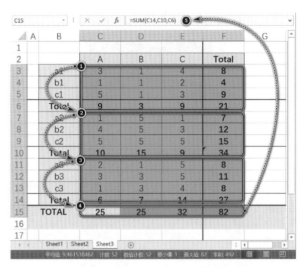

图 9.6　复杂表格分类汇总：快速求和

9.2　文本公式计算

扫一扫，看视频

　　在第 8 章一开始就曾说过如何在 Excel 中进行基础的运算，可以直接使用运算符进行计算，也可以使用如 SUM、PRODUCT 等函数来完成运算。所有在公式编辑栏中书写的运算规则，被统一称为"公式"，但存在一类被称为"文本公式"的公式，它们是文本形式的公式，不能被 Excel 正确识别并执行，一直保持着原样显示。例如，直接在单元格中输入"1+2+3+4+5"，虽然可以明确看到这是一条公式，但是因为缺乏公式引导符"="，所以 Excel 不能成功识别并运算，这就是一条典型的文本公式。

　　在日常工作中，某些时候也会遇到此类公式的困扰，如有些计算过程需要明确显示出来，此时就会在结果列之前添加公式列以表明计算过程。这个过程是纯手动的，因此如果需要核对、验证书写的表达式是否能得到原来的计算结果，会发现有点手足无措，没有解决的办法。接下来将使用几种 Excel 预设的功能来实现文本公式计算，演示如下。

1. Lotus 1-2-3 公式识别

原始数据如图 9.7 所示，为基础四则运算公式，目标是使 Excel 自动识别公式并完成数值的计算。第一种方式是通过开启 Excel 的 Lotus 1-2-3 公式兼容模式对文本公式进行识别运算。

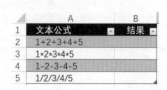

图 9.7　文本公式计算：原始数据

兼容模式开启方式为在"Excel 选项"对话框中的"高级"选项卡最下方"Lotus 兼容性设置"一栏中勾选"转换 Lotus1-2-3 公式"，然后单击"确定"按钮，如图 9.8 所示。完成设置后 Excel 系统就具备了识别文本公式的能力，但需要简单的触发来完成运算。

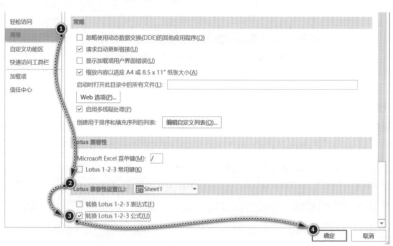

图 9.8　文本公式计算：开启兼容性公式识别

选中 A2:A5 区域，单击"数据"→"数据工具"→"分列"按钮。此处使用"分列"功能的目的是触发公式的识别运算，因此不需要对任何中间步骤进行设置。只需要将结果输出到 B2 单元格中即可，最终可以看到公式被正确识别并计算，操作步骤与最终效果如图 9.9 所示。

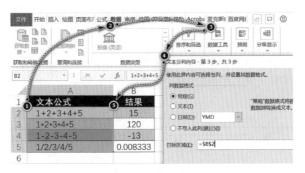

图 9.9 文本公式计算：触发公式识别

📢说明：

　　识别计算完成后可以按照上述相同方法取消公式兼容性识别模式，否则常规输入的文本公式都会被自动识别并计算。

2. 宏表函数 EVALUATE

　　第二种方法则可以借助宏表函数 EVALUATE 完成文本公式的识别计算。同所有宏表函数一样，需要通过定义名称进行使用。首先在"公式"选项卡下的"定义的名称"组定义计算公式。选中 B2 单元格后单击"定义的名称"按钮，在"新建名称"对话框中的"名称"栏中输入 EVA，在"引用位置"栏中输入公式"=EVALUATE(A2)"，设置步骤如图 9.10 所示。EVALUATE 宏表函数说明见表 9.1。

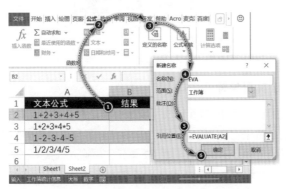

图 9.10 文本公式计算：定义名称

📢注意：

　　在定义名称的过程中，请务必先选择好 B2 单元格后再执行上述操作，否则极有可能出现相关的引用错误。可以看到这次定义的名称比较特别，与 8.6 节不同，此次引用的是单元格地址，并且因为要进行后续的拖动填充，所以采取的是相对引用 A2 单元格，相对的位置是当前选中的 B2 单元格，因此定义的名称实质含义是：计算并返回当前单元格左侧单元格中的文本公式值。若在定义名称时未选择 B2 单元格，按照上述公式定义名称会出现引用偏差而导致错误。

表 9.1　EVALUATE 宏表函数说明

语　　法	定　　义	说　　明
EVALUATE(formula_text)	返回指定文本公式的值	EVALUATE 函数只有一个参数，用于输入文本的表达式或公式，并返回计算结果。Evaluate 的本意是指评估、评价、计算，在此可以简单理解为计算，类似于在公式编辑栏中选中局部表达式通过 F9 键获得局部运算结果

　　完成名称定义后，直接在 B2 单元格中输入公式 "=EVA"，并向下拖动填充柄进行填充就完成了文本公式的计算，效果如图 9.11 所示。其他类似的文本公式也可以在对应右侧单元格中使用上述名称完成公式求值。

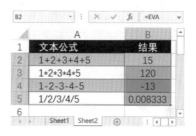

图 9.11　文本公式计算：使用宏表函数

3. 添加公式引导符

　　该方法相对比较原始，因为问题是文本公式没有公式引导符 "=" 所导致的，所以通过函数的方法在文本公式前添加引导符后再利用 "分列" 功能触发公式的运算即可解决问题。例如，可以在 B2 单元格中输入公式 "="="&A2" 后填充并将整列复制粘贴为数值，再利用 "分列" 功能重新计算获得最终结果，效果同第一种方法，因为操作过程步骤简单且与方法 1 比较类似，在此不再展开说明。

4. 显示公式文本

　　最后补充说明，若在工作表中对公式计算逻辑的显示有需求，可以不必手动输入文本公式，利用 Excel 封装的 "显示公式" 按钮，可以一键将工作表中的所有公式"明示"出来，单击"公式"→"公式审核"→"显示公式"按钮即可，操作过程及最终效果如图 9.12 所示。

🔊 **说明：**

"显示公式"功能快捷键为 Ctrl+`，Ctrl 键同"反引号"同时按下，反引号位于键盘左上角数字 1 按键左侧，直接按下即可。

图 9.12　显示公式操作及效果

对比展开公式前后的效果可以看到，若原单元格中存在公式，系统会自动拓展单元格列宽，将编辑栏中的公式内容完整呈现，若无公式则显示为原值。该项功能常用于对表格运算逻辑进行说明，可以在需要短时间快速查看公式运算逻辑时使用。

🔊 **说明：**

不建议长时间让表格处于显示公式的状态下，处于显示公式状态下的所有公式都无法计算，而且因为自动化调整的原因，表格排版结构也会受到不可控的干扰。如果需要长时间展示公式运算逻辑可以使用 FORMULATEXT 函数，其函数说明见表 9.2。

表 9.2　FORMULATEXT函数说明

语　法	定　义	说　明
FORMULATEXT(reference)	以字符串的形式返回公式	FORMULATEXT函数的功能和其名称一样，是用于展示FORMULA公式的TEXT文本形式。该函数需要一个参数，提供目标展示公式的单元格地址。最终得到的效果类似于"显示公式"功能

"分类汇总"功能可以看作"快速求和"的升级版，封装的内容更多，能力也更强。它实现了在基础的求和汇总上增加条件分组依据，完成自动根据字段内容进行条件汇总的效果，全过程不需要手动输入任何的函数公式。例如，学生考试成绩根据班级汇总总分，公司各大区销售明细以区为分组条件进行汇总，此类情况都可以应用"分类汇总"功能快速完成数据的汇总统计分析。

"分类汇总"功能不仅能完成求和的工作，求和只是其中的一种汇总方式，还可以选择计数、均值等模式。本节将以一个销售记录分类汇总案例对"分类汇总"的详细设置进行说明，演示如下。

1. 原始数据

案例所使用的原始数据共分为 5 个字段："销售大区""销售部门""姓名""日期"和"销售额"，如图 9.13 所示。其中，销售大区分为东、西、南、北四区，各区存在 1～3 个不等的销售部门，目标是根据销售大区汇总销售额。

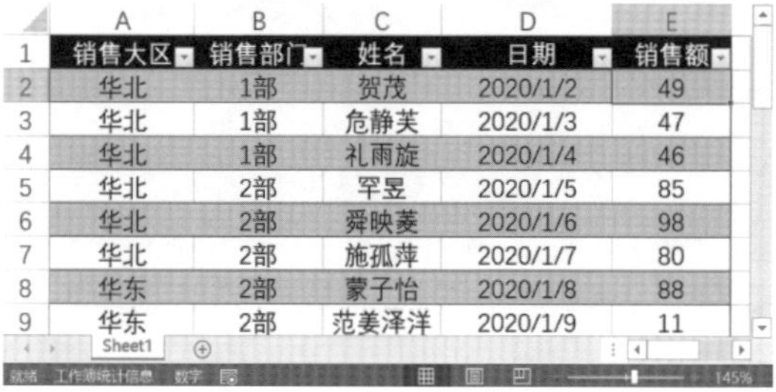

销售大区	销售部门	姓名	日期	销售额
华北	1部	贺茂	2020/1/2	49
华北	1部	危静芙	2020/1/3	47
华北	1部	礼雨旋	2020/1/4	46
华北	2部	罕昱	2020/1/5	85
华北	2部	舜映菱	2020/1/6	98
华北	2部	施孤萍	2020/1/7	80
华东	2部	蒙子怡	2020/1/8	88
华东	2部	范姜泽洋	2020/1/9	11

图 9.13 分类汇总：原始数据

2. 按条件字段排序

使用"分类汇总"功能时对原始数据的顺序有所要求（这一点非常重要，很多同学在使用"分类汇总"时得不到正确结果都是因为没有提前对原始数据表进行排序），因此在正式启动"分类汇总"前需要按照条件字段对原始数据进行排序。

案例中可以观察到数据源有点混乱，相同销售大区的数据记录没有全部都排列在一块，且销售部门也没有按顺序排列。因此，首先利用"筛选"功能或直接应用"多条件排序"依次对"销售部门"和"销售大区"字段进行升序排列，效果如图 9.14 所示。多条件排序说明可参看 7.2.1 小节相关内容。

对排序的要求也可以理解为"分类汇总"功能上的不完善所造成的不便。但良好的排序是一个规范的数据表的基本要求，所以变相地也对数据表进行了整理并不会造成实质上的不便利。在 9.4 节介绍的"数据透视表"功能，它可以完成更强大且更加灵活的数据统计分析工作。

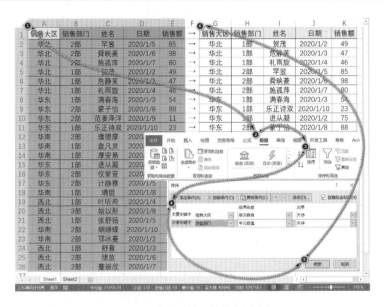

图 9.14　分类汇总：根据字段排序

3. 根据字段分类汇总

完成排序后可以选中表格数据，单击"数据"→"分级显示"→"分类汇总"按钮，打开"分类汇总"对话框，在该对话框中可以完成对目标汇总效果的设定，如图 9.15 所示。

"分类汇总"对话框包括 4 个部分。

第一部分"分类字段"负责确定分组汇总的依据，可以从数据表中的若干字段中任选其一，案例中目标是计算各大区总销售额，因此分组依据为"销售大区"。

第二部分"汇总方式"控制的是采用的计算方法，如"求和""计数"，其他可供选择的方式还有"平均值""最大值""最小值""乘积""数值计数""标准偏差""总体标准偏差""方差"和"总体方差"。案例中目标为求和因此不需要修改，采取默认汇总方式即可。

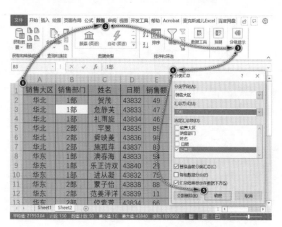

图 9.15　分类汇总：效果设置

第三部分的"选定汇总项"决定的是汇总数据的字段，案例中需要对销售额进行求和汇总，因此勾选"销售额"复选框即可。选项允许多选，同时依据相同分组和方式计算多组数据，但需要保证所勾选数据列的数据类型和汇总方式相匹配，如在求和的汇总方式下就不适合勾选"姓名"列，因为文本无法进行求和，最终会返回结果 0。

上述三部分按图示设置直接应用后的分类汇总效果如图 9.16 所示。可以看到系统自动为原数据表添加了各大区汇总小计以及最终的"总计"栏目，在栏目对应字段下也按照预设的汇总方式完成了数据的求和，并且在左侧小计与总计对应行均添加了行组合的折叠展开按钮，方便查看多层级汇总结果。

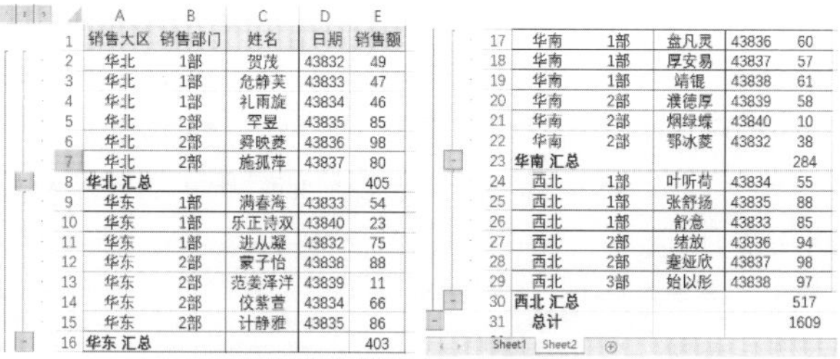

图 9.16　分类汇总：最终效果

🔊说明：

"分类汇总"功能提供的折叠展开效果等同于 2.1.6 小节中所提及的组合功能。区别在于分类汇总是集成模块，是由系统自动创建的组合，而后者是手动创建的组合。注意"分类汇总"功能自动创建的组合折叠展开按钮也可以通过手动操作取消组合并删除。

至此就已经按照目标要求完成了分类汇总的任务，主要的两个操作就是排序和设置分类汇总的条件，操作量不大但高效地完成了条件汇总的统计工作。最后想要其他的条件或者是调整分类汇总的方式都可以在对话框中进行修改，这时就需要动用对话框中最后一部分的设置选项，即其他设置。

第四部分的其他设置用于调整汇总的方式及汇总结果的位置等，可进行三项功能的设置和使用一项清除功能，如图 9.17 所示。

图 9.17 分类汇总：其他设置

（1）勾选"替换当前分类汇总"后相当于在原始分类汇总设置的结果上对原始数据应用新的分类汇总设置，结果会被新方案所替换。若不进行勾选，新方案会再次应用，最终结果中多次方案的分类汇总效果会并存。本例中，在对销售额汇总后，再次应用分类汇总添加新方案，以部门为分类依据对销售额进行求和，形成两次分类汇总效果并存的情况，如图 9.18 所示。

📇技巧：

利用该特性可以完成多个条件的分类汇总效果。

	A	B	C	D	E
1	销售大区	销售部门	姓名	日期	销售额
2	华北	1部	贺茂	43832	49
3	华北	1部	危静芙	43833	47
4	华北	1部	礼甫旋	43834	46
5		1部 汇总			142
6	华北	2部	罕昱	43835	85
7	华北	2部	爵映叠	43836	98
8	华北	2部	施孤萍	43837	80
9		2部 汇总			263
10	华北 汇总				405
11	华东	1部	满春寿	43833	54
12	华东	1部	乐正诗叙	43840	23
13	华东	1部	迮从凝	43832	75
14		1部 汇总			152
15	华东	2部	蒙子怡	43838	88
16	华东	2部	范姜泮洋	43839	11
17	华东	2部	佟紫萱	43834	66
18	华东	2部	计静雅	43835	86
19		2部 汇总			251
20	华东 汇总				403
21	华南	1部	盘凡灵	43836	60
22	华南	1部	厚安易	43837	57
23	华南	1部	靖锐	43838	61
24		1部 汇总			178
25	华南	2部	濮懷厚	43839	58
26	华南	2部	烟绰螺	43840	10
27	华南	2部	鄂冰菱	43832	38
28		2部 汇总			106
29	华南 汇总				284
30	西北	1部	叶听荷	43834	55
31	西北	1部	张舒扬	43835	88
32	西北	1部	薜意	43833	85
33		1部 汇总			228
34	西北	2部	绪放	43836	94
35	西北	2部	菱馥欣	43837	98
36		2部 汇总			192
37	西北	3部	始如彤	43838	97
38		3部 汇总			97
39	西北 汇总				517
40	总计				1609

图 9.18 分类汇总：两次分类汇总效果并存

（2）勾选"每组数据分页"后应用分类汇总直接看到的效果不是特别明显。该项功能不会影响实质的分类汇总过程，但是会在分类汇总的过程中为每项分类单独添加"分页符"（"分页符"的设置见 1.1.2 小节相关内容）。分类汇总后将表格切换至分页预览视图可以明确地看到分页效果。如图 9.19 所示为以地区为分组依据，并勾选该选项进行分类汇总的效果。

14	华东	2部	佼紫萱	2020/1/4	66
15	华东	2部	计静雅	2020/1/5	86
16	华东 汇总				403
17	华南	1部	盘凡灵	2020/1/6	60
18	华南	1部	厚安易	2020/1/7	57
19	华南	1部	靖锟	2020/1/8	61
20	华南	2部	濮德厚	2020/1/9	58
21	华南	2部	烟绿蝶	2020/1/10	10
22	华南	2部	鄂冰菱	2020/1/2	38
23	华南 汇总				284
24	西北	1部	叶听荷	2020/1/4	55
25	西北	1部	张舒扬	2020/1/5	88
26	西北	1部	舒意	2020/1/3	85
27	西北	2部	绪放	2020/1/6	94
28	西北	2部	聋娅欣	2020/1/7	98
29	西北	3部	始以彤	2020/1/8	97
30	西北 汇总				517
31	总计				1609

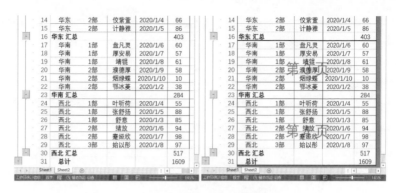

图 9.19　分类汇总：每组数据分页

图 9.19 左侧为常规视图，右侧为分页视图。因为按照销售区域分类，因此各地区均单独成页。该项功能比较适合需要打印的情况，可以使同类结果均处于相同页面，提高统计结果的可读性。

（3）勾选“汇总结果显示在数据下方”后所有小计和总计都会显示在数据下方，这个是默认状态，开启分类汇总后系统会自动勾选，此前所有演示的结果均采用此方式进行显示，也较为符合常规的阅读逻辑。若取消勾选则相应结果会显示在原始数据上方，如图 9.20 所示。

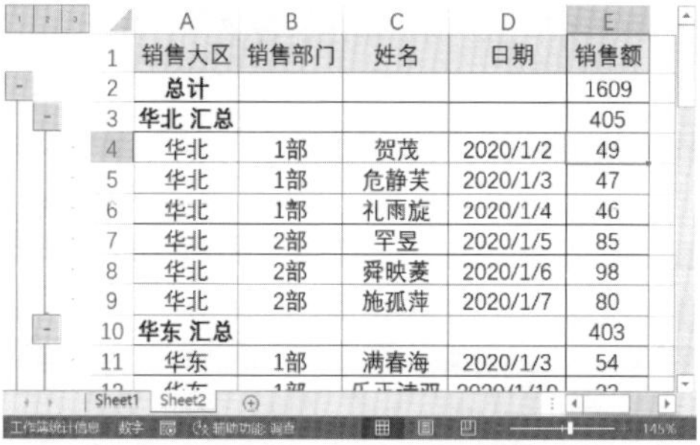

	A	B	C	D	E
1	销售大区	销售部门	姓名	日期	销售额
2	总计				1609
3	华北 汇总				405
4	华北	1部	贺茂	2020/1/2	49
5	华北	1部	危静芙	2020/1/3	47
6	华北	1部	礼雨旋	2020/1/4	46
7	华北	2部	罕昱	2020/1/5	85
8	华北	2部	舜映菱	2020/1/6	98
9	华北	2部	施孤萍	2020/1/7	80
10	华东 汇总				403
11	华东	1部	满春海	2020/1/3	54

图 9.20　分类汇总：汇总结果显示在数据上方

（4）单击“全部删除”按钮则可以删除现有的所有分类汇总方案，实现一键清除，恢复数据表的原始状态。

9.4 数据透视表分析

9.3 节介绍了“分类汇总”功能的使用方法，本节将更进一步，介绍一个更强力的数据分析模块，即“数据透视表”，它也可以说是“分类汇总”功能的升级版。而且这次的提升是全方位的跃进，从分析的底层逻辑就发生了重大的反转和进化，也代表着下一代应用级数据分析技术发展的方向。在讲解之前，先明确一个基本概念：数据透视表是数据分析的工具，因此需要数据表的输入以及输出分析后的报表。

为了对比"数据透视表"功能的强大，本节将采用与 9.3 节相同的数据源，通过"数据透视表"的方式完成符合案例相同要求的效果，具体操作如下。

1. 创建数据透视表

因为本节使用数据透视表处理表格，排序问题由系统自动处理，因此不需要提前排序。直接根据原始数据新建数据透视表即可。首先单击选中表 Sheet1 中数据表的任意位置，然后单击"插入"→"表格"→"数据透视表"按钮，如图 9.21 所示。

图 9.21 数据透视表：创建设置

在打开的"创建数据透视表"对话框中采取默认设置，单击"确定"按钮即可完成空白数据透视表的创建。"创建数据透视表"对话框可以简单分为 3 个部分：数据源、目标位置、数据模型。其中，数据源控制数据透视表的数据来源。常规的来源就是工作簿内的不同表格，或者通过建立链接引用外部数据源。目标位置栏目用于调整分析后报表的输出位置，为了尽可能地保证数据与分析过程的独立性，数据透视表默认存放于新建的工作表中，也可以通过调整设置为当前工作表的特定区域。最后一个部分是数据模型，勾选"将此数据添加到数据模型"后可以将本次引入的数据表添加进数据模型进行分析，常用于多表关联分析，此部分属于数据透视表的高级应用，与在 6.4.3 小节中所使用的 Power Query 组件同属于 Power BI 四大雏形组件，被称为 Power Pivot，简单了解即可，这里不做拓展演示。创建的空白数据透视表如图 9.22 所示。

🔊说明：

> 微软商业智能分析软件 Power BI Desktop 诞生于 Excel 中的 4 个组件，也称为 Power 四件套，分别是 Power Query 查询、Power Pivot 分析、Power View 可视化和 Power Map 数据地图。这 4 个组件也被视为 Power BI 的雏形，经过优化、整合，最终独立。

图 9.22　数据透视表：空白数据透视表

在新工作表 Sheet2 中，左侧 A3:C20 区域为空白数据透视表所在位置，右侧边栏为"数据透视表字段"窗格，是建立分析的重要区域（单击空白数据透视表区域即可查看，若未开启可以通过右击选择"显示字段列表"命令打开）。

2. 构建数据透视表

空白数据透视表需要通过构建分析才可以看到效果，这项工作可以通过右侧的"数据透视表字段"窗格快速完成。首先看到右侧边栏的上半部分，数据源表中的所有字段都已经被自动提取并列写成了一张清单，而右侧边栏下半部分则分为"筛选""列""行"和"值"4 个区域，要完成分析唯一需要做的事情就是将对应的字段拖动到对应的区域中。

首先将"销售大区"字段拖入行标签区域，然后将"销售部门"字段也拖入行标签区域，并置于"销售大区"下方，最后将"销售额"拖入值字段区域，默认为求和的汇总方式，如图 9.23 所示。

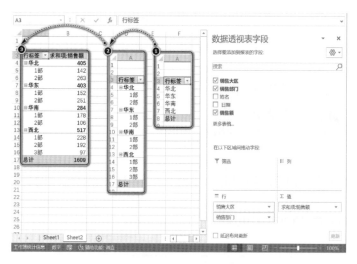

图 9.23　数据透视表：构建数据透视表

通过图 9.23 可以看到三个字段依次添加的效果，最终完成了对各大区各部门总销售额的统计分析工作。全过程一共就两个步骤：创建和拖动，不需要处理重复值的问题，也不需要处理乱序的问题，与分类汇总相比较，数据透视表的统计分析功能更强大。数据透视表可以实现的功能可不仅限于此，接下来将会演示几种特别的类型以充分展示数据透视表的数据分析能力。

但是，在此之前要对数据透视表的工作逻辑进行简要说明。

（1）从最核心的，也是最令人疑惑的字段安排进行说明。首先要明确在数据透视表中操作的最小单元不再是某个单元格。在将数据表作为数据透视表的数据源时，系统就已经自动将原表按字段拆分成了若干列，最小的操作单元是一列，正如在"数据透视表字段"窗格上部看到的清单。

（2）明确了以列为操作单位后，再来看一下拖动的过程应当如何理解。首先给一个宽泛的定义：数据透视表是以一维表的多个字段数据为数据源进行分析，最终输出二维表的一项分析工具（典型的二维表有课程表、九九乘法表等）。既然要输出二维表自然就需要确定对应的行标签、列标签以及行列标签交叉处的数值。

而拖动字段到各区域的过程其实就是在设置输出的结构。例如，将"销售大区"字段拖到行标签区域后，数据透视表中就出现了 4 个大区的行，再增加"销售部门"字段后，各大区下又进一步新增了若干部门的行（数据透视表会自动筛选字段中不重复的值作为行标签，若有多个字段，放置在上方的为高级别，下方的为低级别，可以根据需求任意安排顺序）。列标签的排列逻辑类似，而值字段则是确定以什么方式汇总哪个字段的值（在案例中是以求和的方式汇总销售额，因此将"销售额"拖进值字段区域）。全过程都是自动化的，在确定行列标签后，数据透视表会自动按行列标签限定的条件读取数据源中符合条件的记录，并按照值字段所要求的汇总方式对汇总字段进行计算，最后将结果记录在对应的行列交叉单元格处。

3. 调整数据透视表

在大致理解了数据透视表的运行逻辑后，再通过几种变形调整情况来更加全面地理解数据透视表构建统计分析的过程。

（1）虽然完成了对大区和部门的总销售额统计分析，但是最终结果和使用分类汇总的结果还存在一定差距，个人的明细数据无法查看。那么应当如何操作并进行完善？效果如图 9.24 所示。

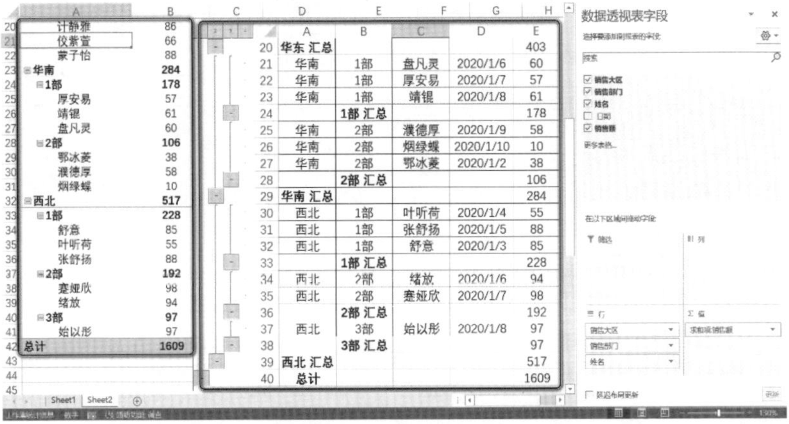

图 9.24　调整数据透视表 1

在行标签中最末级添加名称即可，如果需要反映日期则按照相同逻辑添加日期字段至行标签末位。仔细观察图 9.24 的效果会发现有所差异，但都属于格式差异，如汇总结果位于数据上方还是下方，以表格还是以大纲的形式呈现行标签，是否选择重复冗余行标签。这些格式选项都可以通过数据透视表灵动选项卡"数据透视表分析"和"设计"中的相关设置进行模拟设置，在此不展开说明。重点关注计算逻辑的构建，可以看到两张表格均完成了以"销售大区"和"销售部门"为分类依据，并对这两个层级进行了销售额的汇总，明细数据清晰。

（2）行标签的层级交换。若各大区销售部门编号均是按照平均业务水平划分的，现在需要对各大区相同编号的销售部门进行横向对比，应当如何完成？使用分类汇总需要返回原始数据进行排序优先级的调整，同时重新建立分类汇总。但是在数据透视表中只需要简单地将行标签区域中的"销售大区"和"销售部门"次序对调即可，效果如图 9.25 所示。

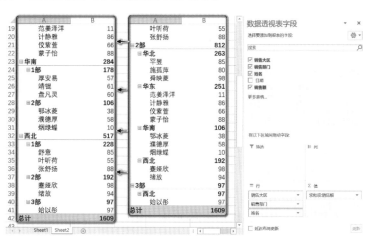

图 9.25　调整数据透视表 2

（3）行列标签的交换。同第二种情况，即便是将"销售大区"和"销售部门"层级对调，依然觉得不够直观，希望借助水平维度对比各地区各部门的销售情况，此时可以直接将"销售部门"直接从行标签区域拖动到列标签区域，效果如图 9.26 所示。

图 9.26　调整数据透视表 3

（4）查看明细销售的日期分布。首先通过行标签构建明细条目，依次将"销售大区""销售部门"和"姓名"拖入行标签区域；然后将"日期"字段放置在列标签区域，体现销售额随时间分布的情况，效果如图 9.27 所示。

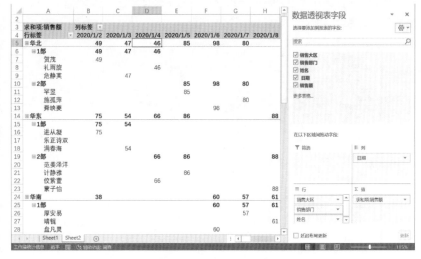

图 9.27　调整数据透视表 4

通过上述 4 种简单的不同场景下的数据透视表的调整方案，可以很清楚地感受到数据透视表与之前介绍的"快速求和"以及"分类汇总"存在着本质上的差异。除了计算效率的跳跃式提高外，操控的灵活性也令人惊讶。分析过程可以随时根据目标需求的不同而轻松改变，唯一需要的操作就是拖动字段所处的位置，确定好相对应的行列标签和目标要汇总的值与方式，剩余的统计工作数据透视表会自动帮你完成。

🔊 说明：

> 数据透视表的统计运算效率要高于函数，同样的需求下"走弯路"较少。这一点也可以从修改行列标签的计算反应速度看出。若待分析的数据量较大，而使用函数分析较慢时，也可以考虑直接使用数据透视表进行统计分析。

如果对比常规的数据分析方法，如分类汇总和函数，就会发现外部需求的变化导致分析过程改动的工作量是巨大的。假如对比的是分析工具模块，又会发现分析逻辑比较固化，缺乏灵活性，不容易调整逻辑。这倒不是说数据透视表的数据分析功能完全优于 Excel 中的其他分析工具，它们都有各自的特点，需要结合实际情况选择使用。而数据透视表的优势就在于能快速从不同角度完整地了解数据的情况，可以很方便地"透视"数据。也正因如此，数据透视表也常被用于探索、挖掘数据的内涵。

最后,以上讲解的关于数据透视表的应用是最基础的,也是最核心的部分。想要灵活运用数据透视表发挥更大作用,还需要大量使用数据透视表的附加功能和参数设定。这些功能设定主要分布于以下四块面板中。

(1)"数据透视表字段"窗格:主要负责构建数据透视表分析要求,如行列标签、值字段及汇总方式、筛选条件(可以根据特定字段内容对数据源进行筛选呈现)。

(2)"数据透视表分析"选项卡:单击数据透视表区域任意单元格,Excel界面菜单栏会新增两项灵动选项卡"数据透视表分析"和"设计"。在"数据透视表分析"选项卡中可以完成更细致的分析需求,如对数据进行分组、插入切片器、更改数据源、添加计算字段等,如图 9.28 所示。

图 9.28　"数据透视表分析"选项卡

(3)数据透视表"设计"选项卡:"设计"选项卡负责的是数据透视表的格式样式设置,除了可以套用预设样式外,还可以详细设置总计情况、行列标签布局以及镶边行列等,如图 9.29 所示。

图 9.29　"设计"选项卡

(4)"数据透视表选项"对话框:该对话框用于设置数据透视表更底层的参数,一些相对不常用的设置可以通过该对话框进行设置。打开方式为右击数据透视表任意单元格,在快捷菜单中选择"数据透视表选项"命令,操作步骤与对话框如图 9.30 所示。

通过上述四大主要面板以及快捷菜单基本就可以完成数据透视表的所有设置,但数据透视表作为 Excel 重要的功能模块,内容庞杂,短时间内无法清晰说明。本节仅作为基础入门,各位同学可以在此基础上自行探索。9.5 节中将介绍数据透视表的一种特殊应用。

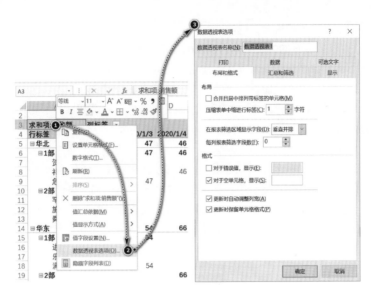

图 9.30 "数据透视表选项"对话框

9.5 数据透视表的统计种类

扫一扫，看视频

不重复项目的统计计算是经常会遇到的问题，如从销售记录数据中提取顾客的总数，但是在 Excel 中，想使用函数计算不重复项目还需要一定的函数知识作为基础才可以实现。提到不重复值，你可能会想到在 6.2.3 小节中使用"删除重复值"功能后，系统会提示"删除了××个重复值，保留了××个唯一值"，这里面包含不重复数量信息，但问题在于读取不重复项目需要执行一系列操作，并且结果存放在提示对话框中不便于利用。

不重复项目的统计计算利用数据透视表的去重特性就能很好完成，零基础也能上手。因此本节将以统计公司商品销售记录表格中不重复的客户数量为案例进行讲解，演示如下。

1. 创建数据透视表

原始数据由客户姓名、日期、单价、数量和金额组成，其中每位客户消费记录数量不等，目标是统计不重复客户的数量。第一步依旧是创建数据透视表，但比较特别的是，这一次需要将数据源表添加进"数据模型"中，操作步骤如图 9.31 所示。选中数据表任意单元格后，单击"插入"→"表格"→"数据透视表"按钮，弹出"创建数据透视表"对话框，在该对话框中系统会自动识别数据源，数据透视表位置默认存放于新工作表中，勾选"将此数据添加到数据模型"复选框后单击"确定"按钮完成设置。

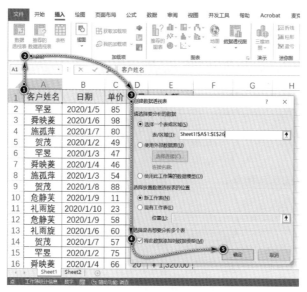

图 9.31　创建数据透视表

📢说明：

　　添加到数据模型不会影响常规功能的使用，可以简单理解为获得了一个功能更强大的数据透视表，但在界面细节上会有一点区别，如字段列表会包含层级结构。

2. 构建数据透视表

　　构建数据透视表的流程与之前的案例类似。因为需要统计不重复客户的数量，因此"客户姓名"列需要安排至行标签区域，列标签和筛选区域均不需要放置字段。值字段比较特别，也同样配置"客户姓名"列。同时因为需要进行不重复计数，单击值字段展开下拉菜单，选择"值字段设置"命令，在打开的"值字段设置"对话框中将"值字段汇总方式"设定为"非重复计数"，如图 9.32 所示。

💨注意：

　　若在第一步中未将数据源添加到数据模型，则该步骤中的"值字段汇总方式"无法设置为"非重复计数"。另外，字段在不同的区域中重复使用不会报错，是常规的使用方式。

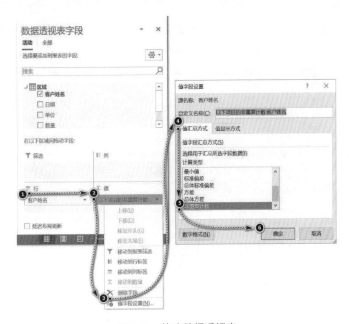

图 9.32 构建数据透视表

3. 效果对比

最终常规计数和不重复计数的数据透视表效果对比如图 9.33 所示，左侧为使用常规数据透视表对客户进行计数，可以轻松得到每位客户的消费记录数量；右侧是对客户进行不重复计数，因此所有条目均为 1，汇总后得到数据源表所提供的销售记录中共有 6 名客户，完成最终目标统计出不重复的客户数量为 6。

图 9.33 计数效果对比

💡注意：

　　删除数据透视表是日常使用中初学者最容易产生问题的部分，常规操作如右击数据透视表，在弹出的快捷菜单中选择"删除"命令或者按 Delete 键均无法完成删除，需要完整选中数据透视表的所有单元格后方可删除。

第 3 篇

技 巧 实 战 篇

第 10 章　综合操作案例

第 10 章　综合操作案例

欢迎你来到最后一章！虽然从目录上看这次旅程还没有结束，但是你坚持走到了这里，已经是值得庆祝一番的关键里程碑了。在本章中，最大的特点是不会再继续添加“新鲜”的知识点，而是会通过一些具体的实际案例，帮助大家更加熟练地掌握之前学习到的一些操作技巧，同时也是试图在原本离散分布的知识点“岛屿”之间建立更多的“桥梁”，最终形成知识网状体系。如此一来，在遇到具体的、变化多端的实际问题时，所学知识才能更好地发挥作用，切实提高工作效率。

本章主要涉及的案例有：

- 制作资产标签。
- 制作工资条。
- 设备材料表数据清理。

10.1 制作资产标签

第一个案例是操作和简单函数并用的综合案例：制作资产标签。在公司部门进行资产盘点时需要统计资产的种类、状态、数量、位置等信息，并制作成资产标签粘贴在对应的办公用品上进行标记。在整个盘点过程中，经过第一次统计后可以获得如图 10.1 所示的原始信息表单，下一步将依据此表单制作资产标签，具体操作如下。

	A	B	C	D	E	F
1	编号	名称	数量	状态	位置	登记时间
2	A0001	办公桌	1	良好	1楼43号	2020/1/1
3	A0002	办公桌	1	良好	1楼44号	2020/1/1
4	A0003	办公桌	1	良好	1楼45号	2020/1/1
5	A0004	办公桌	1	良好	1楼46号	2020/1/1
6	A0005	椅子	1	良好	1楼43号	2020/1/1
7	A0006	椅子	1	良好	1楼44号	2020/1/1
8	A0007	椅子	1	良好	1楼45号	2020/1/1
9	A0008	椅子	1	良好	1楼46号	2020/1/1
10	A0009	键盘	1	良好	2楼1号	2020/1/1

Sheet1　Sheet2　Sheet3

工作簿统计信息　数字　145%

图 10.1　资产标签原始信息表单

1. 设计资产标签样式

根据上述原始信息表单所要求包含的字段，可以简单设计资产标签的样式。案例中实现的最终效果如图 10.2 所示，具体可以根据需求自行设计。但是要注意，因为后续需要使用填充柄以及函数公式，要避免在模板中使用“合并单元格”。若有合并样式的需求，可以参看 2.1.3 小节相关内容，使用跨列居中替代。其他样式的设置可以参考第 2 章中的其他内容。

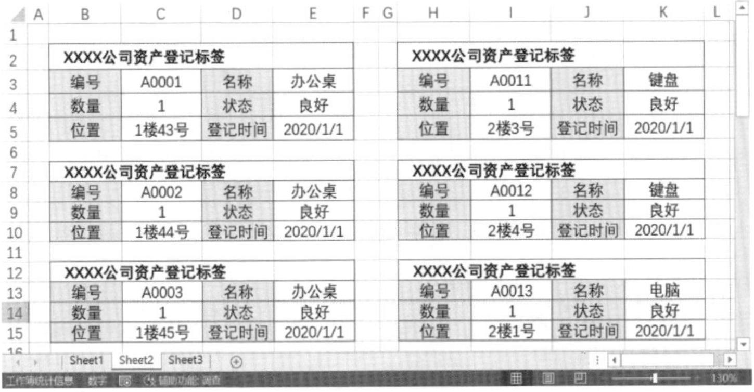

XXXX公司资产登记标签				XXXX公司资产登记标签			
编号	A0001	名称	办公桌	编号	A0011	名称	键盘
数量	1	状态	良好	数量	1	状态	良好
位置	1楼43号	登记时间	2020/1/1	位置	2楼3号	登记时间	2020/1/1
XXXX公司资产登记标签				XXXX公司资产登记标签			
编号	A0002	名称	办公桌	编号	A0012	名称	键盘
数量	1	状态	良好	数量	1	状态	良好
位置	1楼44号	登记时间	2020/1/1	位置	2楼4号	登记时间	2020/1/1
XXXX公司资产登记标签				XXXX公司资产登记标签			
编号	A0003	名称	办公桌	编号	A0013	名称	电脑
数量	1	状态	良好	数量	1	状态	良好
位置	1楼45号	登记时间	2020/1/1	位置	2楼1号	登记时间	2020/1/1

图 10.2　资产标签最终效果

如图 10.2 所示，采用的是简单的两列布局，将 6 项字段简单排列并添加公司抬头。

2. 依据原始信息表单填写标签内容

设计完表单后，需要依据原始信息表单对表单中的数据进行填写。案例中演示的资产数量为 20 项，实际情况可能需要制作成百上千个标签，因此手动填写标签内容绝对是行不通的。而 Excel 对应的解决方案为“函数公式+填充柄拖动”，可以批量完成目标数值的填充。

现假设已经完成的初步模板存放于 B2:E5 单元格区域，如图 10.3 所示。要完成信息的填写，只需要在 C3、E3、C4、E4、C5、E5 单元格中依次输入如下公式即可。

C3：=INDEX(Sheet1!A:A,INT((ROW(1:1)-1)/5)+2)

E3：=INDEX(Sheet1!B:B,INT((ROW(1:1)-1)/5)+2)

C4：=INDEX(Sheet1!C:C,INT((ROW(1:1)-1)/5)+2)

E4：=INDEX(Sheet1!D:D,INT((ROW(1:1)-1)/5)+2)

C5：=INDEX(Sheet1!E:E,INT((ROW(1:1)-1)/5)+2)

E5：=INDEX(Sheet1!F:F,INT((ROW(1:1)-1)/5)+2)

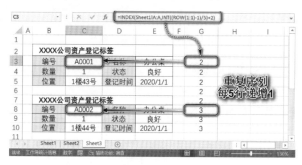

图 10.3　资产标签内容填写

可以很明显地看到这些公式的格式基本是一样的，唯一的区别在于使用 INDEX 函数提取的目标列依次是原始信息表单的第 1、2、…列。除此以外，比较特别的，可能会有点难以理解的是 INDEX 函数的第 2 个参数，为何使用行号函数 ROW 和取整函数 INT 这样的组合方式进行工作呢？为了回答这个问题，将这部分公式单独拿出来与资产标签进行对比就会非常清晰，如图 10.4 所示。

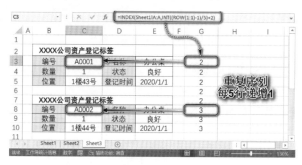

图 10.4　资产标签内容填写逻辑

可以看到 INDEX 函数的第 2 个参数的公式输出结果实际上是一个重复序列，即从 2 开始，每向下拖动 5 行返回的结果就递增 1。因此通过这个序列就能够知道对应字段需要读取原始信息表的第几行，如 C3 单元格需要读取编号列中的第 2 项，C8 单元格需要读取编号列中的第 3 项，以此类推，每新增一个标签，也应该提取下一个编号。

剩下的问题就是这个函数组合是如何完成重复序列的构造的？首先看 ROW 函数，如果是 ROW(1:1)，则向下拖动的过程中会生成一个自然序列"1、2、3、4、5、6、…"；进行减一操作后序列变成"0、1、2、3、4、5、…"；进行除以 5 的操作后会变为"0、0.2、0.4、0.6、0.8、1、…"，注意此处的 5 即为两个资产标签相同字段间隔的行数；取整后序列再次变化，得到"0、0、0、

0、0、1、…"；最后统一向后平移两个单位进行加 2 操作，得到序列"2、2、2、2、2、3、…"，完成了重复序列的构造。

📢说明：

　　构造重复序列是函数中常用的一种方法，可以使用公式"=INT((ROW(1:1)-1)/m)+n"完成，其中 m 为重复的周期，n 为起点，默认递增步长为 1。

3. 批量生成标签

　　在完成了上述公式填写后可以开始着手批量生成标签，需要的操作只有向下拖动填充柄。首先选中区域 A2:F6，再利用填充柄直接向下拖动至所有标签均生成即可，最终效果如图 10.5 所示。选择范围时需要注意：①避免选中第 6 行，否则结果中每项标签会间隔 2 行；②待填充区域不得出现合并单元格。

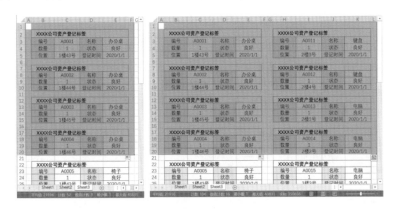

图 10.5　资产标签批量生成

　　案例中原始信息表共有 20 条记录，因此如果采取下拉列的方式需要下拉 20 组，内容过长不便于打印（细长条内容打印浪费空间）。因此在实际操作中处理下拉列会设计成两列，如图 10.5 右侧所示，第 2 列从中间记录开始填写，同时因为双倍下拉，所以每列只需要拖动 10 组即可，其他逻辑和首列保持一致。最终完成了对资产表标签的制作。

💡注意：

　　若数据量较大，请先验证其中的一部分，在保证逻辑正确后再进行拖动填充完成所有内容的制作，避免错误范围扩大，造成冗余工作。

4. 公式填写的快捷方法

　　补充说明一项操作技巧：在第 2 步中填写的公式因为只存在引用列的差异，

因此可以通过拖动复制后再移动的办法完成输入，而不需要逐个输入。具体操作演示如图 10.6 所示。

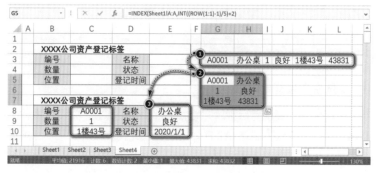

图 10.6　填写公式的快捷方法

首先在任意单元格中输入 C3 单元格的公式，然后直接向右拖动，利用公式的相对引用特性提取其他字段内容的公式，如图 10.6 第 1 步。然后以每两列为一组，通过选择区域后直接单击边缘拖动的方法移动，重新组织成列的形式，如图 10.6 第 2 步。最后分别将两列内容拖动到资产标签对应位置上，并调整格式完成公式的填写，如图 10.6 第 3 步。

10.2　制作工资条

扫一扫，看视频

制作工资条虽然是一项"老生常谈"的应用案例，而且非财务人力工作人员并不会真的去使用这项技巧。但是作为案例，在完成过程中所应用到的功能足矣使其成为一个优秀的操作技巧练习案例。其中会涉及"填充柄等差数列填充""格式刷""排序"等功能的使用，制作过程也充分体现了灵活应用功能的重要性，很有启发意义，具体操作如下。

1. 原始数据与目标效果

案例所使用的原始数据为某单位工资明细表，包含 10 条员工工资明细数据，每条记录涵盖"基本工资""奖金""扣款"和"实发工资"等项目，如图 10.7 所示。

工资条最终效果如图 10.8 所示，需要为每位员工制作符合格式要求的独立工资明细表，并包含独立的字段标题行和便于裁剪的分隔行。

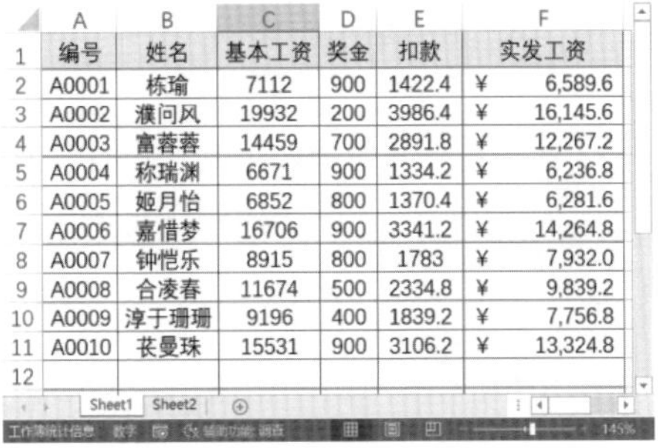

	A	B	C	D	E	F
1	编号	姓名	基本工资	奖金	扣款	实发工资
2	A0001	栋瑜	7112	900	1422.4	¥ 6,589.6
3	A0002	濮问风	19932	200	3986.4	¥ 16,145.6
4	A0003	富蓉蓉	14459	700	2891.8	¥ 12,267.2
5	A0004	称瑞渊	6671	900	1334.2	¥ 6,236.8
6	A0005	姬月怡	6852	800	1370.4	¥ 6,281.6
7	A0006	嘉惜梦	16706	900	3341.2	¥ 14,264.8
8	A0007	钟恺乐	8915	800	1783	¥ 7,932.0
9	A0008	合凌春	11674	500	2334.8	¥ 9,839.2
10	A0009	淳于珊珊	9196	400	1839.2	¥ 7,756.8
11	A0010	苌曼珠	15531	900	3106.2	¥ 13,324.8
12						

图 10.7 工资条制作：原始数据

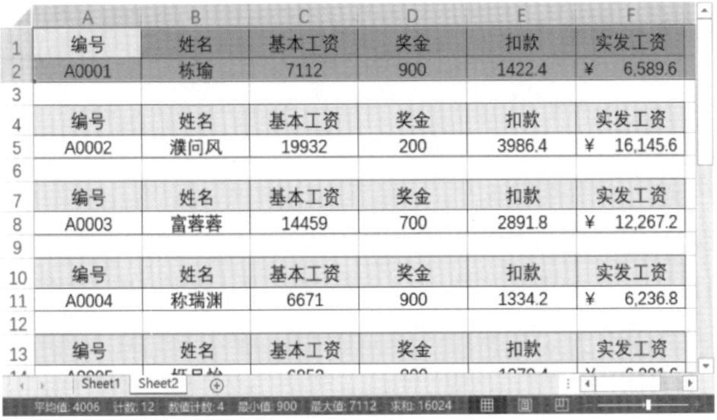

	A	B	C	D	E	F
1	编号	姓名	基本工资	奖金	扣款	实发工资
2	A0001	栋瑜	7112	900	1422.4	¥ 6,589.6
3						
4	编号	姓名	基本工资	奖金	扣款	实发工资
5	A0002	濮问风	19932	200	3986.4	¥ 16,145.6
6						
7	编号	姓名	基本工资	奖金	扣款	实发工资
8	A0003	富蓉蓉	14459	700	2891.8	¥ 12,267.2
9						
10	编号	姓名	基本工资	奖金	扣款	实发工资
11	A0004	称瑞渊	6671	900	1334.2	¥ 6,236.8
12						
13	编号	姓名	基本工资	奖金	扣款	实发工资

图 10.8 工资条制作：最终效果

可以看到每份工资条均由 3 部分组成：标题行、明细记录行和空白行，其中，标题行具有填充、加大行高和边框的特殊格式，而明细记录行有边框和居中的格式设置。

2. 准备工资条组件

通过第 1 步中对目标效果和原始数据的对比观察，可以发现目标效果中，组成工资条的三部分均按照人数各占 10 行，而原始数据中标题只有一行，且空行不足。因此首先准备构建工资条所需的组件，操作如下。

直接选中标题行并复制，然后选中第 2～10 行（共 9 行）右击，在快捷菜单中选择“插入复制的单元格”，即可获得总共 10 行的标题行。操作步骤与插入后的效果如图 10.9 所示。

说明：

空行虽然没有独立插入，但可以直接使用数据下方的 10 行空行进行工资条的制作，唯一的问题是格式不统一，可以在最后使用“格式刷”解决。

图 10.9　工资条制作：准备组件

3. 为组件正确排序

准备好标题行、明细记录行和空白行各 10 行后，与目标工资条的差距就在于各组件的顺序以及格式上，因此第 3 步利用辅助列完成对组件的正确排序，操作如下。

首先在标题行区域右侧 G1 单元格中输入 1.1，并向下拖动填充柄填充至 G10 单元格，形成形如 1.1、2.1、3.1、…的序列（按住 Ctrl 键拖动默认模式为序列递增）；然后在明细记录行区域右侧 G11 单元格中输入 1.2，并向下拖动填充柄填充至 G20 单元格，形成形如 1.2、2.2、3.2、…的序列；最后在 G21:G30 空白单元格用上述方法构造序列 1.3、2.3、3.3、…，效果如图 10.10 所示。

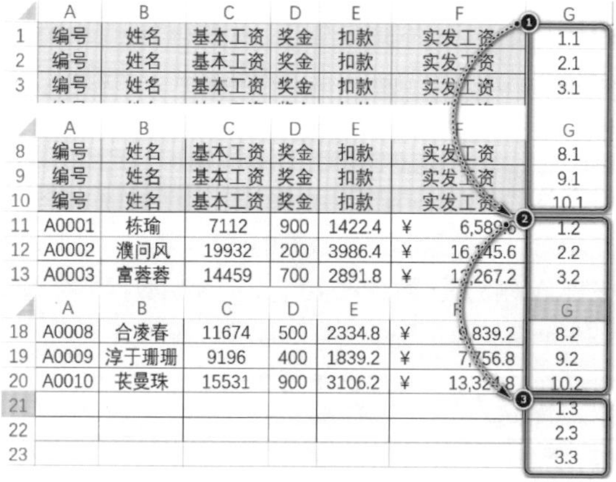

图 10.10　工资条制作：组件编号

完成编号后全选所有数据，对编号辅助列进行升序排序即可将所有组件进行组织（注意，选择数据时需要将编号辅助列以及空行包括在内），最终形成工资条，如图 10.11 所示。

技巧：

因为排序依据是编号辅助列，因此选择数据区域时不按照常规方法从 A 列开始向右选取，而是从右向左选取就可以直接应用升序排序，不再需要单独选择排序依据字段。系统默认活动单元格所在列为排序依据。

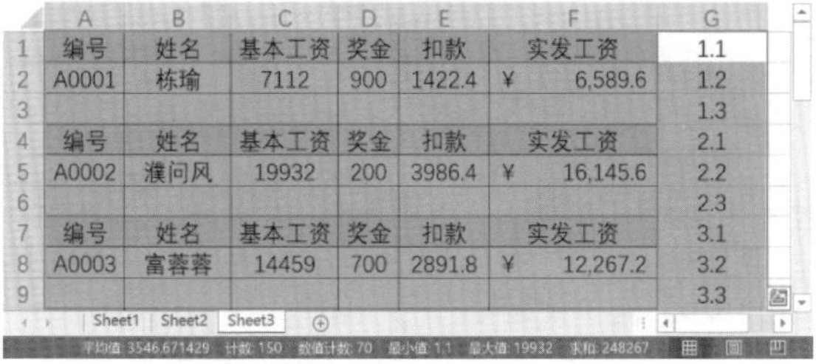

	A	B	C	D	E	F	G
1	编号	姓名	基本工资	奖金	扣款	实发工资	1.1
2	A0001	栋瑜	7112	900	1422.4	¥ 6,589.6	1.2
3							1.3
4	编号	姓名	基本工资	奖金	扣款	实发工资	2.1
5	A0002	濮问风	19932	200	3986.4	¥ 16,145.6	2.2
6							2.3
7	编号	姓名	基本工资	奖金	扣款	实发工资	3.1
8	A0003	富蓉蓉	14459	700	2891.8	¥ 12,267.2	3.2
9							3.3

图 10.11　工资条制作：组件排序

实现原理在于编号的整数部分分别为三种部件都设置了 1～10 的分组，因此在整体排序后相同编号的组件会聚集在一起，形成形如 1、1、1、2、2、2、3、3、3、…的数组。但简单编号只能完成同组的组件汇集，无法决定同组组件内部的排列顺序。因此在整数序号的基础上增加小数部分，其中标题排第一位，因此赋予 0.1 的小数部分；明细记录排中间，因此赋予 0.2 的小数部分；剩余空白排最末尾，因此赋予 0.3 的小数部分。经过以上规则，规范的序号在排序后会形成形如 1.1、1.2、1.3、2.1、2.2、2.3、…的序列，对应内容则为“第 1 组工资条标题、第 1 组工资条明细、第 1 组工资条空行、第 2 组工资条标题、第 2 组工资条明细、第 2 组工资条空行……”，最终完成工资条各组件的正确排序。

4. 设定工资条格式

完成排序后删除编号辅助列，并将空行的格式清除（单击“开始”→“字体”→“边框”按钮，选择“无框线”格式，或单击“开始”→“编辑”→“清除”按钮，选择“清除格式”命令，实际操作中推荐复制空白单元格粘贴覆盖格式，如图 10.12 所示）。

最后调整标题行高，选中 1～3 行后单击“开始”→“剪贴板”→“格式刷”按钮，选择从第 4 行开始的后续所有内容行，最终完成工资条的制作，如图 10.13 所示。

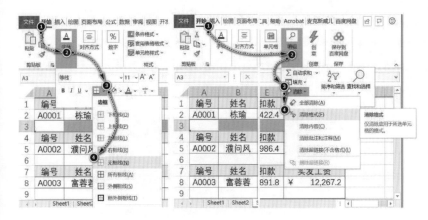

图 10.12　工资条制作：清除边框格式

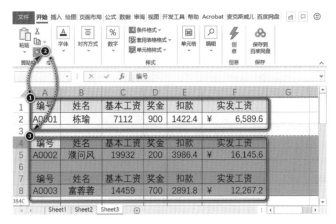

图 10.13　工资条制作：批量设置格式

10.3　设备材料表数据清理

　　第 3 个综合案例是与数据清理相关的案例，如图 10.14 所示是原始待处理的数据表格。表格中所有的数据均来自真实的工作生产文件，达到近 800 行 20 列的规模，现需要对该表格进行数据的清洁和整理。

图 10.14　数据表清理：原始数据

1. 问题识别

虽然原始数据看上去没有什么问题，所有的字段都能够清晰地读取，但是仔细观察会发现这个数据源存在如下几个非常重大的问题，会导致计算机无法正确理解数据，进而影响下一步的统计分析。

（1）存在大量空白单元格，无数据区域具体含义不明。

（2）存在大量的合并单元格，且合并的区域大小不等，产生了很多冗余的空行。

（3）D列数据和行记录不对等匹配，出现"跨行"现象。

因此在进行统计分析前，要对数据源表进行清洁整理，达到可以方便提取使用，且没有歧义的状态，最终实现效果如图 10.15 所示。

设计桩号	运行塔号	塔型	档距（米）	海拔	接地形式	耐张塔组装图		直线塔组装	
						耐张串	跳线串	上相	中相
J1	001#	DSJT2-30	60	134.5	T3	S453S-D0302-13	S453S-D0302-11		
J1	001#	DSJT2-30	82	134.5	T3	S453S-D0302-13	S453S-D0302-11		
D1	002#	SZT20-40	82	146.2	T3	-	-	S453S-D0302-04	S453S-D0302
D1	002#	SZT20-40	560	146.2	T3	-	-	S453S-D0302-04	S453S-D0302
D2	003#	SZT20-35	560	155.3	T3	-	-	S453S-D0302-04	S453S-D0302
D2	003#	SZT20-35	256	155.3	T3	-	-	S453S-D0302-04	S453S-D0302
D3	004#	SZT20-36	256	173.9	T4	-	-	S453S-D0302-04	S453S-D0302
D3	004#	SZT20-36	638	173.9	T4	-	-	S453S-D0302-04	S453S-D0302
D4	005#	SZT30-46	638	129.5	T3	-	-	S453S-D0302-04	S453S-D0302
D4	005#	SZT30-46	281	129.5	T3	-	-	S453S-D0302-04	S453S-D0302
J2	006#	SJT1-31.5	281	125.3	T4	S453S-D0302-13	S453S-D0302-11	-	-
J2	006#	SJT1-31.5	396	125.3	T4	S453S-D0302-13	S453S-D0302-11	-	-
J2	006#	SJT1-31.5	396	125.3	T3	S453S-D0302-13	S453S-D0302-11	-	-
D5	007#	SZT20-28	396	115.2	T3	-	-	S453S-D0302-02	S453S-D0302
D5	007#	SZT20-28	348	115.2	T3	-	-	S453S-D0302-02	S453S-D0302
D6	008#	SJT1-24	348	119.6	T3	S453S-D0302-13	S453S-D0302-11	-	-
D6	008#	SJT1-24	288	119.6	T3	S453S-D0302-13	S453S-D0302-11	-	-

图 10.15　数据表清理：最终效果

2. 清理空白单元格

确定好问题后，首先解决空白单元格的问题。最容易，也是最常用的办法当属在 3.1.7 小节中介绍的使用快捷键 Ctrl+G 定位空值功能，但此功能在实际的特殊环境下并不一定适用。例如，在案例中应用该功能后会得到如图 10.16 所示的效果，无法实现目标。

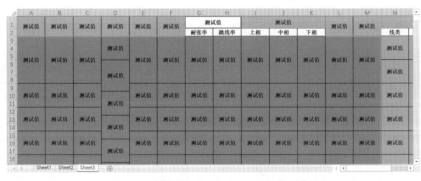

图 10.16 数据表清理：定位空白单元格

可以看到定位空值的效果比较奇怪，并没有按预期找到空白单元格。这是由于"合并单元格"的存在而引发的问题。合并单元格将多个单元格合多为一，但是只在其范围内的左上角单元格中存储内容，因此在合并范围内其他单元格均为空。而在定位空值的过程中定位功能会将这些"藏在背后"的空格找到，才出现了图 10.16 中所呈现的奇怪的效果。利用定位功能后再对所有定位到的目标值进行"测试值"填充，效果如图 10.17 所示。

图 10.17 数据表清理：定位空值批量填充

可以观察到只有非空白单元格未受影响，所有合并单元格均被定位空值准确定位并填入了"测试值"，因此常规定位方法无法满足本案例的实际需求，无法使用。

此处正确的解决方法是使用在 6.2.1 小节中提到的第二种定位方法，即利用"查找和替换"功能对空值进行全部查找后替换或批量填充，操作如下。

首先利用全选快捷键 Ctrl+A 将空白单元格全部选中，然后利用快捷键 Ctrl+F 打开"查找和替换"对话框，直接单击"查找全部"按钮，操作与定位效果如图 10.18 所示。

📋技巧：

> 实际处理数据时，由于数据量较多，短时间无法对数据有清晰的了解，无法确认其中是否会有特殊的空行造成数据分段等其他"黑天鹅"情况。因此在全选时，要通过水平垂直滚轴或快捷键，快速抵达表格尾部核查目标数据是否确实被完全选中。

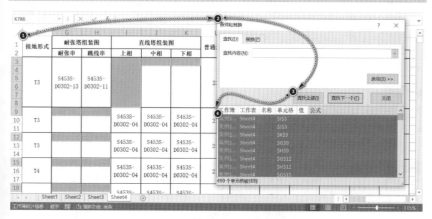

图 10.18　数据表清理：查找空格

最后只需要在查找结果栏中再次应用全选快捷键 Ctrl+C 即可将所有找到的空白格选中，完成对目标空格的定位，不会再出现错误定位的情况。剩下的工作就是对空白单元格进行填充，案例中使用斜杠"/"进行填充（原始数据中 M 列对于不需要填写的单元格使用斜杠进行填充，具体依据实际情况确定即可）。

因此全选空白格后直接在键盘中输入"/"，然后利用快捷键 Ctrl+Enter 完成批量填充，空白单元格的问题就处理好了，如图 10.19 所示。

接地形式	耐张塔组装图		直线塔组装图			普通地线	OPGW
	耐张串	跳线串	上相	中相	下相		
T3	S453S-D0302-13	S453S-D0302-11	/	/	/	23	/
T3	/	/	S453S-D0302-04	S453S-D0302-04	S453S-D0302-04	21	/
T3			S453S-D0302-04	S453S-D0302-04	S453S-D0302-04	21	/

图 10.19　数据表清理：清理空白单元格

3. 取消合并单元格

接下来处理合并单元格的问题，直接全选表格或者选中除标题以外的表格内容，单击"开始"→"对齐方式"→"取消单元格合并"按钮，即可批量取消合并单元格。案例中保留标题未处理，仅处理数据部分，操作及效果如图 10.20所示。

📢说明：

大批量数据的选择方法请参看 3.1.5 小节相关内容，使用频次最高的快捷键为 Ctrl+Shift+ ↑ / ↓ / ← / → 。

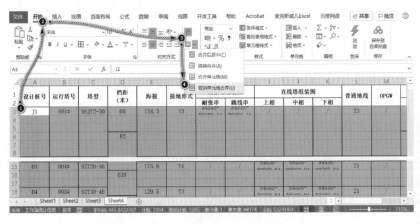

图 10.20　数据表清理：取消合并单元格

4. 向上填充

取消合并单元格后可以利用"向上填充"技巧解决 D 列数据中对应错位的

问题，即为每个空白单元格填充其上方单元格的内容，详细说明请参看 6.4.1 小节相关内容，案例中具体操作如下。

因为取消了合并单元格，因此此时可以使用"定位空值"功能完成对表格区域中所有空白格的定位。首先快速选取表格数据区域，使用 Ctrl+G 快捷键打开"定位"对话框，选择"定位条件"中的"空值"完成定位，效果如图 10.21 所示。

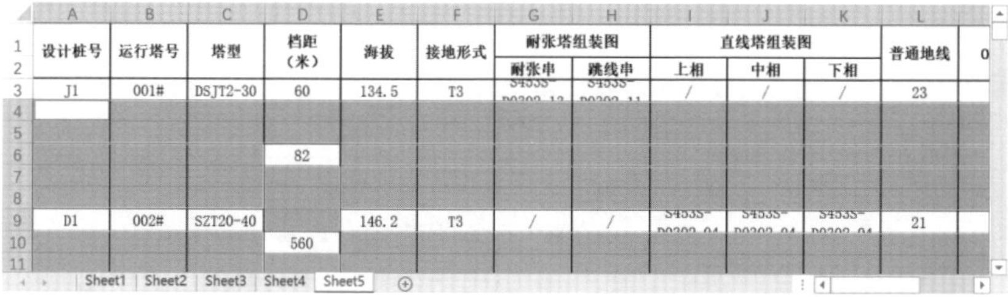

图 10.21 数据表清理：定位空值

因为活动单元格是 A4，因此在选中状态下在公式编辑栏中输入公式"=A3"后按快捷键 Ctrl+Enter 批量填充，使每个空白单元格均填充引用上方单元格内容的公式（也可以通过输入"="后按上方向键"↑"完成类似公式的输入）。向上填充的效果如图 10.22 所示。

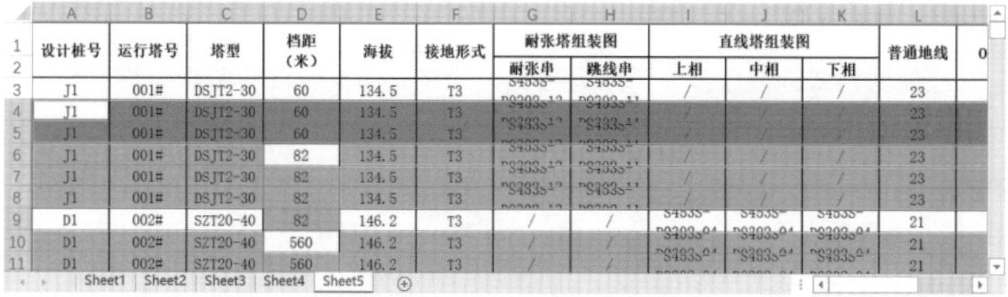

图 10.22 数据表清理：向上填充

填充后会出现若干重复记录，因此接下来需要对冗余数据记录进行清除。但是在清除前要明确内容中仍有一部分是公式引用值，贸然去重会导致错误。因此在清除冗余数据前需要对"向上填充"的数据结果进行固化。固化的方法为"选择性粘贴为数值"，全选所有非标题数据行后复制并选择性粘贴为数值即可。

📑技巧：

对应操作快捷键为：Ctrl+C（复制）-Ctrl+V（粘贴）-Ctrl+V（数值模式）。

5. 删除冗余重复记录

完成固化后对冗余数据记录进行清除，因为此前有大批量的多行合并单元格，取消合并再填充后，自然就出现了大量重复数据。因此要使用"数据"选项卡下的"数据工具"组中的"删除重复值"功能来完成此项功能，操作如下。

选中除标题外的所有数据行，单击"删除重复值"按钮，在打开的对话框中选中所有列为重复的判断依据后单击"确定"按钮完成删除，效果如图 10.23 所示。

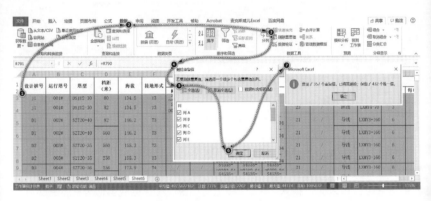

图 10.23　数据表清理：删除重复值

6. 格式整理

最后对格式进行整理，为所有数据设置统一边框、自动调整行高、列宽等效果，如图 10.24 所示。

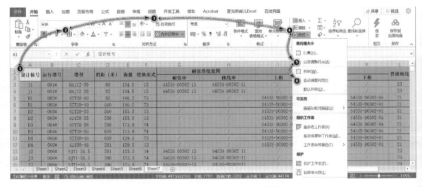

图 10.24　数据表清理：格式调整